Biologie zu strukturieren und damit den Erwerb von biologischem Übersichtswissen zu erleichtern.

- Stoff und Energie
- Information
- Vielfalt und Angepasstheit
- Zeit
- Reflexion zum Menschenbild

Typische **Denk- und Arbeitsweisen** der Biologie sind unter dem Stichwort **Methode** auf speziellen Seiten dargestellt. Das soll helfen, an die Lösung von Aufgaben und Problemen methodenbewusst heranzu

Unter dem Stichwort **Interessantes aus ...** sind auf farbig unterlegten Seiten ergänzende und vertiefende Informationen zu Sachverhalten aus Natur, Technik, Alltag und Geschichte zu finden.

Die **Internetseiten** geben zusätzliche Informationen und orientieren zugleich auf ein umfangreiches Angebot für Schüler, das kostenlos genutzt werden kann.

Anhand von speziellen **Aufgaben** können die komplexen Zusammenhänge innerhalb der einzelnen Stoffgebiete mithilfe der **Erschließungsfelder** erarbeitet und vertieft werden.

Praktikumsseiten üben und festigen in praktischen Anwendungen das Verständnis biologischer Zusammenhänge.

Die **Wahlbereiche** stellen ein Angebot dar, aus dem ausgewählt werden kann.

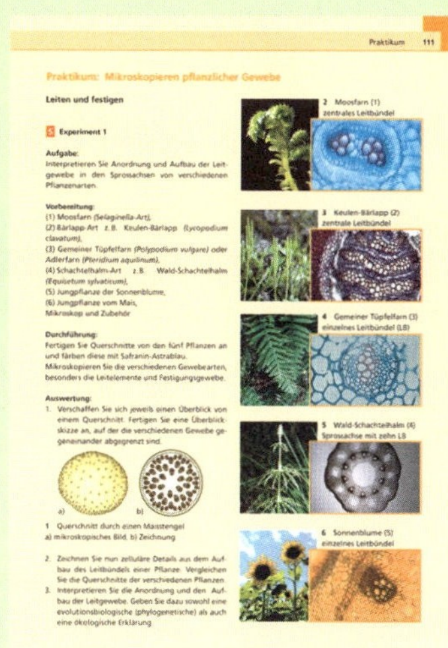

1 Humangenetik – Grundlagen, Anwendung und Perspektiven

Methode: Erschließungsfelder in der Biologie – in Zusammenhängen denken

In den „Einheitlichen Prüfungsanforderungen in der Abiturprüfung Biologie" (Beschluss der Kultusministerkonferenz vom 05.02.2004) werden die für die Abiturprüfungen geforderten und im Lehrplan umgesetzten fachlichen Inhalte gegliedert in *Themenbereiche (1), Basiskonzepte (2)* und *Reflexionselemente zum Menschenbild (3).*

Bei den **Themenbereichen (1)** wird unterschieden in die Darstellung von Funktionszusammenhängen (Bau und Funktion von Zellen, Informationsverarbeitung, molekulare Genetik usw.), vernetzte Systeme (insbesondere Ökologie und Nachhaltigkeit) und Entwicklungsprozesse (insbesondere Evolution und Zukunftsfragen).

Diesen verschiedenen Themenbereichen liegen bestimmte **Basiskonzepte (2)** zugrunde, die helfen, Gegenstände der Biologie zu erfassen und einzuordnen. In Sachsen wurden sie als Lernhilfe in Form der **Erschließungsfelder** im Unterricht ab der fünften Klasse sukzessive eingeführt und beim Bearbeiten und Lösen von Aufgaben verwendet. Den in den Prüfungsanforderungen genannten Basiskonzepten können Erschließungsfelder zugeordnet werden:

Basiskonzepte	**Erschließungsfelder**
Struktur und Funktion	Struktur und Funktion, Wechselwirkung
Reproduktion	Fortpflanzung
Kompartimentierung	Struktur, Ebene
Steuerung und Regelung	Regulation, Wechselwirkung
Stoff- und Energieumwandlung	Stoff und Energie, Wechselwirkung
Information und Kommunikation	Information, Wechselwirkung
Variabilität und Angepasstheit	Vielfalt und Angepasstheit, Wechselwirkung
Geschichte und Verwandtschaft	Zeit

Folgende **Erschließungsfelder** werden unterschieden:

Struktur und Funktion

Struktur und Funktion beschreiben die Wechselwirkung zwischen der stofflichen Basis des Lebendigen (Aufbau) und ihrer Leistungsfähigkeit (Aufgabe). Die funktionelle Betrachtung von Strukturen dient der Erklärung von Zusammenhängen auf verschiedenen Ebenen. Diese Zusammenhänge können häufig auf der Grundlage allgemeiner biologischer Prinzipien dargestellt werden, z. B. dem *Schlüssel-Schloss-Prinzip* oder dem *Prinzip der Oberflächenvergrößerung,* und tragen so beispielsweise zum *Verständnis des Baus von Biomolekülen, der Funktion von Enzymen, Organen und Ökosystemen* bei.

Wechselwirkung

Wechselwirkungen spiegeln sich auf allen Ebenen lebender Systeme, der molekularen und zellulären sowie im Organismus, in der Population, dem Ökosystem und der Biosphäre, wider. Sie drücken sich immer durch den Zusammenhang zwischen Ursache – Wirkung und Rückwirkung aus. Wechselwirkungen treten beispielsweise zwischen *Assimilation und Dissimilation* oder zwischen der *Speicherung, Realisierung und Veränderung von Erbanlagen* auf. Ökosysteme werden auf der Basis der Wechselwirkung zwischen *Biotop (Lebensraum)* und *Biozönose (Lebensgemeinschaft)* beschrieben. Die *Wirkung von Evolutionsfaktoren auf Populationen* führt zur *Anpassung,* was den Einfluss der Evolutionsfaktoren verändert.

Fortpflanzung

Die Fortpflanzung als grundlegendes Merkmal des Lebens ist immer mit der Weitergabe der Erbinformation verbunden. Damit besitzen Lebewesen im Gegensatz zur unbelebten Natur die Fähigkeit zur Selbstvervielfältigung. Dieses Erschließungsfeld hilft, die *identische Replikation der DNA,* die *Vermehrung der Viren,* die *Zellteitungsprozesse (Mitose, Meiose)* sowie unterschiedliche *Fortpflanzungsstrategien* zu verstehen.

Ebene

Komplexe biologische Strukturen sind immer aus kleineren und einfacheren Strukturen aufgebaut. Durch die Abgrenzung der Strukturen von ihrer Umgebung (Umwelt) entstehen Räume, in denen unterschiedlichste Prozesse ablaufen, die den Stoffaustausch beeinflussen und Energieverluste minimieren. Diese Reaktionsräume finden sich auf den verschiedenen Ebenen lebender Systeme, z. B. *Zellorganellen, Zellen, Organen, Organismen, Ökosysteme und der ganzen Biosphäre.*

Regulation

Durch Steuerungs- und Regelungsprozesse reagieren Organismen und Lebensgemeinschaften auf Änderungen innerer oder äußerer Faktoren. Damit sind sie in der Lage, bestimmte Zustände aufrechtzuerhalten. Dieses Erschließungsfeld wird zur Erklärung von *Regulationsvorgängen im Körper,* z. B. bei der *hormonellen Regulation,* bei der *Steuerung der Enzym- und Genaktivität (Proteinbiosynthese)* und der *gegenseitigen Beeinflussung von Populationsgrößen,* genutzt.

Stoff und Energie

Lebewesen sind offene Systeme, die mit ihrer Umwelt in einem ständigen Stoff- und Energieaustausch stehen. Durch *Assimilations- und Dissimilationsprozesse (Fotosynthese, Atmung)* entstehen natürliche *Stoffkreisläufe* in Ökosystemen, in die der Mensch maßgeblich eingreift. Das *Prinzip der Nachhaltigkeit* ist anhaftender (immanenter) Bestandteil dieses Erschließungsfeldes.

Information

Lebewesen sind in der Lage, Informationen aufzunehmen, zu verarbeiten, zu speichern und weiterzugeben. Kommunikation ist eine wechselseitige Informationsübertragung, sowohl innerhalb eines Organismus, zwischen Organismen als auch zwischen Organismus und seiner Umwelt. Dieses Erschließungsfeld hilft beim Verständnis der *Verschlüsselung der Information* auf der *Ebene der Makromoleküle, neuronaler Vorgänge im Körper (Erregungsleitung),* des *Lernens* und des *Sozialverhaltens.*

Vielfalt und Angepasstheit

Die Angepasstheit der Lebewesen an ihre Lebensweise und Umwelt zeigt sich in Struktur und Funktion ihrer Organe. Sie wird durch Variabilität der Individuen einer Art (Grundlage dafür sind Mutation, Rekombination und Modifikation) ermöglicht und durch Selektion bewirkt. Als Resultat können neue Arten entstehen, die Mannigfaltigkeit erhöht sich. *Einnischung (ökologische Nische), Artbildung und Spezialisierung* können mithilfe dieser Erschließungsfelder erklärt werden.

Zeit

Alle Lebensprozesse, Lebewesen und Lebensräume unterliegen zeitlichen Veränderungen. Diese können nach linearen oder zyklischen Zeitmustern im Bereich von Nanosekunden bis zu Jahrmilliarden auf allen Ebenen ablaufen (z. B. die *Fotosynthese,* die *Mitose,* die *Individualentwicklung, Tag-Nacht-Rhythmen,* das *Populationswachstum,* die *Sukzession eines Ökosystems* oder die *stammesgeschichtliche Entwicklung*). Ergebnisse dieser Prozesse, wie ein neues Protein, zwei neue Zellen oder neue Arten, müssen immer im Kontext des zeitlichen Verlaufs ihrer Entstehung betrachtet werden.

Reflexion zum Menschenbild

Viele Fragen, mit denen sich das Fach Biologie beschäftigt, haben Einfluss auf das Menschenbild. Deshalb sollen Reflexionselemente zum Menschenbild Bestandteile des Biologieunterrichts sein. Dies betrifft z. B. die besondere *Stellung des Menschen im biologischen System* und *seine Beziehungen zur Umwelt* aus naturwissenschaftlicher, ethischer, wirtschaftlicher und philosophischer Perspektive.

Inhalte bzw. Themenkomplexe, die in besonderer Weise die genannten Erschließungsfelder verdeutlichen bzw. Reflexionen zum Menschenbild ermöglichen, sind in der Randspalte mit den hier verwendeten Icons im gesamten Lehrbuch ausgewiesen.

1.1 Merkmale verändern sich

Variabilität von lat.: *variabilis* = veränderlich

Auf unserem Planeten leben mittlerweile weit mehr als 6 Milliarden Menschen. Beim Vergleich einzelner Individuen aus der großen Menge stellt man fest, dass jeder Mensch, neben den vielen gemeinsamen Merkmalen – bei eineiigen Zwillingen sind es sehr viele – immer auch individuelle Merkmale besitzt. Diese mehr oder minder große Verschiedenheit in der Ausprägung der Merkmale jedes Individuums **(Phänotypen)** wird als **Variabilität** bezeichnet.

> Phänotypen entstehen auf der Grundlage der genetischen Informationen des Genotyps, die Umwelt beeinflusst ihre Entwicklung.

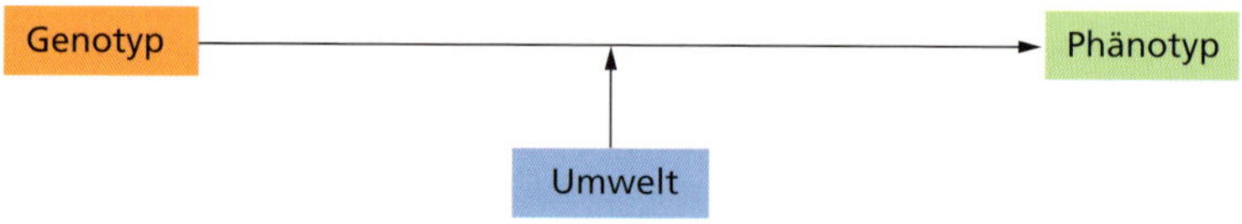

Das Merkmal Körpergröße ist ein Beispiel für das gemeinsame Wirken von genetischen (Genotyp) und modifikatorischen (Umwelt) Faktoren.
Die Körpergröße ist zum großen Teil genetisch bedingt. Unterschiedliche Bevölkerungsgruppen, Kulturen oder Verwandtschaftskreise weisen umweltunabhängig verschiedene durchschnittliche Körpergrößen auf.

Die kleinsten Menschen gehören den Efe, einer Gesellschaft der Ituri, in Afrika an. Die Frauen werden durchschnittlich nur 1,35 m und die Männer 1,43 m groß. Die Größenunterschiede der beiden Geschlechter sind ebenfalls genetisch bedingt. Männer werden größer als Frauen.

Analysiert man die Verteilung der Körpergrößen einer genetisch relativ ähnlichen Menschengruppe, so ergibt sich um einen Mittelwert meist eine Normalverteilung der Größen (↗ Abb.1). Ungefähr 60 % der Frauen Deutschlands werden zwischen 1,60–1,70 m groß, die anderen sind größer oder kleiner. Etwa 70 % der Männer in Deutschland erreichen Körpergrößen zwischen 1,70–1,85 m. Diese Größenunterschiede werden auch durch die Umwelt bestimmt.

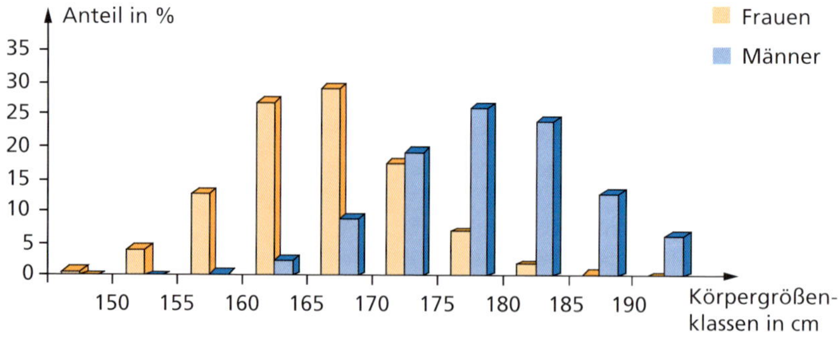

1 Körpergrößenverteilung der erwachsenen Frauen und Männer Deutschlands 2006

Modifikation

Umwelteinflüsse, wie z. B. Nahrung, Wasser, Temperatur oder Licht, führen zu veränderten Phänotypen bei Menschen und allen anderen Lebewesen. Diese Änderungen werden als **Modifikation** bezeichnet. In welcher Weise diese umweltlabilen Merkmale, wie z. B. Körpergröße oder Blatttyp bei Pflanzen, variieren, ist genetisch als Reaktionsnorm festgelegt. Modifikationen können nicht vererbt werden.

Durch Modifikationen wird eine bessere Anpassung der Organismen an die momentan vorliegende Umwelt ermöglicht. Sie werden nicht vererbt.

Es werden zwei Formen der Modifikation unterschieden, die fließende und die umschlagende Modifikation.
Bei der **fließenden Modifikation** werden die Merkmale kontinuierlich um einen Mittelwert herum abgestuft. Je weiter die einzelnen Varianten abweichen, umso seltener treten sie auf. Es ergibt sich eine Normalverteilung. Fließende Modifikationen entstehen in der Regel dann, wenn einzelne hemmende oder fördernde Umweltbedingungen während der Merkmalsausbildung gleichzeitig wirken.

Lichtblatt

Schattenblatt

Licht- und Schattenblatt einer Rot-Buche

- Die Massen- und Größenvariabilität von Organismen, Organen oder Zellen ist in der Regel diesem Modifikationstyp zuzuordnen. Zwischen Licht- und Schattenblättern einer Pflanzenart existieren entsprechend der vorherrschenden Lichtintensität fließende Übergänge.

Bei der **umschlagenden Modifikation** werden an einem Umschlagpunkt des modifizierenden Umweltfaktors alternierende Merkmale ausgeprägt.

- Die unterschiedliche Ausprägung der Fellfarbe beim Himalaja- und beim Russenkaninchen sowie bei der Siamkatze ist ein bekanntes Beispiel für die umschlagende Modifikation. Schwarzes Fell wird durch Melaninbildung bei Hauttemperaturen unter 34 °C gebildet. Beträgt die Hauttemperatur mehr als 34 °C, bleibt das Fell bei der Katze weiß bzw. hellbraun, weil ein Enzym der Melaninsynthese temperaturempfindlich ist und nur unterhalb der Temperaturgrenze arbeitet. Dadurch entsteht die typische Musterung der Tiere: Die „kälteren" Schnauzenspitzen, Nasenspitzen, Ohren, Pfoten und Schwanzspitzen werden schwarz. Im Experiment lässt sich die Modifikation durch Rasur und Kühlung wärmerer Hautpartien beweisen. Das nachwachsende Fell wird dann schwarz.
  Auch die helle Frühjahrsform des Landkärtchens sowie seine dunkle Sommerform zählen zu den umschlagenden Modifikationen.

Frühjahrsform

Sommerform

Mutation

> Mutationen werden durch Änderungen im Genotyp verursacht und sind Grundlage für die genetische Variabilität.

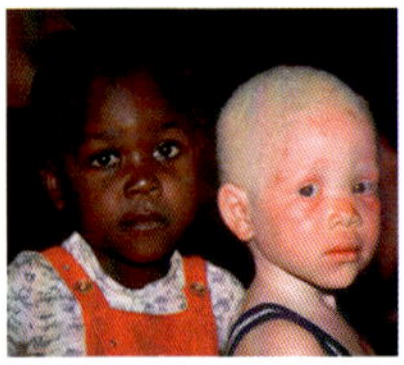

Menschen besitzen wie im Prinzip alle Säugetiere 24 Rippenknochen, jedoch haben 5 % der europäischen und 7 % der japanischen Männer eine zusätzliche Rippe. Bei Männern der Inuit sind es sogar 16 %. Die größte belegte Gesamtzahl von Fingern beträgt 14 statt 10. Weltweit leidet ein Mensch von 20 000 an Albinismus (↗ Abb), in Afrika sogar einer von 10 000.

Die **Mutationsrate,** die Häufigkeit, mit der Mutationen auftreten, beträgt 10^{-5} bis 10^{-9} Mutationen pro Gen und Generation. Dabei können zwischen verschiedenen Organismengruppen, aber auch Zelltypen sehr große Unterschiede auftreten.

Mutationen verursachen unterschiedliche Phänotypen. Die entstandenen Organismen werden **Mutanten** genannt.
Körperzellmutationen (somatische Mutationen) werden nicht auf die nächste Generation vererbt, sie setzen sich lediglich in den Abkömmlingen der betroffenen Zelle fort. Die Merkmale der veränderten Zellen können abweichen, wie z. B. dunklere Pigmentierung von Hautzellen, sodass Flecken entstehen.
Im Gegensatz dazu wirken sich **Keimzellmutationen** nicht auf den betroffenen Organismus aus. Erst in der nächsten Generation können sie phänotypisch in Erscheinung treten.
Mutationsursachen können Fehler bei molekulargenetischen Prozessen wie der Replikation oder der DNA-Reparatur bzw. Fehler bei der Chromosomenverteilung während der Zellkernteilung sein.
Zahlreiche physikalische oder chemische Faktoren können als **Mutagene** Veränderungen am Erbgut induzieren.

Mutationen können ganze Chromosomensätze, einzelne Chromosomen oder Abschnitte auf der DNA verändern. Entsprechend der betroffenen Struktur werden einzelne Mutationsformen unterschieden.

Bei Genommutationen unterscheidet man Abweichungen um gesamte Chromosomensätze (Euploidie) und abweichende Anzahlen einzelner Chromosomen (Aneuploidie).

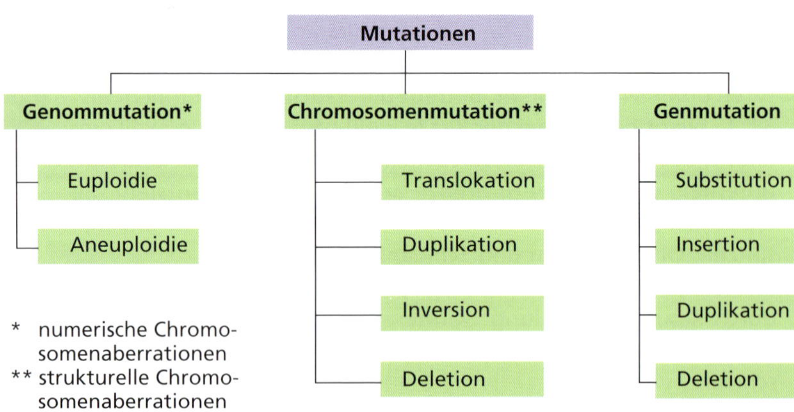

Als **Genommutationen** bezeichnet man Veränderungen in der Anzahl der Chromosomen.

Chromosomenmutationen sind Strukturveränderungen an Chromosomen, die über die Grenze eines einzelnen Genes hinausgehen.
In den veränderten Chromosomen kann die Menge **(Deletion, Duplikation)** oder die Lage **(Inversion, Translokation)** des Erbmaterials verändert sein. Lageveränderungen wirken sich meist nur gering auf den Phänotyp aus, lediglich seine Kreuzbarkeit ist erschwert. Mit zunehmender Größe der betroffenen Stücke ähneln Mengenveränderungen den Aneuploidien.

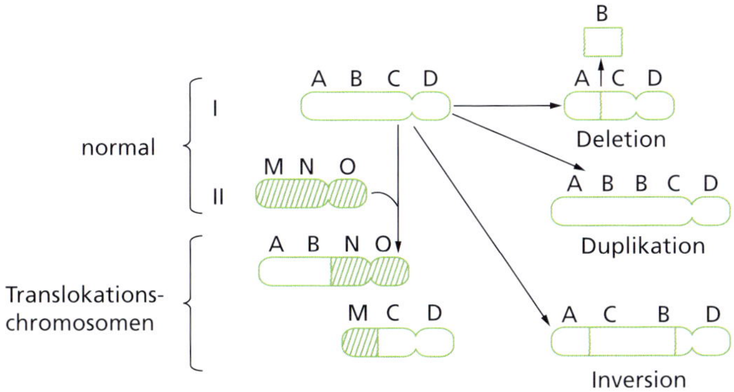

1 Formen von Chromosomenmutationen

Genmutationen entstehen spontan oder durch Mutagene und verursachen an beliebigen Stellen Veränderungen der Gene. Grundsätzlich werden Basensubstitutions- und Leserastermutationen unterschieden.

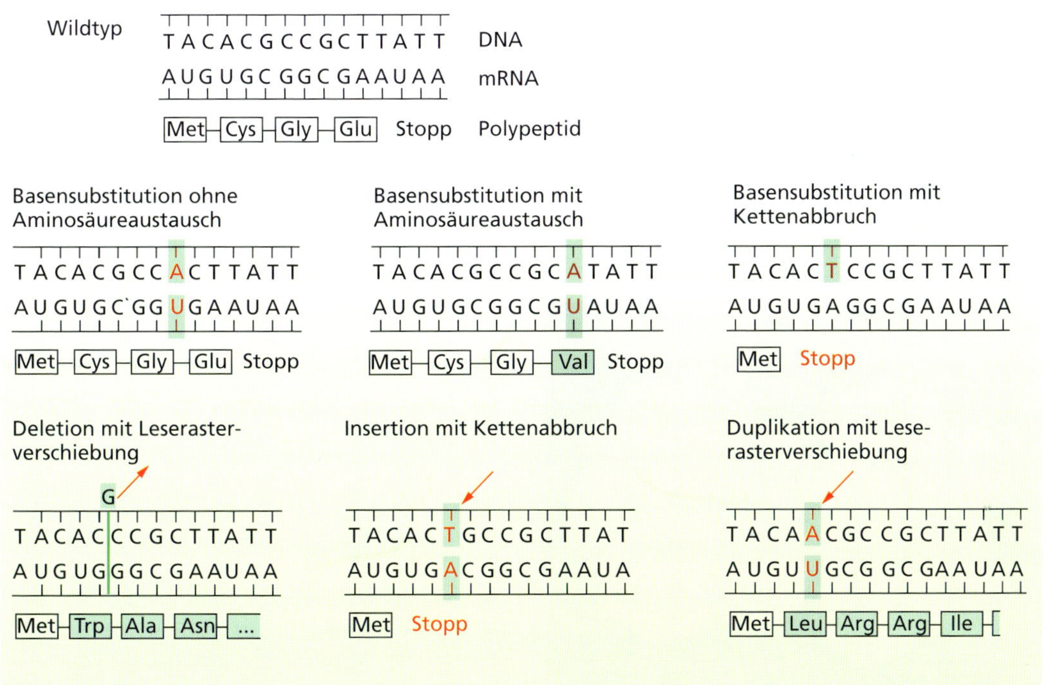

2 Entstehung von Genmutationen

Die mendelschen Vererbungsregeln

MENDELS Experimente basieren auf der Kreuzung von Erbsenpflanzen. In seinen statistischen Auswertungen bezog er sich ausschließlich auf phänotypische Merkmale. Die mendelschen Regeln beruhen auf statistisch ermittelten Zahlenverhältnissen der Kreuzungsergebnisse.
Erst nach der Wiederentdeckung der mendelschen Regeln und dem Aufstellen der **Chromosomentheorie der Vererbung** wurde der Zusammenhang zwischen der **Chromosomenverteilung** (Träger der Gene) und der Merkmalsausbildung im **Phänotyp** erkannt. Nun wurden Kreuzungsexperimente mit vielen verschiedenen Arten durchgeführt.

GREGOR MENDEL (1822–1884) hatte bei der Wahl seiner Forschungsobjekte Merkmalspaare betrachtet, bei denen das eine zugehörige Gen dominant und das andere rezessiv war. Das dominante Allel bestimmt die Merkmalsbildung. Vollständige Dominanz und vollständige Rezessivität sind aber Grenzfälle, zwischen denen es fließende Übergänge gibt.

Eine weitere Form des monohybriden Erbganges wurde von CARL CORRENS (1864–1933) beschrieben. Er kreuzte weiß und rot blühende Pflanzen der Wunderblume *(Mirabilis jalapa,* ↗Abb.) und erhielt rosa blühende Hybride, es liegt eine intermediäre Merkmalsausbildung vor. Bei einer intermediären Merkmalsausbildung sind beide Allele eines Gens gleichwertig an der Ausprägung des Phänotyps beteiligt.

Mendel führte zur Dokumentation seiner Kreuzungsversuche bereits Buchstabensymbole ein und nutzte Kombinationsquadrate. Bis heute ist das aktuell und folgt allgemein festgelegten Grundsätzen:

Bezeichnungen für die Darstellung von Erbgängen:

P:	Elterngeneration – Parentalgeneration
F_1:	1. Tochtergeneration – Filialgeneration
F_2:	2. Tochtergeneration
X:	Kreuzung von zwei Individuen
großer Buchstabe:	dominantes, merkmalsbestimmendes Allel
kleiner Buchstabe:	rezessives, merkmalsunterlegenes Allel (intermediär: 2 kleine unterschiedliche Buchstaben)
zwei Buchstaben:	beide Allele des diploiden Chromosomensatzes
homozygot:	Allele eines Genes sind gleich
heterozygot:	Allele eines Genes unterscheiden sich
Gen:	Erbanlage
Phän:	Merkmal
Genotyp:	Gesamtheit der Erbanlagen eines bestimmten Organismus
Phänotyp:	Erscheinungsbild eines bestimmten Organismus
Genom:	Gesamtheit der Erbanlagen
Phänom:	Gesamtheit der Merkmale

lat.: *parentes* = Eltern
lat.: *filia* = Tochter
lat.: *dominare* = herrschen
lat.: *recedere* = zurücktreten

Die heutigen Kreuzungsschemata beruhen auf dem von REGINALD CRUNDALL PUNNET (1875 –1926) 1911 in seinem Buch *„Mendelism"* dargestellten „Punnet-Square", welches die Genotypen in der P-, F_1- und F_2-Generation wiedergibt.

1. **mendelsche Regel, Uniformitätsregel**
Kreuzt man reinerbige Eltern (P), die sich in einem Merkmal unterscheiden, so sind alle Nachkommen (F1) untereinander gleich (uniform).

2. **mendelsche Regel, Spaltungsregel**
Kreuzt man die Individuen der F1-Generation untereinander, so erhält man in der F2-Generation eine Aufspaltung der Merkmale in festen Zahlenverhältnissen; beim dominant-rezessiven Erbgang 3 :1, beim intermediären Erbgang 1 : 2 : 1.

Vererbung der Blütenform bzw. der Blütenfarbe beim Garten-Löwenmaul (monohybride Erbgänge)

dominant-rezessiv

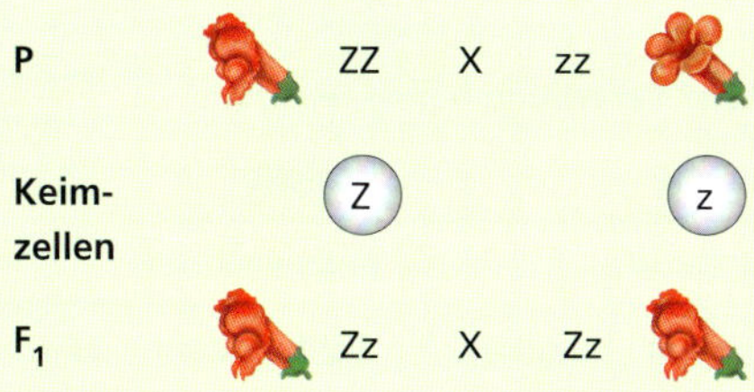

F_2

♀ \ ♂	Z	z
Z	ZZ	Zz
z	Zz	zz

zygomorph : radiär = 3 : 1

intermediär

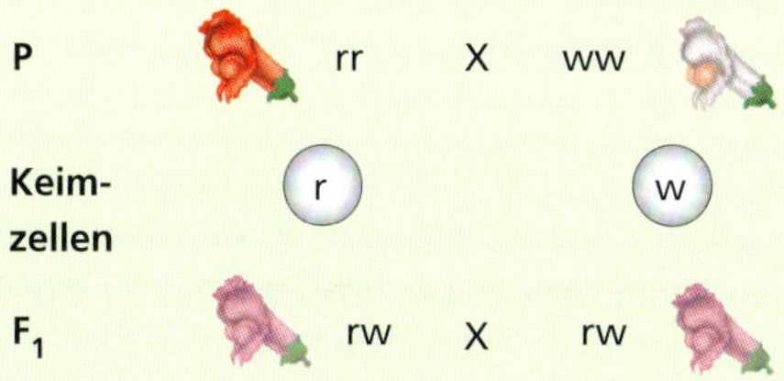

F_2

♀ \ ♂	r	w
r	rr	rw
w	rw	ww

rot : rosa : weiß = 1 : 2 : 1

3. **mendelsche Regel (Unabhängigkeits-/Neukombinationsregel)**
Kreuzt man homozygote Individuen (P), die sich in mehreren Merkmalen voneinander unterscheiden, so wird jedes Merkmal unabhängig von den anderen vererbt.

Dihybrider Erbgang beim Garten-Löwenmaul

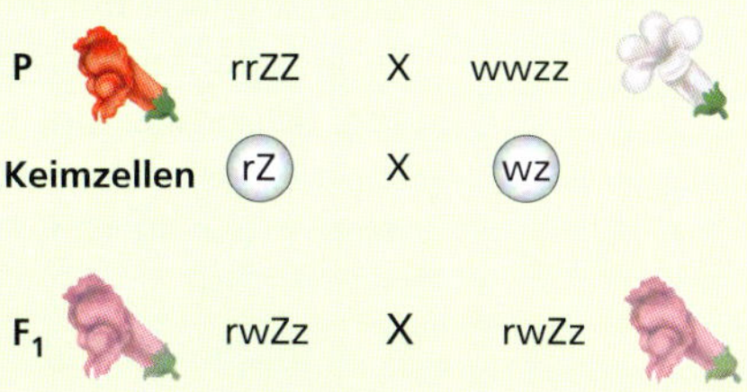

F_2

♀ \ ♂	rZ	rz	wZ	wz
rZ	rrZZ	rrZz	rwZZ	rwZz
rz	rrZz	rrzz	rwZz	rwzz
wZ	rwZZ	rwZz	wwZZ	rwZz
wz	rwZz	rwzz	wwZz	wwzz

6 : 3 : 3 : 2 : 1 : 1

Entsprechend der 3. mendelschen Regel treten in der F2-Generation sämtliche Merkmalskombinationen der vorherigen Generationen und zusätzlich noch neue Kombinationen auf. In diesem Beispiel sind die Neukombinationen:
- weiße, zygomorphe Blüten,
- rote, radiäre Blüten,
- rosa, radiäre Blüten.

Die Gültigkeit der 3. mendelschen Regel für di-, tri- und polyhybride Erbgänge ist nur dann gegeben, wenn die Gene der betrachteten Merkmale auf verschiedenen Chromosomen liegen. Befinden Sie sich auf einem Chromosom, werden sie gekoppelt vererbt.

Die 3. mendelsche Regel findet bei der Kreuzungszüchtung Anwendung.

Vererbung beim Menschen

Für den Ablauf der Vererbung ist es nicht relevant, ob es sich um unauffällige Anlagen oder Anlagen von Erbkrankheiten handelt.

Für die Vererbung beim Menschen gelten die mendelschen Regeln.

Wird die Merkmalsausbildung im Wesentlichen durch ein Gen bestimmt **(monogen)**, können zur Analyse der Vererbung auch Familienstammbäume auf Grundlage der mendelschen Regeln herangezogen werden.
Bei **polygenen** Merkmalen, die zusätzlich noch von der Wirkung der Umwelt (Modifikation) beeinflusst werden, ist die Anwendung der mendelschen Regel nahezu unmöglich. Zum Beispiel sollen neben äußeren Faktoren etwa 50 Gene einen Anteil an der Entstehung der rheumatoiden Arthritits (Rheuma) haben. Eine Vorhersage der Ausprägung der Krankheit ist in diesem Fall mit den klassischen Methoden der Humangenetik kaum möglich.

Beispiele für Merkmale mit mendelscher Vererbung beim Menschen		
Beispiel	**dominant**	**rezessiv**
Ohrläppchen	freistehend	angewachsen
Daumenreflexion (mit Doppelgelenk)	nach außen biegbar	nicht biegbar
Fähigkeit, Phenylthioharnstoff zu schmecken	schmecken	nicht schmecken
Ausscheiden des auffällig riechenden Methylmerkaptans nach Spargelessen	keine Ausscheidung im Harn	Ausscheidung im Harn
Ausscheiden des roten Farbstoffes Betanin nach dem Genuss Roter Bete	keine Ausscheidung im Harn	Ausscheidung im Harn

Durch genauere Tests werden weitere Untergruppen unterschieden: A_1, A_2, A_3 und B_1 und B_2, wobei z. B. A_1 über A_2 und A_2 über A_3 dominiert.

Bei der Blutgruppe A1 werden ca. $10 \cdot 10^5$ A-Antigene pro rotem Blutkörperchen gebildet, bei A_2 sind es lediglich $2{,}5 \cdot 10^5$.

Die Vererbung der **Blutgruppen** des AB0-Systems erfolgt ebenfalls nach den mendelschen Regeln.
Die Bildung der Blutgruppenantigene A, B und 0 wird durch die Allele A_1, A_2, B und 0 gesteuert. A_1 und A_2 unterscheiden sich nur in der Menge der gebildeten A-Antigene. Je zwei der vier Allele bestimmen die Blutgruppenmerkmale eines Menschen. Die Allele A_1, A_2 und B sind gegenüber dem Allel 0 bzw. das Allel A_1 ist gegenüber Allel A_2 dominant. A_1 und A_2 verhalten sich codominant zu B.
Die sechs Blutgruppen (Phänotypen) werden demnach durch zehn Allelkombinationen festgelegt.

Blutgruppe/ Phänotyp	A_1	A_2	B	0	A_1B	A_2B
möglicher Genotyp	A_1A_1, A_1A_2, A_10	A_2A_2, A_20	BB, B0	00	A_1B	A_2B

Genotypische Geschlechtsbestimmung beim Menschen

Aus angefärbten Metaphasechromosomen lässt sich durch Ordnen nach Größe und Form ein **Karyogramm** (eine **Chromosomenkarte**) erstellen.

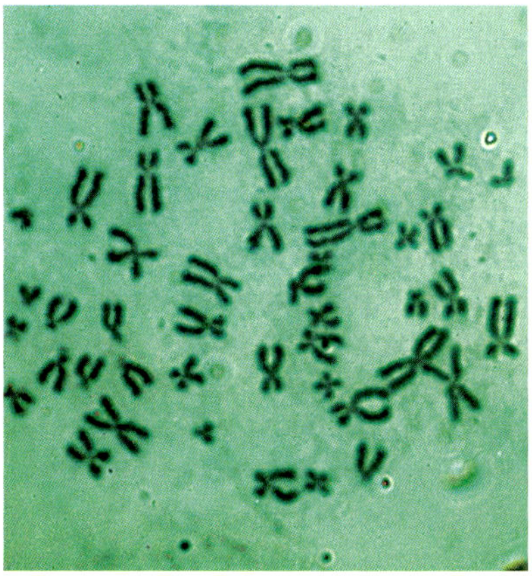

Karyogramm des Menschen

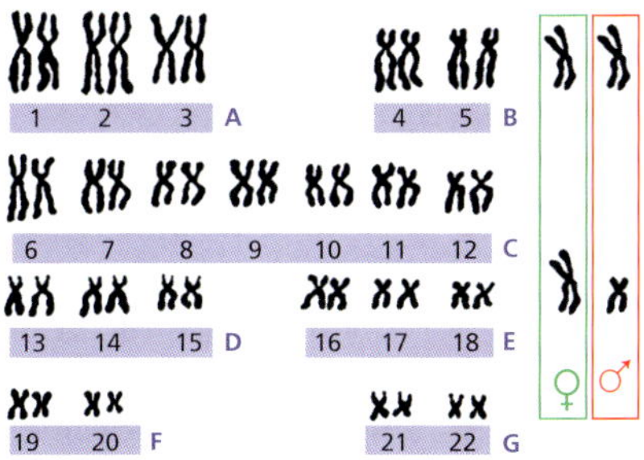

Die homologen Chromosomenpaare werden von 1 bis 22 durchnummeriert und zu sieben Gruppen mit den Kennbuchstaben A bis G zusammengefasst. Es sind die **Autosomen (Körperchromosomen).**

Bei Vögeln ist das männliche Geschlecht homozygot (ZZ), das weibliche heterozygot (ZW).

Beim Menschen treten im diploiden Karyotyp außerdem noch zwei **Gonosomen (Geschlechtschromosomen)** auf. Treten die Gonosomen homolog auf, werden sie mit XX bezeichnet und sorgen für die Ausbildung des weiblichen Geschlechts.

Das männliche Geschlecht wird durch zwei unterschiedliche Gonosomen (XY-Chromosomen) ausgebildet. Die Eizellen enthalten 22 Autosomen und ein X-Chromosom als Gonosom. Die Samenzellen können neben den Autosomen ein X- oder ein Y-Chromosom als Geschlechtschromosom enthalten. Das Geschlecht wird bei der Befruchtung der Eizelle durch die Kombination der Gonosomen bestimmt.

Das Schnabeltier (Platypus) hat zehn Gonosomen.
♀: X_1X_1, X_2X_2, X_3X_3, X_4X_4, X_5X_5

♂: X_1Y_1, X_2Y_2, X_3Y_3, X_4Y_4, X_5Y_5

	männlich	**weiblich**
Körperzellen	44 Autosomen + XY	44 Autosomen + XX
Keimzellen	22 Autosomen + X oder Y	22 Autosomen + X

Das Gen für die Ausbildung des männlichen Geschlechts liegt auf dem Y-Chromosom und wird **SRY-Gen** *(sex-determining region on Y)* genannt. Es codiert den ***T****estis*-**d**eterminierenden **F**aktor **(TDF)**. Der Faktor bewirkt, dass aus undifferenzierten Keimdrüsenanlagen Hoden entwickelt werden. Die Hoden produzieren ihrerseits das männliche Sexualhormon Testosteron und sorgen somit für die männliche Differenzierung. Die weibliche Differenzierung wird gehemmt. Ohne TDF-Wirkung erfolgt eine weibliche Differenzierung, was beim Gonosomenbestand XX der Fall ist.

lat.: *testis* = Hoden

1.2 Erbkrankheiten beim Menschen

Genommutationen werden aus medizinischer Sicht auch als numerische Chromosomenaberrationen bezeichnet.

Ein Teil der genetischen Variabilität des Menschen äußert sich als **Erbkrankheit.** Erbkrankheiten werden durch Mutationen hervorgerufen. Die veränderten Anlagen können bei Fortpflanzungsfähigkeit der Betroffenen weiter vererbt werden. Dabei können alle Mutationsformen und alle Vererbungsformen zu Erbkrankheiten führen.

Genommutationen

Veränderungen der Chromosomenanzahl werden als **Genommutation** bezeichnet. Ein dreifacher Chromosomensatz **(Triploidie)** kann beim Menschen in Folge von doppelter Befruchtung durch Samenzellen oder Störungen der Eizellentwicklung (Einbeziehen der Polkörper) entstehen. Verteilungsfehler der Chromosomen oder Chromatiden während der Meiose führen zu Veränderungen der Anzahl einzelner Chromosomen **(Aneuploidie)**. Sie können sowohl autosomal (Trisomie 13, 18 oder 21) als auch gonosomal auftreten.

Beispiel für Genommutationen

	Häufigkeit	**Symptome**	**Lebenserwartung (Ø)**
Triploidie	lebend geborene Säuglinge 1 : 50 000, sehr viel häufiger bei Fehlgeburten	komplexe Fehlbildungen, die zum Tod führen, u. a. weit auseinanderliegende große Augen, große Erythrocyten	keine, selten einige Tage
Trisomie 13 (PÄTAU-Syndrom)	Angaben von 1 : 7 000 bis 1 : 9 000	Lippen-Kiefer-Gaumen-Spalte, breite Nasenwurzel, hohe Stirn, starke körperliche und geistige Behinderung	bis zum 5. Lebensjahr sterben alle Jungen und 80 % der Mädchen
Trisomie 18 (EDWARDS-Syndrom)	1 : 3 000 bis 1 : 7 000	langer, schmaler Schädel, Kleinfingrigkeit, Überlagerung der Finger, Herzfehler, stark verlangsamte Entwicklung	im 1. Lebensjahr sterben 90 %
Trisomie 21 (DOWN-Syndrom, ↗ Abb.)	1 : 700	kurzer Schädel, flache Nase, schmale Lidspalten, vergrößerte Zunge, Herzfehler, unterschiedlich starke geistige Behinderung	80 % erreichen das 30. Lebensjahr

MURRAY BARR (1908–1995) fand heraus, dass in der Interphase alle weiteren X-Chromosomen als kompakte Körperchen anfärbbar bleiben.

Die phänotypischen Auswirkungen **gonosomaler Aneuploidien** sind meist geringer als die der autosomalen. Das hängt vermutlich mit einer anderen Genregulation bei den Geschlechtschromosomen zusammen. So wird das zweite X-Chromosom in der Regel als „Barr-Körper" deaktiviert. Das Y-Chromosom bewirkt über sein SRY-Gen (↗ S. 15) die Ausbildung des männlichen Geschlechts, enthält aber sonst kaum für den Phänotyp relevante Gene.

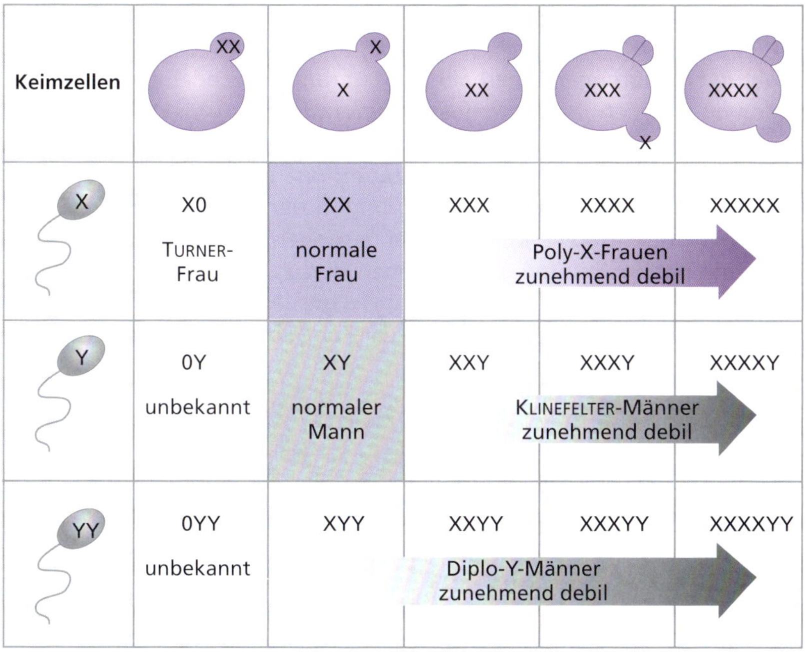

1 Übersicht über die Erntstehung häufiger gonosomaler Aneuploidien

In den Zellen der Frauen ist meist nur ein X-Chromosom aktiv. Das andere ist inaktiviert und in der Interphasenzelle anfärbbar (Barr-Körperchen). Aus der Zahl der Barr-Körperchen kann man auf gonosomale Anomalien schließen.

Turner-Syndrom (45, X0, kein Barr-Körperchen):
Turner-Frauen sind meist durchschnittlich intelligent und weichen bis zur Pubertät äußerlich kaum von anderen Frauen ab. Durch die Rückbildung der Eierstöcke bleibt die Menstruation aus, die Frauen bleiben kinderlos. Das Brustwachstum bleibt gering, die Schambehaarung spärlich. Der Brustkorb ist im Vergleich zum Becken breit. Der Haaransatz ist auffallend tief und die Frauen sind meist kleiner. Selten treten Missbildungen am Herzen oder an den Nieren auf.

Klinefelter-Syndrom (47, XXY, mindestens ein Barr-Körperchen):
Im Kindesalter gibt es kaum Auffälligkeiten. Klinefelter-Männer haben oft eine dickliche, übergroße Gestalt mit überlangen Gliedmaßen. Einige können verweiblichte Züge haben. Der Penis wird normal ausgebildet, die Hoden bleiben klein und das Ejakulat ist ohne Spermien, sodass es nicht zur Fortpflanzung kommen kann. Bei einigen tritt eine mädchenhafte Brustentwicklung auf. Eine Intelligenzminderung tritt häufiger auf als bei Turner-Frauen.

XXX-Trisomie (47, XXX, zwei Barr-Körperchen): Die zunehmende Zahl der Gonosomen bedingt eine Intelligenzminderung. Die Frauen sind fortpflanzungsfähig.

XYY-Trisomie (47, XYY): Überdurchschnittlich große Männer, psychisch labil; bei vielen sind Impulsivität und eine niedrige Angstschwelle nachweisbar, keine Intelligenzdefizite.

Die angeblich erhöhte Gewaltbereitschaft von XYY-Männern, die in einem amerikanischen Gefängnis beobachtet worden sein soll, konnte bisher nicht bestätigt werden.

Chromosomenmutationen

Chromosomenmutationen werden aus medizinischer Sicht auch als strukturelle Chromosomenaberrationen bezeichnet.

Strukturveränderungen innerhalb eines Chromosoms oder zwischen Chromosomen werden als **Chromosomenmutationen** (↗ S. 11) bezeichnet. Wird lediglich die Lage, aber nicht die Menge des genetischen Materials verändert (balanciert), bleibt die Mutation phänotypisch meist folgenlos. Sie kann aber weiter vererbt werden und in der nächsten Generation zu Erbkrankheiten führen. Mengenveränderungen an den Chromosomen, Segmente gehen verloren oder kommen hinzu (unbalanciert), haben dagegen in der Regel Erbkrankheiten zur Folge. Je größer die Veränderung am Chromosom ist, umso ähnlicher werden die Krankheitsbilder denen vergleichbarer Aneuploidien.

Beispiel für Chromosomenmutationen			
	Häufigkeit	**Genetische Ursache**	**Symptome**
Translokations-trisomie 21 (DOWN-Syndrom)	3–4 % der Menschen mit DOWN-Syndrom (1 : 20000)	Translokation eines großen Teils des 21. Chromosoms an ein anderes (13, 14, 15, 22, selten auch 21), dadurch dreifaches Vorhandensein der genetischen Information des Chromosoms 21	kurzer Schädel, flache Nase, schmale Lidspalten, vergrößerte Zunge, Herzfehler, mehr oder weniger starke geistige Behinderung
Katzenschrei-Syndrom	etwa 1 : 50000	Deletion des kurzen Armes eines 5. Chromosoms	katzenähnliches Schreien der Neugeborenen, gestörte Sprachentwicklung, starke körperliche und geistige Behinderung
WOLF-Syndrom	1 : 3000	Deletion des kurzen Armes eines 4. Chromosoms	Lippen-Kiefer-Gaumen-Spalte, Hexadaktylie, Herzfehler, starke geistige Behinderung
PRADER-WILLI-Syndrom (PWS) und ANGELMANN-Syndrom (AS)	PWS: 1 : 1000 bis 1 : 15000 AS: 1 : 15000 bis 1 : 20000	Deletion von Bandabschnitten des langen Armes des Chromosoms 15 beim väterlichen Chromosom: PWS, beim mütterlichen Chromosom: AS	PWS: Muskelschwäche, Minderwuchs, Fettsucht AS: fehlende Sprachentwicklung, schwere geistige Behinderung

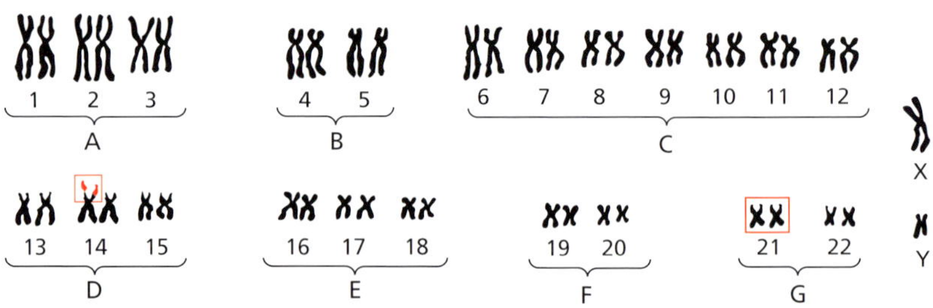

1 Karyogramm bei Translokationstrisomie 21

Genmutationen

Moderne, molekulargenetische Methoden wie die Polymerasekettenreaktion, DNA-Sequenzierung, Gel-Elektrophorese oder der Einsatz von Genmarkern werden heute zur Analyse von Erbkrankheiten des Menschen genutzt, die durch **Genmutationen** verursacht sind.
Die klassische **Stammbaumanalyse** mithilfe der mendelschen Regeln hat aber auch noch nicht ausgedient. Mit ihr kann die Vererbung der Anlagen für Krankheiten über Generationen hinweg verfolgt werden. Es können Aussagen getroffen werden, ob die Genotypen dominant, rezessiv oder intermediär bzw. codominant ausgeprägt werden. Es können auch Aussagen über das Erkrankungsrisiko einzelner Person getroffen werden.
In Stammbäumen werden symbolhaft die Generationsfolgen von Familien dargestellt. Frauen werden mit einem Kreis, Männer mit einem Quadrat symbolisiert. Merkmalstragende Personen werden markiert. Zusätzlich können noch, wenn bekannt, die Genotypen der Personen dargestellt sein.
Die Analyse von Stammbäumen, das Herausfinden, wie die Anlage zu einem Merkmal, einer Krankheit vererbt wird, erfolgt in der Regel nach dem Ausschlussprinzip aller nicht möglichen Erbgänge. Einige Hinweise können die Analyse eines Stammbaumes erleichtern. Tritt eine Erbkrankheit in jeder Generation einer Familie auf, so ist das ein Hinweis auf eine dominante Vererbung der Anlage. Bei rezessiver Vererbung würde die Krankheit nur vereinzelt, nicht in jeder Generation, auftauchen. Das gehäufte Auftreten erkrankter männlicher Personen weist auf eine X-chromosomal-rezessive Vererbung hin.
Sind bei einem Stammbaum mehrere Erbgänge möglich, so helfen folgende Hinweise auch, den wahrscheinlicheren zu bestimmen:

Legende eines genetischen Stammbaums

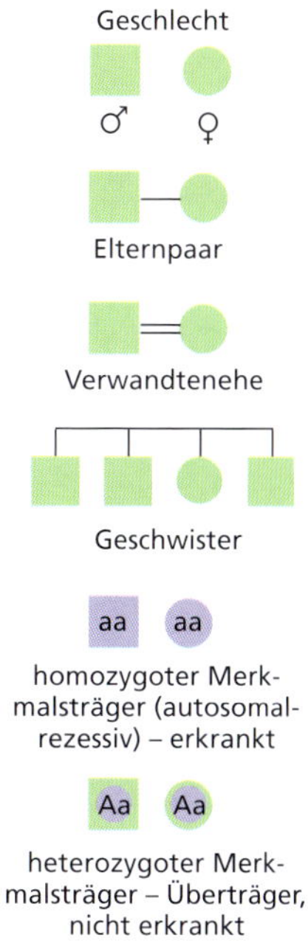

Entscheidungshilfen zur Analyse von Stammbäumen

Drei verschiedene Phänotypen (starke, mittlere, keine Ausprägung des Merkmals) – intermediärer bzw. codominanter Erbgang a*a* aa* aa

Zwei verschiedene Phänotypen
(Merkmalsträger, Nichtmerkmalsträger) – dominant-rezessiver Erbgang

a) *autosomale Vererbung* (merkmalstragende Gene liegen auf den Autosomen)
   - dominante Vererbung (ein Allel reicht zur Ausbildung des Merkmals) AA Aa aa
   - rezessive Vererbung (nur bei Reinerbigkeit Ausprägung des Merkmals) AA Aa aa

b) *gonosomale Vererbung*
(merkmalstragende Gene liegen auf den Geschlechtschromosomen)
   - Y-chromosomale Vererbung (merkmalstragendes Gen liegt auf dem Y-Chromosom, nur Männer sind Merkmalsträger, extrem selten) XX XY_a XY_{a*}
   - X-chromosomale Vererbung (merkmalstragendes Gen liegt auf dem X-Chromosom)
     - dominante Vererbung (ein merkmalstragendes Gen reicht zur Merkmalsausbildung bei beiden Geschlechtern aus) X_AX_A X_AX_a X_aX_a X_AY X_aY
     - rezessive Vererbung (bei Frauen nur bei Reinerbigkeit Ausprägung, bei Männern häufiger und immer Ausprägung des Merkmals) X_AX_A X_AX_a X_aX_a X_AY X_aY

merkmalstragende Gene, z. B. einer Erbkrankheit

merkmalstragende Phänotypen

Methode

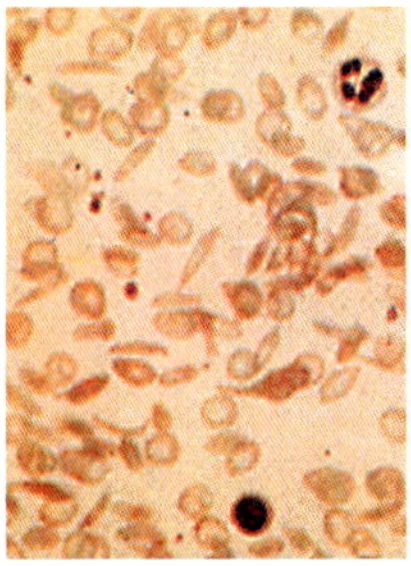

1 Blutausstrich eines heterozygoten Trägers (HbA, Hbs)

Die **Sichelzellanämie** wird codominant vererbt. Bei der Sichelzellenanämie ist das mutierte Gen nicht für ein Enzym, sondern für ein Struktureiweiß verantwortlich. Normales Hämoglobin besteht aus zwei α-Ketten mit je 141 Aminosäuren und zwei β-Ketten mit je 146 Aminosäuren. Bei der Sichelzellenanämie befindet sich an der 6. Position jeder β-Kette anstelle der Glutaminsäure die Aminosäure Valin. Durch die veränderte Aminosäuresequenz wird aus normalem **Hämoglobin A** (HbA) das **Hämoglobin S** (HbS). Die Erythrocyten nehmen bei Sauerstoffmangel, z. B. bei körperlicher Anstrengung oder im Hochgebirge über 3000 m Höhe, eine sichelförmige Gestalt an. Die Sichelzellen erhöhen die Viskosität des Blutes, verstopfen die Kapillaren und verursachen so zahlreiche Organschäden (Infarkte verschiedener Organe, schmerzhafte Anschwellungen von Hand- und Fußrücken). Der beschleunigte Abbau der Sichelzellen (Hämolyse) äußert sich u. a. in Blässe, Milz-, Leberschäden und Erschöpfungszuständen.

Bezüglich der Krankheit treten drei verschiedene Phänotypen auf. Homozygote Nichtmerkmalsträger (HbA, HbA) sind völlig gesund. Heterozygote Träger (HbA, HbS) leiden meist nur bei Sauerstoffmangel an der Anämie. In ihren roten Blutkörperchen werden zwischen 25 % und 40 % Sichelzellenhämoglobin gefunden. Homozygote Träger des Merkmals (HbS, HbS) sterben meist schon im jugendlichen Alter an den Folgen der Krankheit. Sichelzellenanämie wird codominant vererbt. Während in Europa die Sichelzellenanämie ziemlich selten ist, können in den Malaria-Gebieten Afrikas bis zu 45 % der Bevölkerung heterozygote Merkmalsträger sein. Sie haben einen Selektionsvorteil im Hinblick auf die Erkrankung an *Malaria tropica* (↗S. 63), da sie gegen den Erreger Plasmodium falciparum besser geschützt sind. Unter der afroamerikanischen Bevölkerung ist der Heterozygotenanteil aufgrund des fehlenden Vorteils deutlich gesunken.

Die meisten Erbkrankheiten sind **autosomal-rezessiv.** Wie auch der Familienstammbaum zeigt, ist ihr Erbgang relativ schwer zu diagnostizieren, denn Krankheiten kommen innerhalb einer Familie nur gelegentlich zur Ausbildung.
Die Gefahr von Homozygotie ist bei Verwandtenehen besonders hoch.

Autosomal-rezessiver Erbgang

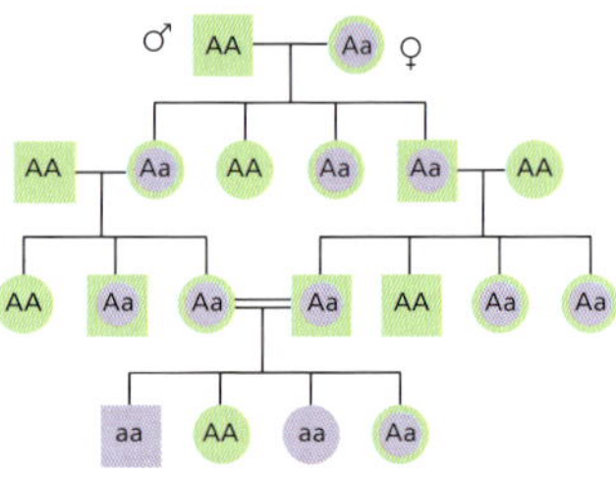

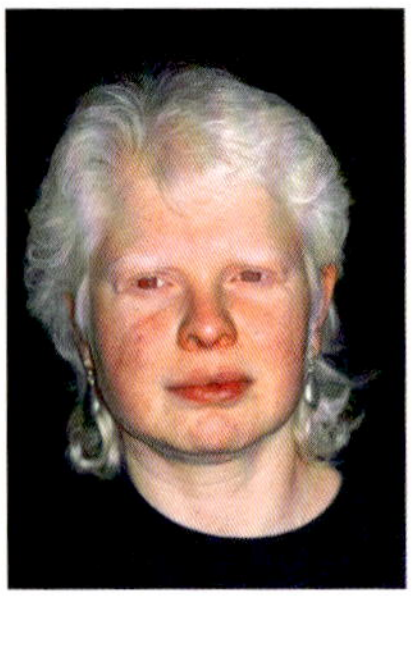

Beim **Albinismus Typ I** tritt eine Genmutation u. a. im Chromosom 11 auf, sodass Epidermiszellen nicht das Enzym Tyrosinase synthetisieren können. Das Enzym ist erforderlich, um den Farbstoff Melanin zu bilden. Die Symptome sind eine blasse Haut, nicht pigmentiertes, weißes Haar und schwach blaue oder rötliche Augen, da bei fehlender Pigmentierung die Blutkapillaren der Iris durchscheinen. Da Albinismus auch durch Mutationen an weiteren Genen auf unterschiedlichen Chromosomen verursacht werden kann, können auch andere Vererbungsformen wie beispielsweise X-chromosomal-rezessiv vorkommen.

Etwa jedes zweitausendste Kind in Deutschland wird mit **Mukoviszidose** (Cystische Fibrose – CF) geboren. Damit ist sie bei uns die häufigste durch eine Genmutation verursachte Krankheit.

Die Mukoviszidose wird durch Genmutationen am CFTR-Gen verursacht. CFTR steht für *Cystic Fibrosis Transmembrane Conductance Regulatur* – ein Zellmembranprotein, welches Chlorid-Ionen aus der Zelle leitet. Bei etwa 70 % der Erkrankungen ist eine Deletion von drei aufeinanderfolgenden Nucleotiden der DNA zu finden (↗ Abb. rechts). Dadurch fehlt an der Position 508 die Aminosäure Phenylalanin im Protein.

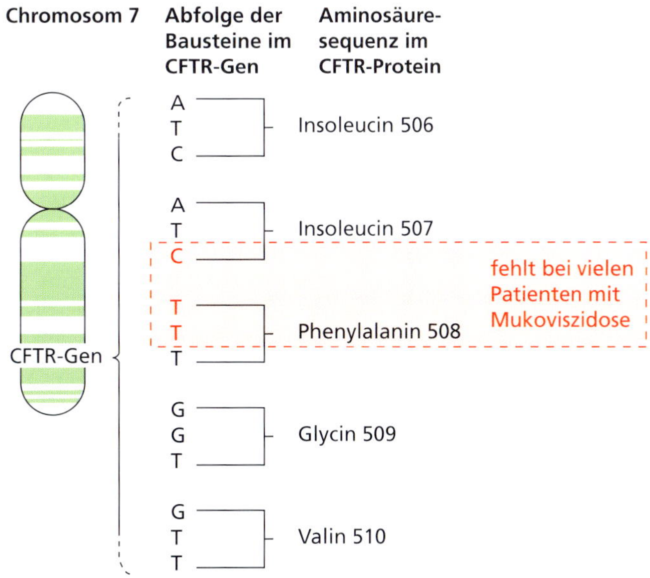

Das Fehlen der Aminosäure führt am Membranprotein in diesem Bereich zu einer Störung der ATP-Bindung und -spaltung. Dadurch ist die Chlorid-Ionen-Diffusion durch das Membranprotein gestört. Weniger osmotisch aktive Chlorid-Ionen werden aus Drüsenzellen heraustransportiert, was wiederum zur Verringerung des Wasseraustritts führt. Durch den Wassermangel werden Drüsensekrete zähflüssiger und können vom Körper nur erschwert transportiert werden.

Bisher sind etwa 1 000 verschiedene Mutationen am CFTR-Gen bekannt.

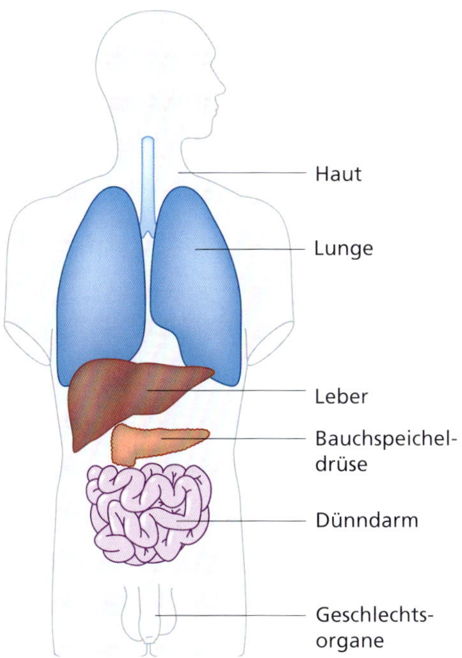

Funktionsstörungen der betroffenen Organe Lunge, Dünndarm, Bauchspeicheldrüse, Leber, Geschlechtsorganen und Haut (↗ Abb. links) sind die Folge.

Die **Diagnose** der Mukoviszidose kann schon vorgeburtlich durch Fruchtwasseruntersuchungen erfolgen. Dabei wird das mutierte CFTR-Gen nachgewiesen. Nach der Geburt können zusätzlich ein Schweißtest (erhöhter Chloridgehalt) oder Blutuntersuchungen zum Nachweis der Krankheit führen, bevor erste Krankheitssymptome der betroffenen Organe auftreten.
Die **Therapie** betrifft bei diesem Systemdefekt jedes einzelne Organ.

In Schottland beträgt die Häufigkeit sogar 1 : 500. Bei Menschen afrikanischer oder asiatischer Abstammung kommt die Mukoviszidose dagegen mit ca. 1 : 17 000 bzw. ca. 1 : 19 000 Neugeborenen sehr selten vor.

Die deutsche Bezeichnung der Krankheit Veitstanz, benannt nach dem heiligen Vitus ist heute nicht mehr gebräuchlich.

Die **Huntington-Krankheit** (Chorea Huntington, Veitstanz) wird autosomal-dominant vererbt. Sie wurde erstmals von dem New Yorker Arzt George Huntington beschrieben. Das verursachende Gen wurde 1993 identifiziert. Es ist auf dem Chromosom 4 lokalisiert und codiert das Protein Huntingtin. Im nicht mutierten Huntingtin-Gen sind 9–35 Wiederholungen des Codons CAG vorhanden. Bei Erkrankten kommen zwischen 36 und 250 Wiederholungen vor. Das daraus resultierende, veränderte Huntingtin-Protein verfügt über zusätzliche Glutamin-Moleküle und bildet mit anderen Proteinen in den Nervenzellen größere Komplexe. Infolge komplizierter Wechselwirkungen des Nervenzellstoffwechsels wird die Erregungsübertragung an Synapsen mit dem Transmitter Gamma-Aminobuttersäure gestört. Letztlich sterben die Neuronen ab.

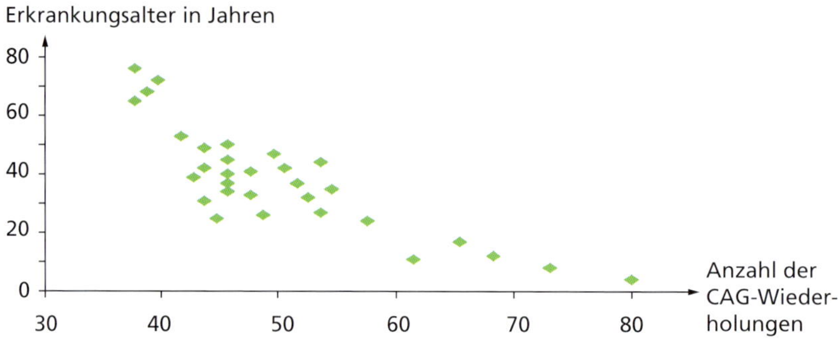

1 Abhängigkeit des Erkrankungsalters von der Anzahl der CAG-Wiederholungen

Das Codon CAG codiert die Aminosäure Glutamin.

Die in allen Fällen tödlich verlaufende Erbkrankheit bricht meist zwischen dem 35. und 45. Lebensjahr aus, wobei mit zunehmender CAG-Anzahl die Erkrankung früher eintritt. Sie ist zunächst durch unkontrollierte Bewegungen und Muskelzuckungen und später durch zunehmenden Verlust der geistigen Fähigkeiten gekennzeichnet. Ein dauerhaftes Aufhalten der fortschreitenden Erkrankung ist nicht möglich. Durch verschiedene Medikamente und physiotherapeutische Maßnahmen kann der Verlauf verlangsamt werden.

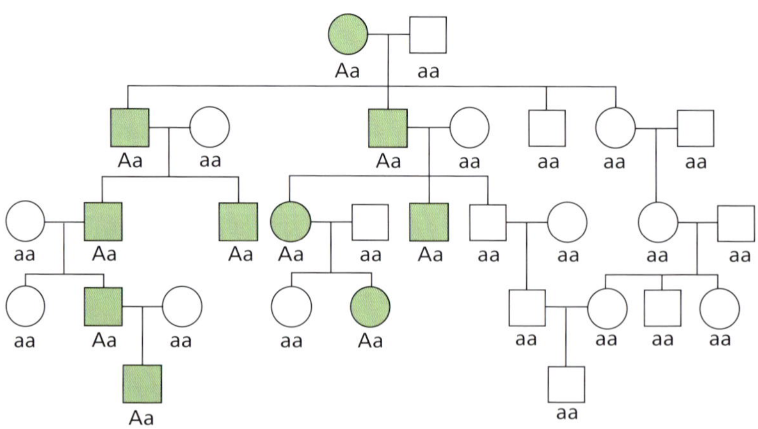

2 Familienstammbaum zur Vererbung der Huntington-Krankheit

Liegen **Genmutationen auf den Geschlechtschromosomen,** so führen bei Männern **X-chromosomale rezessive Erbgänge** aufgrund des einen X-Chromosoms immer zur Ausprägung des Merkmals. Bei Frauen hingegen nur bei Homozygotie, die wesentlich seltener ist.

1 X-chromosomale rezessive Erbgänge

Genmutationen und Chromosomenmutationen lassen sich manchmal nur schwer voneinander abgrenzen. So z. B. bei der **Rotgrünsehschwäche oder -blindheit.** Zum Farbensehen befinden sich in der Netzhaut drei verschiedene Zapfentypen (Lichtsinneszellen) mit spezifischen Opsin-Molekülen (Proteine). Werden deren Gene durch Mutationen verändert, kommt es zu Farbensinnstörungen. Die Opsin-Gene befinden sich auf dem X-Chromosom nah beieinander. Bei fehlerhaftem, meiotischem Crossing-over können Mischgene, vor allem der für Rot und Grün zuständigen Opsine entstehen. Farbensinnstörungen im rot-grünen Bereich sind die Folge.

Die Opsine sind jeweils besonders empfänglich für rotes, grünes bzw. blaues Licht. Innerhalb von Genen (Genmutation) kommt es hier zu Veränderungen, die durch Mechanismen der Chromosomenmutation hervorgerufen werden.

Die **0 (Bluterkrankheit)** beruht auf einem Blutgerinnungsdefekt. Die Blutgerinnung erfordert das Zusammenspiel vieler einzelner Gerinnungsfaktoren. Bei Hämophilie A fehlt einer dieser Faktoren, der Faktor VIII, daher können Verletzungen zu lebensgefährlichen Blutverlusten führen. Bluter leiden unter Blutergüssen und neigen zu spontanen inneren Blutungen.

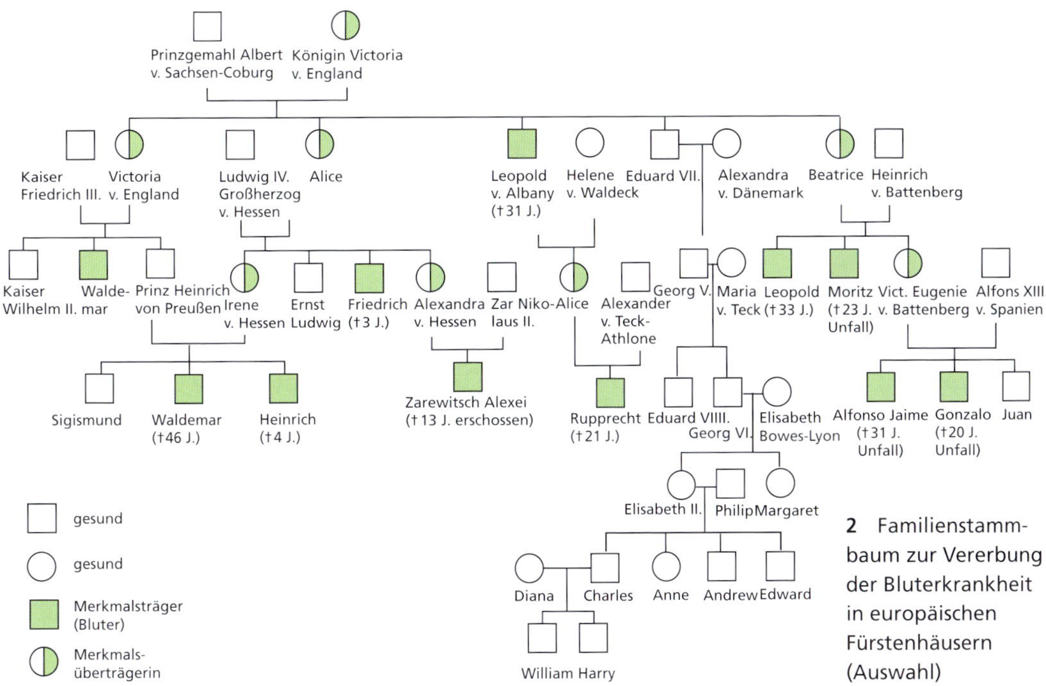

2 Familienstammbaum zur Vererbung der Bluterkrankheit in europäischen Fürstenhäusern (Auswahl)

Humangenetische Beratung

Nach heutigem Kenntnisstand sind genetische Faktoren bei weit mehr als 2000 Krankheiten beteiligt. Deshalb gewinnt die Berücksichtigung genetischer Aspekte bei der Erkennung, Ursachenanalyse, Prophylaxe und Therapie von vielen Krankheiten zunehmend Bedeutung. In zahlreichen Fällen besteht bereits die Möglichkeit, exakte Aussagen und Prognosen über das Auftreten von Risiken und möglichen Erkrankungen zu machen.
Eltern können eine **humangenetische Beratungsstelle** aufsuchen, wenn sie befürchten, ein erbkrankes Kind zu bekommen, oder Fragen zur Familienplanung und zu humangenetischen Untersuchungsmöglichkeiten haben.

Indikationen für eine Beratung
• bei einem der Partner oder in dessen Familie ist eine Erbkrankheit vorhanden oder es besteht der Verdacht
• mehrere Fehlgeburten sind in der Familie bekannt
• Geburt eines vorangegangenen Kindes mit Erbkrankheit
• erhöhtes Alter der Mutter
• Auffälligkeit im Ultraschall

Bei der Interpretation des Stammbaumes spielen die mendelschen Regeln eine große Rolle.

In einführenden Gesprächen wird zunächst geklärt werden, ob es sich bei dem Problem tatsächlich um eine genetisch bedingte Krankheit handelt. Nicht alle angeborenen Behinderungen sind erblich verursacht. Die spezifische familiäre Belastung kann auch durch das Aufstellen eines **Familienstammbaumes,** der über mehrere Generationen reichen sollte, ermittelt werden. Dabei können allerdings hauptsächlich nur Aussagen zum äußeren Erscheinungsbild (Phänotyp) getroffen werden.

Einige diagnostische Verfahren beruhen auf **Bluttests** der Eltern und schon geborener Kinder. Mithilfe des Blutes können Veränderungen im Stoffwechsel, wie veränderte Konzentrationen bestimmter Stoffe, ermittelt werden. Veränderungen geben Hinweise auf mögliche Erbkrankheiten. Das genetische Material der Blutzellen kann mit **Genmarkern** auf Erbkrankheiten verursachende Gene untersucht werden. Gleichzeitig findet man auch heraus, ob die mutierte Anlage homo- oder heterozygot vorliegt. Dadurch sind Aussagen über die Vererbung möglich. Diese Tests lassen sich auch an Zellen des ungeborenen Kindes durchführen, da die Zellen beispielsweise durch Fruchtwasseruntersuchungen gewonnen werden können.

Die **Fruchtwasseruntersuchung** ist ein Verfahren zur Gewinnung von Zellen eines ungeborenen Kindes (Fetus). Sie wird meist in der 15. bis 18. Schwangerschaftswoche durchgeführt. Wegen des Risikos, eine Frühgeburt auszulösen, sollte diese vorgeburtliche Diagnostik nur in begründeten Fällen vorgenommen werden. Neben den Untersuchungen auf molekularer Ebene dienen die fetalen Zellen auch als Ausgangsmaterial zur Herstellung von **Karyogrammen.** Sie sind schon längere Zeit ein gut geeignetes Mittel, um Genom- und Chromosomenmutationen diagnostizieren zu können.

Karyogramme sind Abbildungen des Chromosomenbestandes einer Zelle (↗ S. 15). Sie werden im Metaphasestadium der Mitose gewonnen.

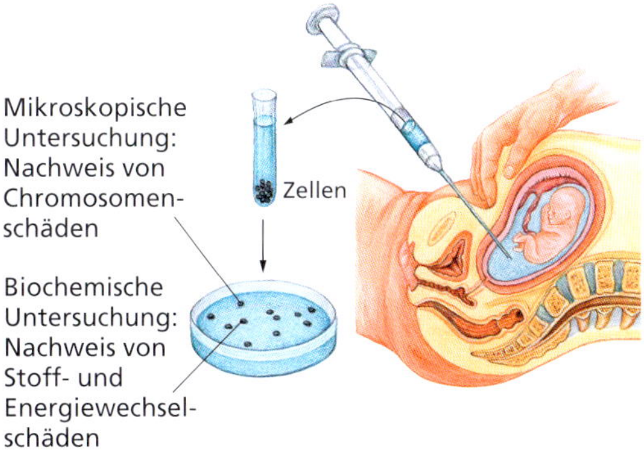

1 Fruchtwasseruntersuchung – ein Verfahren zur vorgeburtlichen Diagnose

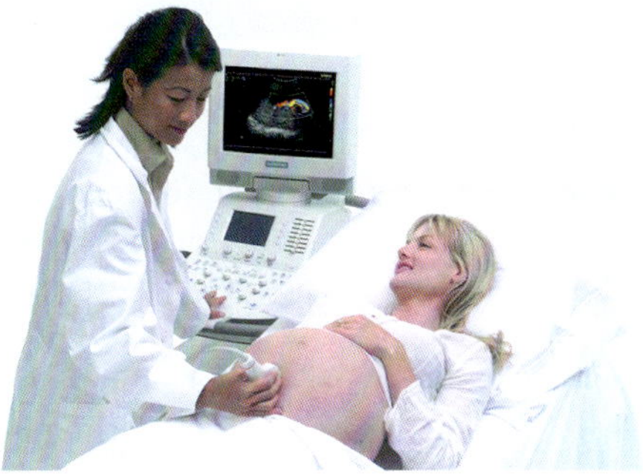

2 Mithilfe der Ultraschalluntersuchung kann man die Entwicklung des Embryos verfolgen.

Die vielen klassischen und hochmodernen Diagnosemöglichkeiten für die humangenetische Beratung ersparen Elternpaaren aber nicht, eine Entscheidung zu treffen: Wollen sie ein behindertes Kind bekommen oder entscheiden sie sich dagegen. Die große Aufgabe der humangenetischen Beratung besteht darin, Elternpaaren durch umfassende Information zum medizinisch-genetischen Problem und darauf abgestimmte psychologische Betreuung zu helfen, für sich und das ungeborene Kind eine angemessene Entscheidung zu treffen. Ihre eigene, verantwortungsbewusste Entscheidung sollte nicht infrage gestellt oder als Flucht vor der Verantwortung bewertet werden.

Die Verantwortung, verbunden mit viel Leid, aber auch Freude, die Eltern übernehmen, wenn sie ein behindertes Kind mit sehr viel Mühe großziehen, verlangt von uns Respekt und Hilfe.

Entscheiden sich Elternpaare gegen das Austragen und die Geburt eines schwerstbehinderten, erbkranken Kindes, können sie die Möglichkeit eines Schwangerschaftsabbruches nutzen, was im §218 StGB geregelt ist.

Erbkranke Kinder bedürfen vonseiten der Eltern, Geschwister und aller anderen Personen einer besonderen Zuneigung, Unterstützung und Hilfe, Verständnis und Mitgefühl sind vonnöten, denn Menschen mit erbbedingten Krankheiten sind doch „anders". Bei geistiger Behinderung können sie beispielsweise Gefahren nicht richtig einschätzen, sie sind oft anderen gegenüber gutgläubig und unbekümmert.

Wenn erbkranke Kinder eine Sonderschule besuchen, lernen sie vor allem, wie sie selbstständig werden und ihr Leben gestalten können. Manche lernen lesen und schreiben, manche entfalten musikalische bzw. handwerkliche Talente. Die **Integration Erbkranker** in das schulische bzw. berufliche Leben einer Gemeinschaft ist für sie von besonderer Wichtigkeit.

Der 34-jährige Spanier Pablo Pineda hat – obwohl er an Trisomie 21 leidet – 2009 sein Lehrerexamen bestanden und darf nun unterrichten.

1.3 Grundprinzipien der Stammzellforschung und Gentherapie

Ein Patient leidet an einer chronischen Herzmuskelschwäche, die mit der konventionellen Medizin nicht therapierbar ist. Er benötigt lebensrettend Herzmuskelgewebe, das vom Immunsystem nicht als körperfremd erkannt wird. In einem ersten Schritt wird mittels „therapeutischen Klonens" aus Zellen seines Körpers Ersatzgewebe hergestellt, welches in einem zweiten Schritt in seinen kranken Herzmuskel injiziert wird, um dort die defekten Zellen zu ersetzen.

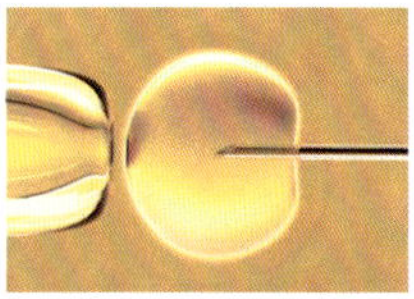

Injektion von Erbgut in eine entkernte Eizelle

Was auf den ersten Blick als eine visionäre Medizin aus ferner Zukunft erscheint, ist zu großen Teilen schon heute realisierbar. Denn nur der zweite Teil dieser revolutionären Heilkunde ist noch Wunschvorstellung. Die Kultivierung des Herzmuskelgewebes ist dagegen schon jetzt in folgenden Schritten gegenwärtig:

- Der Zellkern mit dem Erbgut des Patienten wird in eine zuvor entkernte Eizelle einer Spenderin injiziert.
- Nach biochemischer Aktivierung teilt sich diese Zelle mitotisch zur etwa 200-zelligen Blastocyste.
- Diese embryonalen Zellen mit dem genetischen Material des Erkrankten haben zwei spezielle Eigenschaften: Sie haben die Fähigkeit, sich zu potenziell jedem Gewebe zu entwickeln (pluripotente Stammzellen), und sie sind immunologisch körpereigen.

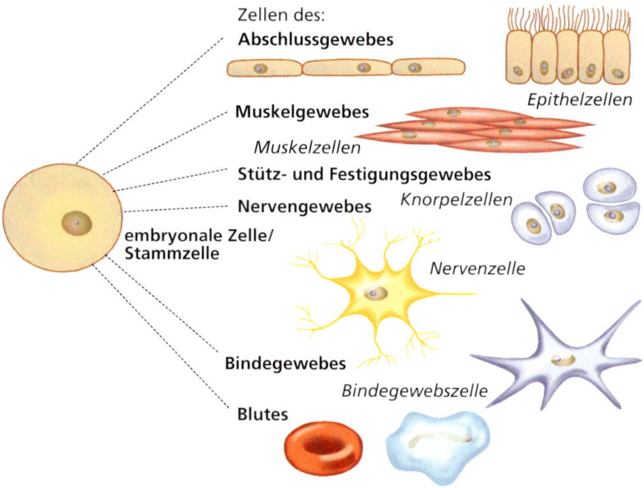

Beim Menschen sind nur embryonale Stammzellen pluripotent, später spricht man, z. B. bei Knochenmarkszellen, von Multipotenz.

Aus undifferenzierten, pluripotenten, embryonalen Stammzellen können sich sehr verschiedene Zelltypen entwickeln. Die während der Differenzierung eintretenden Veränderungen in Gestalt, Größe und innerer Ausstattung sowie in funktionellen Eigenheiten sind beachtlich und führen zu einer großen Vielfalt. Im menschlichen Körper lassen sich nahezu 200 verschiedene Zelltypen unterscheiden.

Ethische Kontroverse – Stammzellforschung

PRO

- Neue Horizonte werden für die Humanmedizin eröffnet.
- Schwerste Krankheiten (z.B. Parkinson, Querschnittslähmung ...) wären heilbar.
- Organtransplantationen wären nicht mehr von Spendern abhängig.

KONTRA

- Schon die befruchtete Eizelle ist ein beseeltes menschliches Wesen, dem alle Grundrechte zustehen. Deshalb dürfen Embryonen nicht „produziert" werden.
- Therapeutisches Klonen kann leicht missbraucht werden, z. B. für medizinisch unnötige Manipulationen oder zum reproduktiven Klonen.

Die Deutsche Forschungsgemeinschaft (DFG) stellt dazu fest: „Forschung an humanen embryonalen Stammzellen darf nur unter streng kontrollierten, eng begrenzten Bedingungen erfolgen." Aus Sicht des deutschen Gesetzgebers dürfen laut Embryonenschutzgesetz keine menschlichen Embryonen hergestellt, geklont oder zerstört werden. Es ist allerdings legitim, embryonale Stammzellen zu importieren, die vor dem 01.05.2007 gewonnen wurden.

Ein Embryo ist nach § 8 des Embryonenschutzgesetzes bereits die befruchtete, entwicklungsfähige Eizelle.

Ein neuer Trend in der Medizin der Zukunft umgeht diesen ethischen Disput, indem Stammzellen aus dem Blut der Nabelschnur gewonnen werden (↗Abb.). Sie können tiefgefroren über lange Zeiträume konserviert überleben. Dieser Stammzelltypus ist in der Lage, sehr viele, aber nicht alle verschiedenen Zelltypen zu bilden.

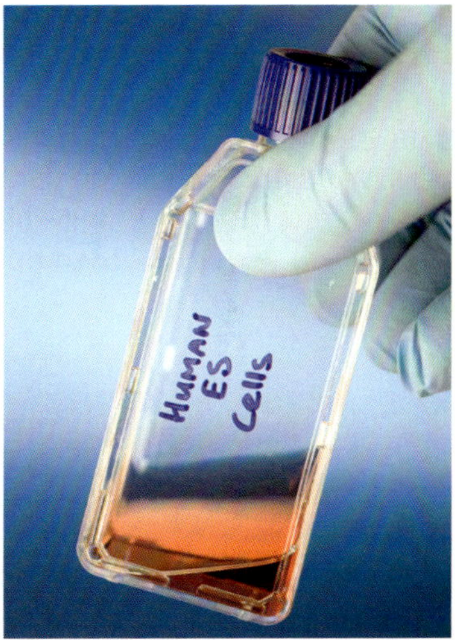

Potenziell ist es möglich, aus diesen Zellen Gewebe zu gewinnen, welches auch nach Jahrzehnten erkrankte Gewebsabschnitte von Organen vollwertig substituiert und auf diese Weise Krankheiten therapiert bzw. den Ausfall von Organfunktionen kompensiert. So könnten unter anderem Hauttransplantate bei schweren Verbrennungen generiert werden.

Der große Vorteil gegenüber der bisherigen Transplantationspraxis besteht darin, dass keinerlei Abstoßungsreaktionen zu erwarten sind, da es sich um immunologisch körpereigenes Gewebe handelt.

Auch ökonomisch ist ein völlig neuer Zweig der Medizin entstanden, in dem Eltern in die gesundheitliche Zukunft ihres neugeborenen Kindes investieren. Darüber hinaus haben sie die Chance, die konservierten Nabelschnurstammzellen zu spenden. Voraussetzung dafür ist allerdings, dass sie typisiert werden. Den Eltern erwachsen daraus keine Mehrkosten und die Zahl der Spender im Zentralen Knochenmarkspenderregister Deutschland (ZKRD) steigt enorm an.

Das Differenzierungspotenzial einer Stammzelle ist abhängig von ihrem ontogenetischen Alter.

Gentherapie

Schon lange ist es möglich, erbliche Krankheiten zu behandeln. Die Palette reicht dabei von der genetischen Familienberatung und vom genetischen Screening (z. B. bei Phenylketonurie) über Zelltransplantationen (z. B. bei Muskeldystrophie) oder chirurgische Eingriffe (bei Lippen-Kiefer-Gaumenspalte) bis zur Substitution von Proteinen (bei Hämophilie).

Die Gentherapie erschließt allerdings völlig neue medizinische Horizonte, denn sie setzt an den genotypischen Wurzeln einer Erkrankung an.

Bei der Gentherapie werden „gesunde" Gene in das Erbgut der Patienten übertragen, um den Funktionsausfall defekter Gene zu kompensieren und somit die Krankheit zu heilen. Bei der **somatischen Gentherapie** gelangen die intakten Erbanlagen nur in Körperzellen, also Zellen, welche nicht an die nächste Generation weitergegeben werden. Die neuen Erbanlagen könnten allerdings auch in Keimzellen eingefügt werden. Diese sogenannte **Keimbahntherapie** ist in Deutschland unter ethischen Aspekten und aus Sicherheitsgründen gesetzlich verboten, weil fehlerhafte genetische Veränderungen entstehen und vererbt werden können.
Die Gentherapie befindet sich in den Anfängen ihrer Entwicklung. Zahlreiche methodische Probleme müssen noch überwunden werden. Aus unbekannten Gründen bleiben beispielsweise übertragene Gene „still" oder werden im Genom nach einiger Zeit inaktiviert, sodass die Therapie wiederholt werden muss.

Durch Fehlfunktionen der Leber werden besonders viele Stoffwechselkrankheiten verursacht.

Erste erfolgreiche Schritte bei der Erforschung der Gentherapie wurden an der **Leber** vollzogen. Von ihr lassen sich problemlos Zellen isolieren, in Nährlösungen kultivieren und nach der genetischen Manipulation in den Körper zurückübertragen.

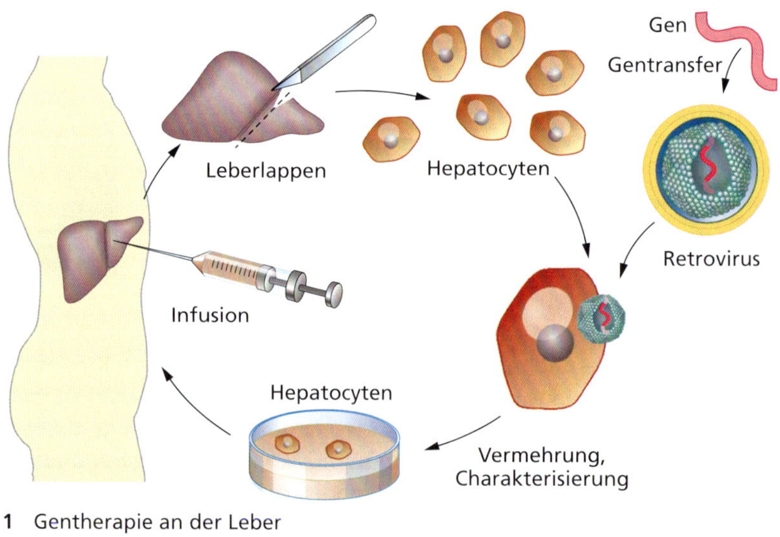

1 Gentherapie an der Leber

Besonders wichtig für den Erfolg des **Transfers von Genen** ist die richtige „Verpackung" des einzubringenden Genmaterials. Man spricht in diesem Zusammenhang von sogenannten Genfähren.
Dabei ist es natürlich Voraussetzung, dass der für eine Erbkrankheit verantwortliche Gendefekt analysiert und lokalisiert wurde. 1989 gelang dies einer amerikanischen Forschergruppe für das Mukoviszidose-Gen.
Bei Patienten dieser erblich bedingten Krankheit wurden in der Therapie mit Erfolg Liposomen als Vektor eingesetzt. Diese etwa 25 nm kleinen Fettkügelchen haben die Eigenschaft, mit der Zellmembran zu verschmelzen, sodass auf diese Weise das genetische Material direkt in die Zielzellen appliziert werden kann. Diese Strategie hat den Vorteil, keine antigene Wirkung im Organismus zu entfalten, und kann per Inhalation verabreicht werden. Allerdings ist die Wahrscheinlichkeit, dass das eingeschleuste Genmaterial das Kerninnere erreicht, relativ gering, sodass große Mengen dieser Liposom-DNA-Komplexe eingesetzt werden müssen.

Wesentlich zielgenauer ist der Einsatz von Virushüllen. Man entfernt das pathogene Erbgut dieser Erreger und ersetzt es durch die zu übertragenden humanen Gene. Die Hüllen dieser Krankheitserreger sind darauf spezialisiert, in menschliche Zellen einzudringen und ihre DNA in deren Erbmaterial zu integrieren (↗ Abb.).
In neueren Untersuchungen zur Therapie von Mukoviszidose (↗ S. 21) kamen unter anderem Ebola- und Adenovirushüllen zur Anwendung. Diese haben den Vorteil, dass sie selektiv die Lungenzellen infizieren, also genau den Zelltypus, der den Krankheitsverlauf der cystischen Fibrose so intensiv negativ beeinflusst. Die Perspektive dieser Forschungen wird zeigen, welcher Vektor die nachhaltigste Wirkung entfaltet, minimale Nebenwirkungen zur Folge hat und die Wirkdauer einer Gentherapie entscheidend verlängert.

Mukoviszidose = Cystische Fibrose

Diese Erbkrankheit wird autosomal rezessiv vererbt. Das defekte Gen (CFTR) ist auf Chromosom 7 lokalisiert.

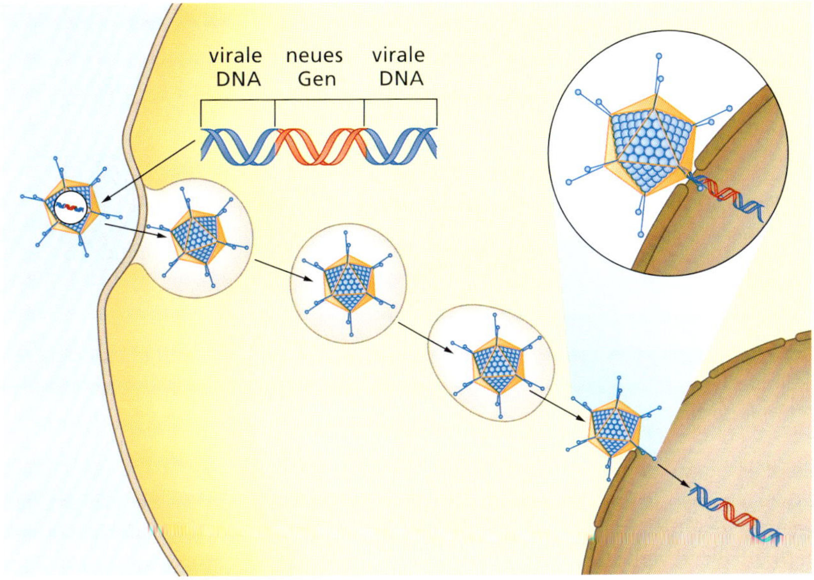

Grundlagen, Anwendung und Perspektiven der Humangenetik

Die Vererbung der Merkmalsanlagen beim Menschen erfolgt nach den **MENDELschen Regeln,** unabhängig davon, ob es unauffällige Anlagen oder Anlagen von Erbkrankheiten sind. Wird die Merkmalsausbildung im Wesentlichen durch ein Gen bestimmt *(monogen)*, können zur Analyse der Vererbung auch **Familienstammbäume** herangezogen werden. Bei *polygenen* Merkmalen, die zusätzlich noch von der Wirkung der Umwelt (Modifikation) beeinflusst werden, ist die Anwendung der mendelschen Regeln nahezu unmöglich.

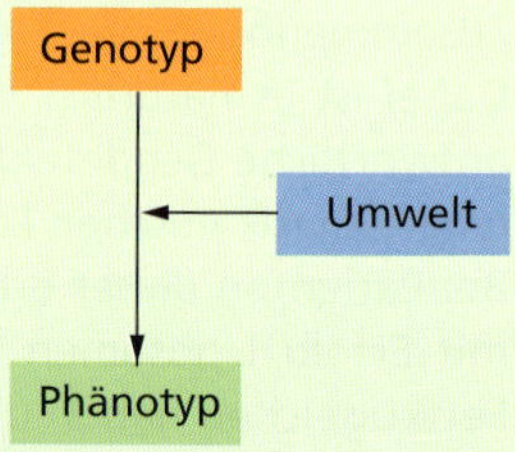

Erbkrankheiten

- Genommutationen
  - Euploidie
    - 3n = 69, Triploidie
  - autosomale Aneuploidie
    - Trisomie 13 – PÄTAU-Syndrom
    - Trisomie 18 – EDWARDS-Syndrom
    - Trisomie 21 – DOWN-Syndrom
  - gonosomale Aneuploidie
    - 45, X0 – TURNER-Syndrom
    - 47, XXY – KLINEFELTER-Syndrom
    - 47, XXX – XXX-Trisomie
    - 47, XYY – XYY-Syndrom
- Chromosomenmutationen
  - Translokation
    - Translokationstrisomie 21 – DOWN-Syndrom
  - Deletion
    - Chromosom 5 – Katzenschrei-Syndrom
    - Chromosom 4 – WOLF-Syndrom
    - Chromosom 15 – PRADER-WILLI-Syndrom, ANGELMANN-Syndrom
- Genmutationen
  - codominante Vererbung
    - Basensubstitution – Sichelzellanämie
  - autosomal-dominante Vererbung
    - Insertion – HUNTINGTON-Krankheit
  - autosomal-rezessive Vererbung
    - Deletion – Mukoviszidose
    - versch. Mutationsformen – Albinismus Typ I
  - X-chromosomal-rezessive Vererbung
    - häufig Deletion – Hämophilie A
    - Crossing-over innerhalb von Genen – Rotgrünsehschwäche

Stammzellen sind Körperzellen, die sich zu verschiedenen Zelltypen oder Geweben differenzieren können. **Embryonale** Stammzellen können jedes Gewebe bilden, **adulte** Stammzellen dagegen, entsprechend ihrer Herkunft, nur bestimmte Gewebe.

Ziel der **Gentherapie** ist es, „gesunde" Gene in das Erbgut von Kranken zu übertragen, um den Funktionsausfall defekter Gene kompensieren und somit die Krankheit heilen zu können. Bei der **somatischen Gentherapie** gelangen die intakten Erbanlagen nur in Körperzellen. Das Einfügen in Keimzellen **(Keimbahntherapie)** ist in Deutschland verboten. Die Gentherapie befindet sich noch in den Anfängen ihrer Entwicklung. Zahlreiche methodische Probleme müssen noch überwunden werden.

Aufgaben

1. Ein Glossar ist ein alphabetisch geordnetes Wörterverzeichnis. Jeder genannte Begriff wird durch einen Kommentar ergänzt, d.h. durch eine ausführliche Definition bzw. eine Begriffserklärung. Dabei ist unerheblich, ob die Erläuterungen in Sätzen oder nur in Stichworten erfolgen. Definitionen müssen allerdings exakt formuliert sein.
Wiederholen Sie wichtige Begriffe aus diesem Kapitel und führen Sie ein Glossar dazu:
Phänotyp, Genotyp, Modifikation, Mutation, Variabilität, Stammzellen.

Glossar

Genotyp:
Modifikation:
Mutation:
Phänotyp:

Vererbung beim Menschen

2. Interpretieren Sie das Diagramm zur Körpergrößenverteilung auf der Seite 8.

3. Die Vererbung der Blutgruppen des AB0-Systms erfolgt entsprechend der mendelschen Regeln. Füllen Sie die Tabelle aus.

Mutter		Kind		mögl. Väter		nicht mögl. Väter
PT	GT	PT	GT	PT	GT	PT
A_2		B				
B		A_1				
A_1B		A_1B				
B		A_2B				
O		O				

PT – Phänotyp
GT – Genotyp

Erbkrankheiten beim Menschen

4. Das unten stehende Karyogramm stellt die genetische Ursache einer der häufigsten Erbkrankheiten des Menschen dar. Vermutlich werden 6/7 aller Erbkrankheiten durch die Mutter verursacht.

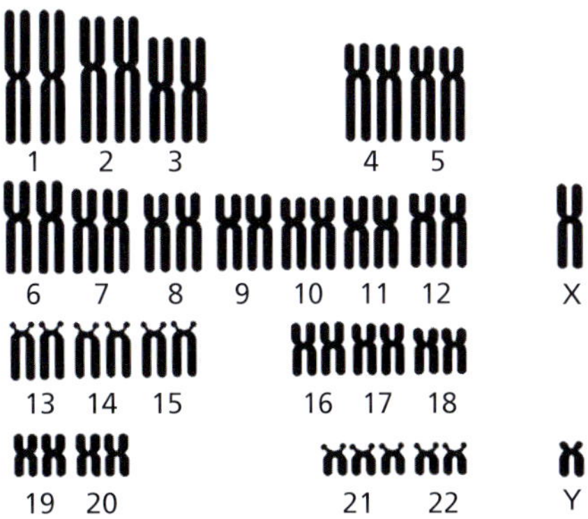

a) Benennen Sie die Erbkrankheit. Beschreiben Sie die Ursachen und Folgen der genetischen Veränderung.
b) Warum sind Männer ungleich weniger die Verursacher der Krankheit?
c) Die Tabelle stellt den Zusammenhang zwischen der Anzahl der erkrankten Kinder und dem Alter ihrer Mütter dar.
Leiten Sie daraus Schlussfolgerungen zur Vorsorge ab.

Alter der Mutter	erkrankte Kinder	Alter der Mutter	erkrankte Kinder
10–19	0,04 %	35–39	0,33 %
20–24	0,06 %	40–44	1,00 %
25–29	0,08 %	> 45	2,17 %
30–34	0,11 %		

5. Ein Mann leidet an Rotgrünsehschwäche und Hämophilie. Die Kinder seiner Söhne sind alle in Hinsicht auf diese beiden Anomalien gesund. Bei den vielen Enkelsöhnen, die von seinen Töchtern stammen, sind zwei erbkranke Jungen, aber beide weisen jeweils nur eine der Erbdefekte auf, einer hat die Rotgrünsehschwäche, der andere ist hämophil.
Erklären Sie dieses Phänomen.

6. Im Gegensatz zur freien Trisomie 21 gibt es Familien, bei denen das Down-Syndrom in verschiedenen Generationen immer wieder auftritt, wie der Stammbaum zeigt. Zur Klärung der Ursachen wurden Karyogramme von Familienmitgliedern (Abbildungen 2 und 3) angefertigt.
Werten Sie den Stammbaum unter Einbeziehung der beiden dargestellten Karyogramme aus.
Erklären Sie die genetische Ursache und Vererbung der Krankheit und benennen Sie diese aus genetischer Sicht.

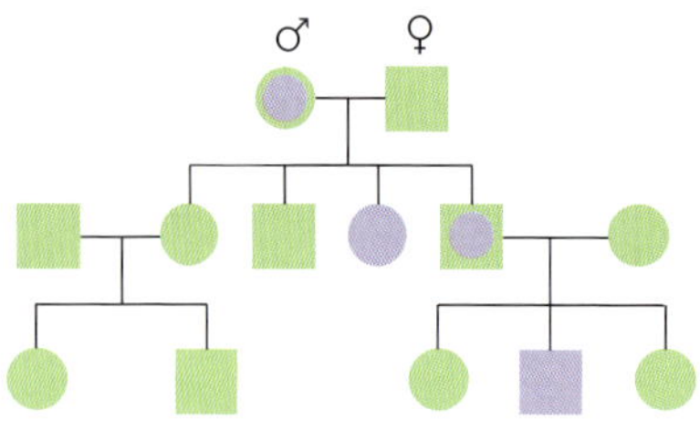

gesund, normales Karyogramm
gesund, Karyogramm 1
erkrankt, Karyogramm 2

1 Stammbaum

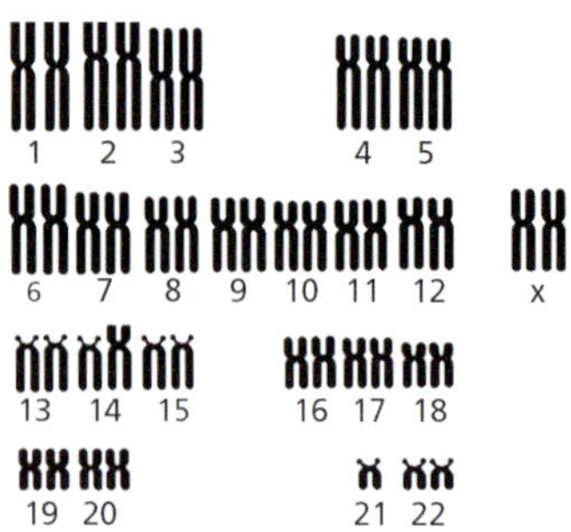

2 Karyogramm 1

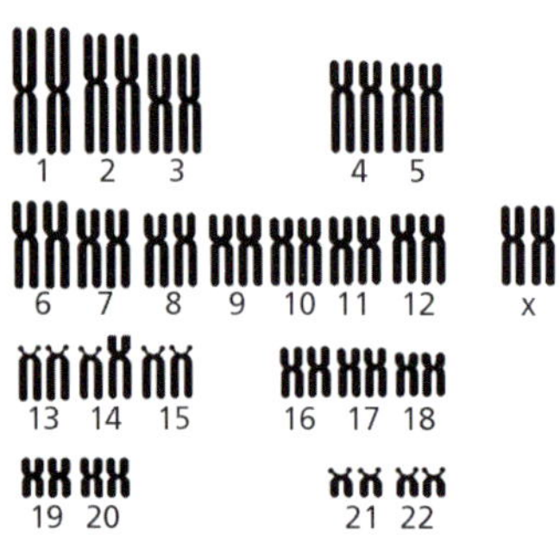

3 Karyogramm 2

7. Die Huntington-Krankheit (Chorea Huntington) wird autosomal-dominant vererbt. Das verursachende Gen wurde 1993 identifiziert. Es liegt auf dem Chromosom 4 und codiert das Protein Huntingtin. Im Huntingtin-Gen sind normalerweise 9–35 Wiederholungen des Tripletts CAG für die Aminosäure Glutamin vorhanden. Kommen noch mehr Wiederholungen des Tripletts vor, wird Huntingtin um die entsprechende Anzahl von Glutamin-Molekülen länger. Durch Wechselwirkung der verlängerten Huntingtin-Moleküle mit anderen Proteinen in den Nervenzellen entstehen größere Molekülkomplexe, die letztendlich die Krankheit auslösen.

a) Erstellen Sie ein Fließschema zur Realisierung der genetischen Information des mutierten Huntingtin-Gens bis zur Aggregation der Proteine. Geben Sie dabei auch die entsprechenden Reaktionsorte an.

b) Werten Sie das Diagramm der Seite 22 aus und ziehen Sie eine Schlussfolgerung.

c) Begründen Sie, warum die Krankheit trotz tödlichen Verlaufs bei dominanter Vererbung immer wieder auftritt.

8. In einer Familie tritt eine erbliche bedingte Kurzfingrigkeit (Brachydaktylie) auf. Seitensymmetrisch fehlen bei einzelnen Familienmitgliedern ganze Fingerglieder, sodass ihre Finger verkürzt sind.
Analysieren Sie den Stammbaum und begründen Sie, wie in der Familie die Brachydactylie vererbt wird.

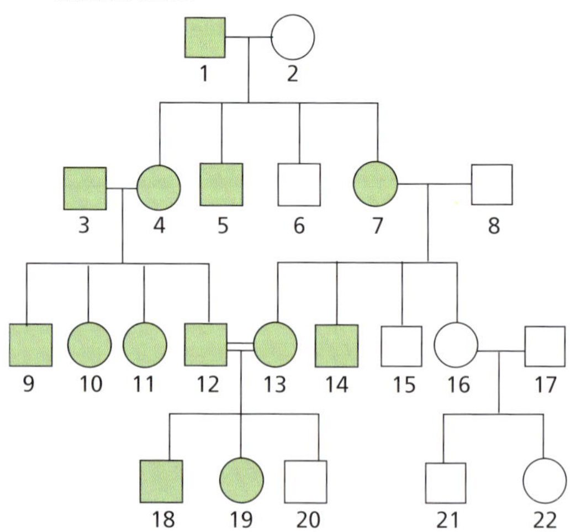

Erschließungsfelder

Die Humangenetik ist heute vor allem ein interdisziplinäres Gebiet der Biologie, Medizin, Chemie, Informatik und auch Ethik. Neben der Erforschung grundlegender Dinge stehen auch erblich bedingte Krankheiten des Menschen im Mittelpunkt, um die Ausbildung von Krankheiten zu verhindern und ihre Symptome lindern zu können.

Der **Information**sfluss zwischen Genotyp und Phänotyp spielt in der Genetik eine große Rolle. **Strukturänderungen** auf verschiedenen **Ebene**n führen zu **Funktionsänderungen**, was wiederum die **Angepasstheit** an die Lebensräume verändert. Die Anpassung an Lebensräume sollte allerdings bei uns Menschen immer in **Wechselwirkung** mit unserer kulturellen Evolution gesehen werden. Durch technische und medizinische Möglichkeiten entziehen wir uns teilweise der biologischen Evolution und passen den Lebensraum unseren Bedürfnissen an.

Mondscheinkinder

Das Genom in den Zellkernen unserer Hautzellen ist unzähligen schädigenden Umweltbedingungen ausgesetzt. Neben vielen oxidierenden oder methylierenden Substanzen spielt in der Haut natürlich energiereiche UV-Strahlung eine besondere Rolle. Sie löst Genmutationen aus, die wiederum Krebserkrankungen der Haut zur Folge haben können.

Eine Vielzahl von molekularen Reparatursystemen erkennt die Schäden und beseitigt sie. Nach dem Prinzip „Reparatur durch Ausschneiden" funktioniert die Nucleotid-Excisions-Reparatur als ein fast universelles System für sehr unterschiedliche DNA-Schäden. Die Schadensbehebung läuft meist während der Transkription vor der Synthese der RNA ab.

Dabei sind etwa 30 Proteine bzw. Enzyme beteiligt, die auch bei der Replikation und der Transkription zu finden sind.

Erkennen des DNA-Schadens
(XPA-, RPA-Proteinkomplexe)

↓

Entwinden der DNA
(Transkriptionsfaktor-IIH-Komplex)

↓

Herausschneiden (Excision) des DNA-Schadens
(wenig bekannte Proteinkomplexe)

↓

Neusynthese der DNA
(DNA-Polymerasen)

↓

Schließen des reparierten DNA-Stranges
(DNA-Ligase)

1. **Angepasstheit**
   Begründen Sie aus evolutionsbiologischer und aus ökologischer Sicht die Entstehung von DNA-Reparatursystemen.

2. **Struktur und Funktion**
   Beschriften Sie mit den folgenden Begriffen die Abbildung zum Verlauf der identischen Replikation:
   Leitstrang, Folgestrang, DNA-Matrize, OKAZAKI-Fragment, DNA-Polymerase, Helicase, Primase, Einzelstrang-Bindungs-Protein, RNA-Primer, Ligase, Replikationsgabel, 5'-Ende, 3'-Ende

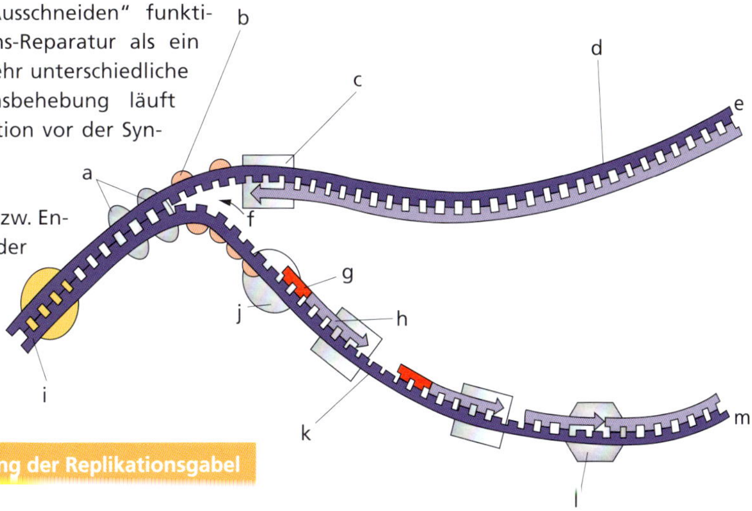

3. Struktur und Funktion

Beschreiben Sie den Ablauf der Transkription.

4. Struktur und Funktion, Ebene

Vergleichen Sie die Transkription mit der Replikation auf molekularer und zellulärer Ebene.

Begründen Sie, warum Proteinkomplexe der Replikation und Transkription bei DNA-Reparaturen beteiligt sein können.

5. Struktur und Funktion, Information

Erstellen Sie ein Fließschema zur Realisierung der genetischen Information eines Proteinkomplexes zur DNA-Reparatur. Geben Sie dabei auch die entsprechenden Reaktionsorte in der Zelle an.

Mutationen an den Strukturgenen der Reparaturkomplexe können zu Störungen bei der DNA-Reparatur führen und sich beispielsweise in der Erbkrankheit *Xeroderma pigmentosum* äußern.
Xeroderma pigmentosum wird durch Mutationen an sieben verschiedenen DNA-Reparaturgenen verursacht. Eine achte variable Form ist auch bekannt.

Lage der *Xeroderma-pigmentosum*-Formen							
Form	A	B	C	D, F	E	G	V (variabel)
Chromosom	9	2	3	19	11	3	6

6. Struktur und Funktion, Ebene

Leiten Sie aus den genetischen Ursachen mögliche Symptome der *Xeroderma pigmentosum* ab. Stellen Sie Ihre Antwort in Form einer Kausalkette dar.

7. Ebene, Wechselwirkung

Erörtern Sie Therapiemöglichkeiten für *Xeroderma pigmentosum.*

Die Krankheit ist eine sehr seltene, aber auffällige Erbkrankheit. Sie tritt im weltweiten Durchschnitt mit einer Häufigkeit von etwa 1 : 250000 auf. In Deutschland leben etwa 90 Betroffene im Kindes- und Jugendalter. Trotz der unterschiedlichen, beteiligten Gene wird *Xeroderma pigmentosum* fast ausschließlich nach einem bestimmten Muster vererbt.

8. Wechselwirkung

Analysieren Sie den Stammbaum (↗ Abb. unten) und begründen Sie, wie *Xeroderma pigmentosum* vererbt wird. Geben Sie mögliche Genotypen der Personen 1, 2, 4, 6, 14, 22, 31–34 an.

Eine Heilung von *Xeroderma pigmentosum* ist nicht möglich. Nur der Schutz vor UV-Strahlung und eine Behandlung der Hautschäden können helfen.

9. Struktur und Funktion

Begründen Sie, warum sich für erkrankte Kinder der Name „Mondscheinkinder" eingebürgert hat.

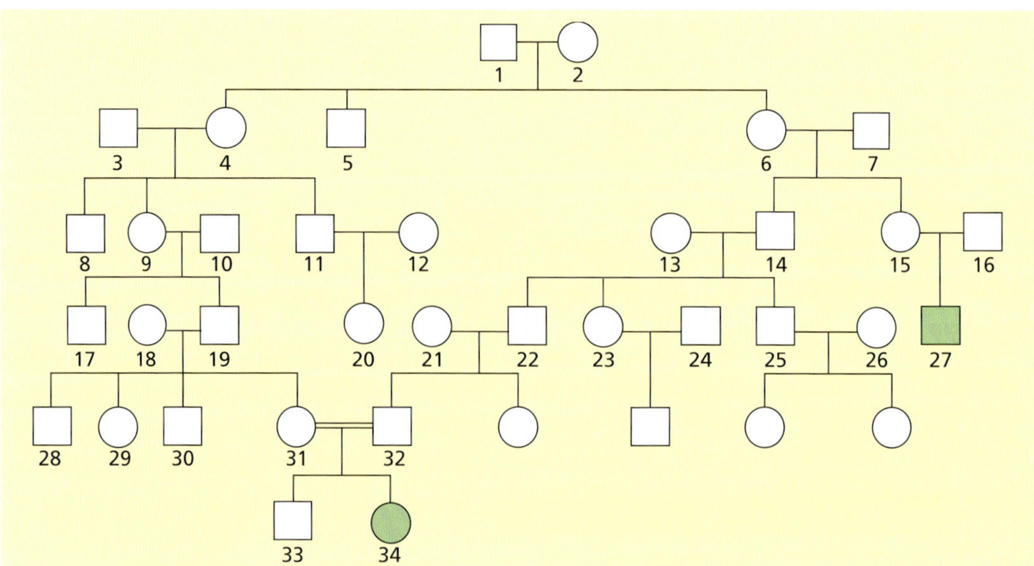

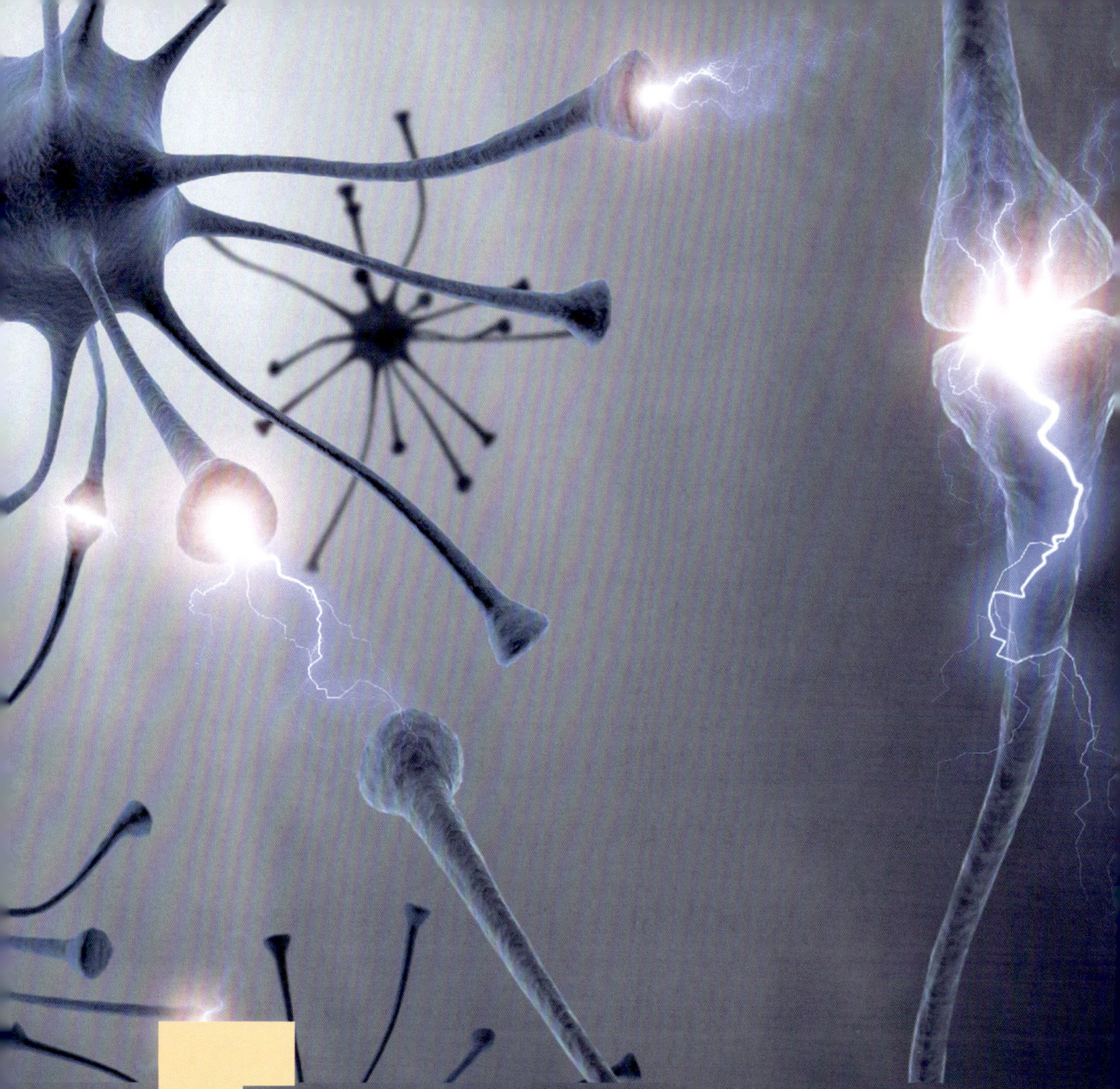

2 Kommunikation zwischen Zellen

2.1 Zellen nehmen Signale auf

Kommunikation, lat.: *communicare* = mitteilen, teilnehmen lassen; gemeinsam machen

Die Fähigkeit, Informationen aufzunehmen, zu verarbeiten und darauf zu reagieren, ist ein Kennzeichen des Lebendigen. Das Senden und Empfangen von Informationen bzw. Signalen kann wechselseitig erfolgen und Auslöser für Reaktionen sein. Über diese Mechanismen stehen auch alle lebenden Zellen in ständiger Beziehung zu ihrer Umgebung.

Zellen können Signale von außen aufnehmen. Dabei kann es sich um chemische Stoffe, Licht (elektromagnetische Wellen), Wärme oder mechanische Einflüsse handeln.
Für die Signalaufnahme sind bestimmte Proteinmoleküle in der Zellmembran oder im Cytoplasma verantwortlich. Diese **Rezeptoren** leiten die Signale zu **Effektorproteinen** innerhalb der Zelle weiter. Die **Signalübertragung** kann über mehrere Stufen laufen, die Funktion von Proteinen verändern und z. B. zur Ausbildung von Erregungspotenzialen an der Zellmembran führen oder schließlich im Zellkern die Aktivierung bestimmter Gene bewirken (↗ Abb. 1).
Im Laufe dieser **Signalkaskade** kann das ursprüngliche Signal verstärkt und vervielfacht werden. So kann ein aktiviertes Proteinmolekül mehrere Effektormoleküle aktivieren.

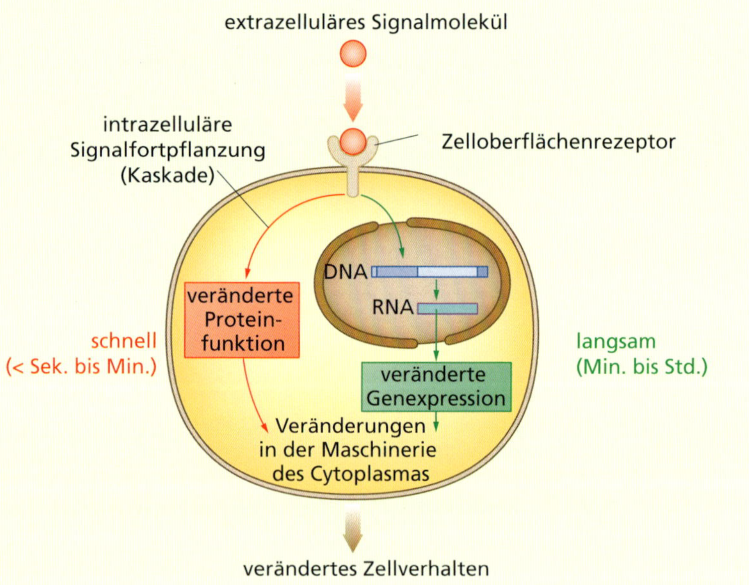

1 Zwei Wege der Signalübertragung in Zellen

Verschiedene Signalkaskaden können sich auch gegenseitig beeinflussen. Die Gesamtheit der Signalkaskaden wird als **Signalnetzwerk** bezeichnet.

Die Aktivierung eines Rhodopsinmoleküls in der Netzhaut durch ein einziges Photon führt zur Aktivierung von bis zu 2 000 Transducinmolekülen. Diese wiederum aktivieren das Enzym Phosphodiesterase und von diesem werden jeweils Tausende von Natriumkanal-Proteinen in der Außenmembran der Lichtsinneszellen geschlossen.

Membranständige Rezeptoren sind Proteinmoleküle, die durch die Zellmembran hindurchragen und sowohl einen außerhalb der Zellmembran liegenden Bereich als auch einen innerhalb der Zellmembran gelegenen Bereich haben. Sie können mit ihrem extrazellulären Molekülteil ein Signalmolekül binden und dadurch ihre Gesamtkonformation ändern. Dies wirkt sich auch auf den intrazellulären Molekülteil aus, sodass von dort ein Signal ins Zellinnere weitergegeben wird. Man kann drei Gruppen membranständiger Rezeptoren unterscheiden:

Rezeptoren im Cytoplasma (cytosolische Rezeptoren) reagieren mit Signalmolekülen, die durch die Zellmembran diffundieren können. Dies sind zum Beispiel Steroidhormone und kleine lipidlösliche Moleküle wie Stickstoffmonoxid (NO) und Kohlenstoffmonoxid (CO).

- Die meisten Zelloberflächenrezeptoren sind **G-Protein-gekoppelte Rezeptoren.** Obwohl die verschiedenen Rezeptoren dieses Typs sehr unterschiedliche Signalmoleküle binden, sind sie sehr ähnlich gebaut: Sie bestehen aus einer sehr langen Polypeptidkette. Bei Aktivierung auf der Außenseite reagieren sie mit einem Protein auf der Innenseite der Membran, dem sogenannten G-Protein (guaninnucleotidbindend). Im nicht aktivierten Zustand ist das G-Protein an Guanosindiphosphat gebunden (GDP, ↗Abb. 1a). Dieses nimmt durch die Bindung an das Rezeptorprotein ein Phosphat auf und wird zu Guanosintriphosphat (GTP, ↗Abb. 1b, c). Gleichzeitig spaltet sich das G-Protein in zwei Untereinheiten auf (↗Abb. 1c), die beide weitere Reaktionen eingehen können.
- Auch bei **enzymgekoppelten Rezeptoren** handelt es sich um Transmembranproteine. Bei Aktivierung durch ein Signalmolekül führen die Veränderungen des Molekülteils auf der Membraninnenseite zur Beeinflussung eines Enzyms. Häufig handelt es sich um Proteinkinasen, die bei wechselseitiger Phosphorylierung von Proteinen das Signal bis in den Zellkern tragen können, wo schließlich über Transkriptionsfaktoren Gene an- und abgeschaltet werden können.
- **Ionenkanäle** sind transmembrane Proteine, deren Durchlässigkeit für bestimmte anorganische Ionen (K^+, Ca^{2+}, Na^+, Cl^-) durch ein Signal verändert wird. Manche Ionenkanäle werden durch ein Signal geöffnet, manche geschlossen. Bei dem Signal kann es sich um ein Signalmolekül oder um eine elektrische Spannungsänderung handeln. So können chemische Signale in elektrische umgewandelt werden und umgekehrt (↗S. 54).

Beide Untereinheiten des G-Proteines diffundieren entlang der Zellmembraninnenseite und können mit Zielproteinen an der Zellmembran reagieren, von denen aus die Signalkaskade weitergehen kann (↗Abb. 1 d).

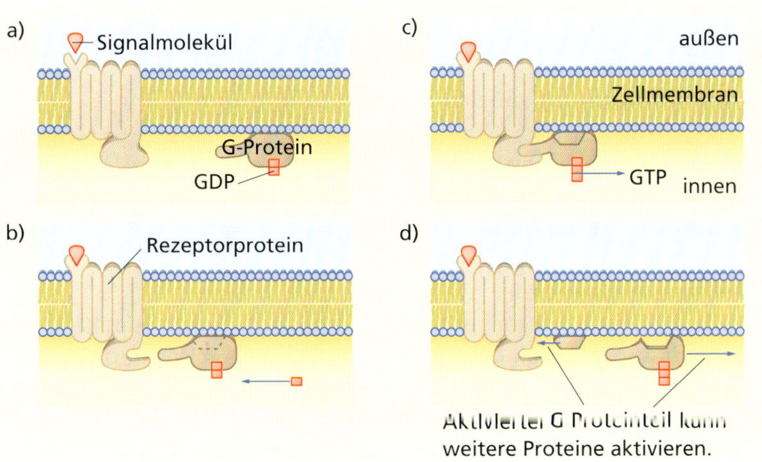

1 Wirkungsweise eines G-Protein-gekoppelten Rezeptors

2.2 Zellen wehren ab

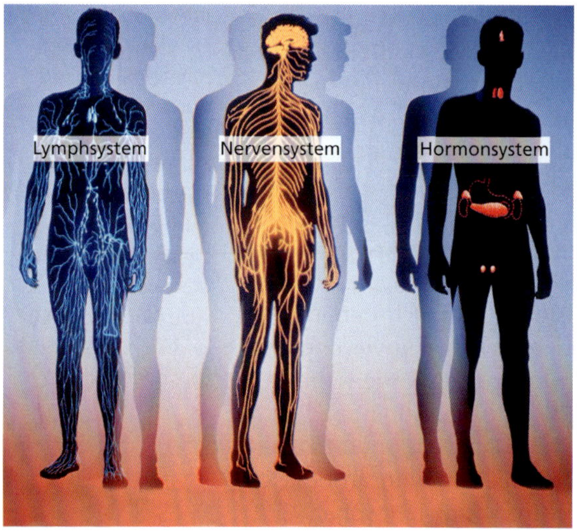

Die biologischen und chemischen Abwehrmechanismen eines Organismus sind Gegenstand der **Immunbiologie.** Sie schützen den Organismus vor der pathogenen Wirkung von Fremdsubstanzen. Die Struktur von Antisomatogenen („gegen den Körper bildend"), kurz Antigene genannt, ist dabei Auslöser für die immunologischen Reaktionen im Körper. Das Abwehrsystem des Körpers ist harmonisch aufeinander abgestimmt und reagiert graduell unterschiedlich, je nach Stärke der Bedrohung des Organismus.
Grundsätzlich kann man die Infektabwehr in einen unspezifischen, die **Resistenz,** und einen spezifischen Bereich, die **Immunität,** einteilen.

immun von lat.: *immunis* = frei von, gefeit gegen, unempfindlich

pathogen von griech.: *pathos* = Leid, Krankheit und lat.: *generare* = erzeugen

Unspezifische Immunreaktion		**Spezifische Immunreaktion**
passive Resistenz	**aktive Resistenz**	**Immunität**
erblich bedingte allgemeine Unempfindlichkeit durch die körperliche Konstitution	unspezifische Abwehr im Körperinneren durch Proteine und phagocytierende Abwehrzellen	im Laufe des Lebens erworbener hochspezifischer Abwehrmechanismus

Unspezifische Immunreaktion

Das von Geburt an vorhandene Abwehrsystem sichert den Körper unspezifisch gegenüber pathogenen Erregern. Dabei wirken passive und aktive Resistenz zusammen.

Trotz der Erblichkeit kann die Resistenz durch Umwelteinflüsse, wie z. B. jahreszeitlich zyklische Faktoren und Ernährung, beeinflusst werden.

Passive Resistenz – allgemeine Abwehr

Unsere körperliche Konstitution verhindert durch mechanische, chemische und mikrobielle Mechanismen das Eindringen bzw. Wirksamwerden von körperfremden Strukturen.

1. Mechanische Barrieren:
- Die Haut weist mit ihrer verhornten toten Außenschicht das Wasser ab.
- Tränenflüssigkeit spült die Augen und Lider zeigen Wischeffekt.
- Schleimhäute binden durch die Sekretion des adhäsiven Schleims die Fremdpartikel und immobilisieren sie damit.
- Flimmerepithelien in den Atemwegen schützen die Lunge.

2. Chemische Barrieren:
- Niedrige pH-Werte auf der Haut (3–5), im Scheidengewölbe (4–4,5) und im Magen (1–2) bedingen die Hemmung bzw. Abtötung von Mikroorganismen (Säuresterilisation).
- Lysozym in der Tränen- und Speichelflüssigkeit hat bakterizide Wirkung.

3. Mikrobielle Barrieren:
- Sowohl in der Mundhöhle und im Darm als auch auf der Haut wird die Vermehrung von Krankheitserregern durch die Konkurrenz apathogener Bakterien gehemmt.

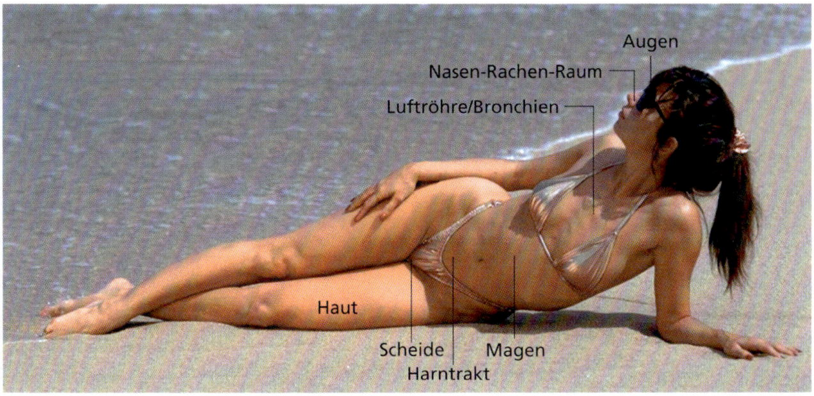

1 Körperperipherie mit möglichen Infektionspforten

Aktive Resistenz

Wenn Antigene aufgrund von Verletzungen der Haut diese konstitutionelle Barriere überwunden haben, werden sie durch eine zweite Abwehrreihe erfasst und in ihrer Vermehrung behindert. Dabei handelt es sich um Mechanismen, die an spezifische Zelltypen **(Leukocyten)** gebunden sind.

Leukocyten sind die weißen Blutkörperchen (griech.: *leukos* = weiß).

Diese Makrophagen, Granulocyten, Mastzellen und natürlichen Killerzellen können mittels Rezeptoren ein breites Spektrum von Erregern erkennen. Durch ihre amorphe Zellgestalt ist es diesen unspezifischen Abwehrzellen möglich, zwischen den humoralen Systemen (Blut und Lymphe) zu wechseln. Sie können somit über die Interzellularräume auch den gesamten Organismus kontrollieren.
Makrophagen und Granulocyten werden als sogenannte **Fresszellen** bezeichnet. Sie besitzen aufgrund ihrer amöboiden Eigenschaften die Fähigkeit der Phagocytose (↗ Abb. rechts). Pathogene Mikroorganismen und Fremdpartikel werden durch Endocytose aufgenommen und anschließend intrazellulär verdaut. Auf diese Weise werden auch gealterte Erythrocyten in Milz und Leber durch Makrophagen eliminiert. Außerdem stellen sie das Bindeglied zur spezifischen Immunreaktion dar.
Nach der Zerlegung und Bearbeitung phagocytierter Antigene werden charakteristische Fragmente, sogenannte Epitope, auf der Membranoberfläche präsentiert. Diese haben Signalcharakter für die spezifischen Immunzellen.

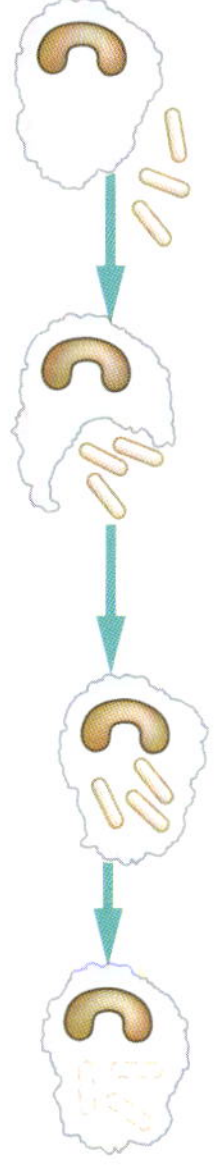

Spezifische Immunreaktion

Aufgrund der optimalen Lebensbedingungen innerhalb homoithermer Organismen und der damit verbundenen Vermehrungsrate pathogener Keime sind die unspezifischen Barrieren des Körpers schnell überfordert. In solchen Fällen mobilisiert das Abwehrsystem seine stärkste Waffe, die **spezifische Immunabwehr.** Die hohe Spezifität dieser Immunantwort bedingt jedoch, dass sie erst dann in Gang gesetzt werden kann, wenn der Körper Kontakt mit dem betreffenden Antigen hat. Es handelt sich also um eine erworbene Fähigkeit, weshalb man auch von einer adaptiven Immunantwort spricht. Hier werden gleich zwei Abwehrreihen aufgefahren. Beide Systeme laufen nebeneinander im Körper ab, ergänzen sich aber nachhaltig in ihrer Wirkung gegenüber pathogenen Keimen.

humor von lat.: *umor* = Flüssigkeit (Körperflüssigkeiten)

humorale Immunantwort	zelluläre Immunantwort
↓	↓
Produktion von Antikörpern in der Blut- bzw. Lymphflüssigkeit (gegen freie Antigene in den Körperflüssigkeiten)	Bildung von Killerzellen (gegen Erreger, die bereits in körpereigene Zellen eingedrungen sind)
↓	↓
realisiert vor allem über B-Lymphocyten	realisiert vor allem über T-Lymphocyten

Bei der Immunopräzipitation handelt es sich um eine molekularbiologische Methode zum Nachweis von Protein-Protein-Wechselwirkungen. Dabei erfolgt der Nachweis der Proteininteraktion in vitro, indem mithilfe eines Antikörpers ein bestimmtes Protein und seine Interaktionspartner aus einem Proteingemisch heraus ausgefällt (präzipitiert) werden.

Die außerordentliche Spezifität dieses Abwehrbollwerks veranschaulichen eindrucksvoll die Verfahren der **Immunpräzipitation:**

- Einem Versuchstier wird im Verlaufe mehrerer Wochen eine spezifische Bakterienart injiziert.
- Nach Gewinnung einer Blutprobe wird durch Zentrifugation das Serum von den Blutzellen getrennt und anschließend 1:1000 verdünnt.
- Mischen des Serums mit Bakterienkulturen 1–3 (↗ Tab.):

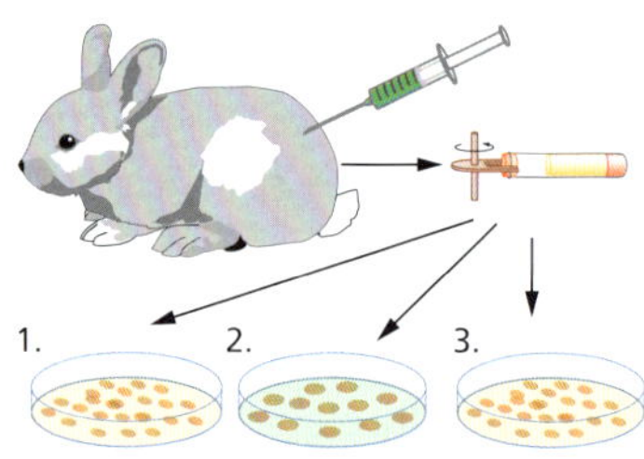

1. Serum eines unbehandelten Kaninchens mit der spezifischen Bakterienkultur = keine Reaktion	2. Serum des behandelten Kaninchens mit der spezifischen Bakterienkultur = Präzipitation: Antigenausfällung	3. Serum des behandelten Kaninchens mit einer anderen verwandten Bakterienkultur = keine Reaktion

Schlussfolgerungen:
- Die Immunantwort reagiert mit höchster Antigenspezifität.
- Sie erfolgt auf molekularer Ebene.
- Die Abwehr wird aktiv erworben.

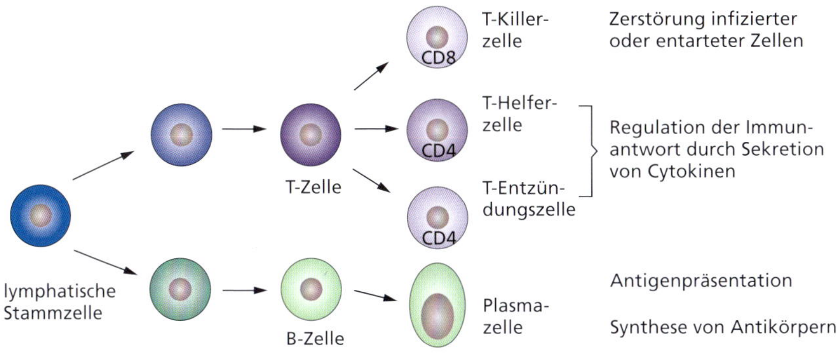

1 An der spezifischen Immunantwort beteiligte Zelltypen und deren Abstammung

Die Lymphocyten und ihre Untergruppen lassen sich durch ihre membrangebundenen Oberflächenmarker systematisieren. So besitzen alle T-Helferzellen das Molekül CD4 (CD – cluster of differentiation), alle T-Killerzellen CD8 und auf den B-Lymphocyten sind spezielle Immunglobuline (IgM) als Rezeptoren für die Antigenbindung lokalisiert. Die mobilen Zellen des Immunsystems entwickeln sich aus pluripotenten Stammzellen im Knochenmark.
Unter dem Einfluss von Wachstums- und Differenzierungsvorgängen entstehen Vorstufen der späteren Differenzierungslinien. Die T-Lymphocyten verlassen als undeterminierte Vorläuferzellen das Knochenmark und werden zur vollständigen Ausdifferenzierung in den Thymus transportiert. Die ausdifferenzierten B- und T-Lymphocyten gelangen in das Blut und in die peripheren lymphatischen Organe.

Das Immunsystem des Menschen im Überblick	
primäre lymphatische Organe	
rotes Knochenmark (a) ***(bone marrow)***	– Ausgangspunkt der Blutbildung – Ausdifferenzierung und Determination der B-Lymphocyten
Thymus (b)	– Klonierung und immunspezifische Prägung der Vorläuferzellen zu immunologisch kompetenten T-Lymphocyten
sekundäre lymphatische Organe	
Lymphknoten (c)	– Lymphe = Ultrafiltrat des Blutes in den Interzellularräumen bzw. Gewebstücken – Anreicherung mit Lymphocyten – Prägung durch Kontakt mit Antigenen
Mandeln (d)	– immunologische Pforte im hinteren Rachenraum um Luft- und Speiseröhre – enthalten Lymphocyten – Erstkontakt mit Antigenen
Milz (e)	– Klonierung von Lymphocyten bei Infektionen – Blutspeicher

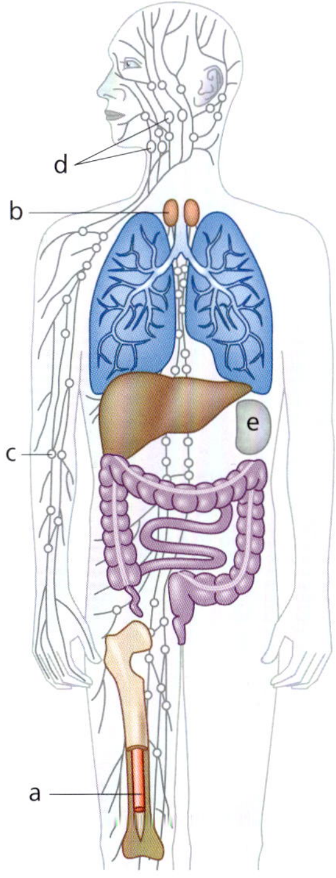

MHC = *major histocompatibility complex* (Haupthistokompatibilitätskomplex)

MHC-Proteine sitzen auf der Zellmembran. Sie können Antigene präsentieren, aber sie dienen auch der Erkennung körpereigener Zellen.

Infektion und Phagocytose
In den Körper gelangte Antigene, die nicht sofort in ihre Wirtszellen eindringen, können in den sekundären lymphatischen Organen von Makrophagen bzw. B-Lymphocyten kontaktiert und anschließend durch Phagocytose aufgenommen werden.
Prozessierung und Präsentation
Im Inneren der Zellen werden die Antigene prozessiert, das heißt abgebaut und bearbeitet. Die entstandenen kurzkettigen Peptide werden an MHC-Moleküle gebunden und an die Zelloberfläche transferiert, wo die Antigenfragmente – sie werden auch als Epitope oder antigene Determinanten bezeichnet – den T-Lymphocyten präsentiert werden.
Erkennung und Aktivierung
Unter 100 000 T-Zelltypen, die in Blut und Lymphe kursieren, besitzt nur einer den für das Epitop kompatiblen T-Zell-Rezeptor. Die Anlagerung erfolgt über das Schlüssel-Schloss-Prinzip. Durch CD4- bzw. CD8-Co-Rezeptoren der T-Lymphocyten wird diese Bindung stabilisiert.
Differenzierung
T-Lymphocyten mit CD4-Rezeptoren entwickeln sich zu T-Helferzellen. Beim Vorhandensein von CD8-Rezeptoren kommt es zur Entwicklung von T-Killerzellen. Zur Aktivierung der Lymphocyten ist der Kontakt mit mehreren Oberflächenmarkern zur antigenpräsentierenden Zelle notwendig. Für die interzelluläre Kommunikation sind Cytokine verantwortlich. Cytokine sind Proteine oder Glycoproteine, die als Botenstoffe wirksam werden.
Klonselektion
Die bis zu diesem Zeitpunkt ruhende T-Zelle beginnt, sich zu teilen, sodass innerhalb kürzester Zeit ein Klon erbgleicher Zellen mit absoluter Antigenspezifität entsteht. Gleichzeitig wird die Synthese von Botenstoffen (Cytokine) wie Interleukin 2 angeregt.
Memory, das immunologische Gedächtnis
B- und T-Zellen können nach ihrer ersten Stimulierung durch Kontakt mit antigenpräsentierenden Makrophagen ihre Weiterentwicklung unterbrechen und zu langlebigen Gedächtniszellen werden.
Antigen-Antikörper-Reaktion (AAR)
Die während der Immunisierung gebildeten spezifischen Antikörper lagern sich über komplementäre Molekülstrukturen der beiden Reaktionspartner durch nicht kovalente Bindungen mit den Antigenen zu Antigen-Antikörper-Komplexen zusammen.
Lyse infizierter Körperzellen
Durch Pathogene infizierte Körperzellen präsentieren auf ihrer Zelloberfläche an MHC-Moleküle gebundene antigene Determinanten. T-Killerzellen binden sich mittels ihrer spezifischen Rezeptoren an diese markierten Zielzellen. Das in T-Killerzellen produzierte Perforin wird nach Kontakt mit der infizierten Körperzelle freigesetzt. Die Perforinmoleküle verursachen eine Durchlöcherung der Zellmembran. Das Cytoplasma fließt aus, die Zelle stirbt ab und löst sich auf.

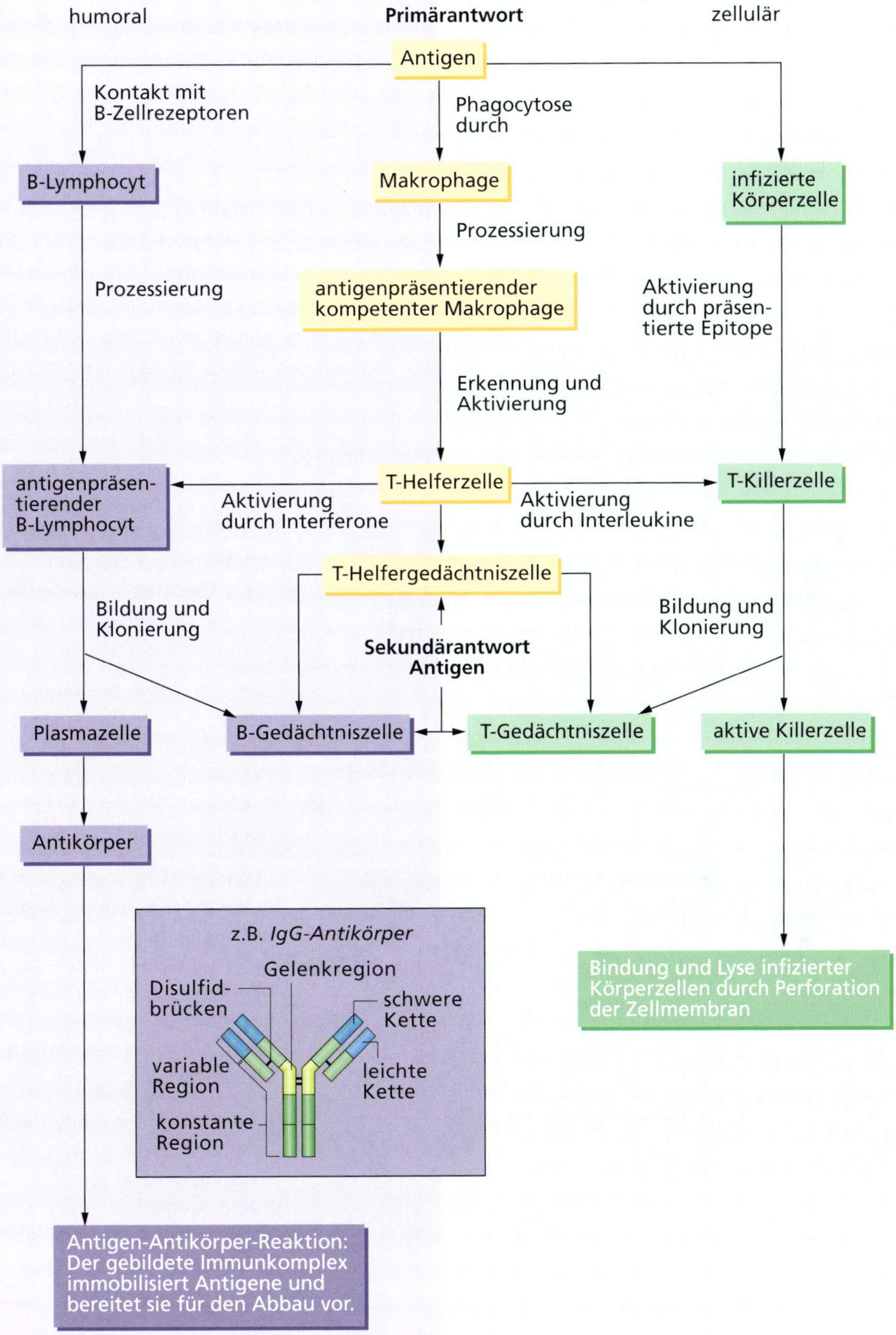

1 Immunantwort

Antikörper

Epitop: griech.: *epi* = auf; *topos* = Ort

Als Antigen wirken bestimmte Moleküle bzw. Atomgruppen an der Oberfläche dieser Moleküle, die als Epitop bezeichnet werden. Der spezifische Antikörper erkennt nur diesen Bereich des Antigens und interagiert daher mit dem Epitop.

Antikörper sind quartär strukturierte Proteinmoleküle aus mindestens vier Polypeptidketten, die über **Disulfidbrücken** verknüpft sind. Die typische Y-Struktur entsteht durch zwei identische leichte und zwei identische schwere Ketten, die jeweils über eine konstante und variable Region verfügen (↗ S. 43). Das heißt, die Aminosäuresequenz der konstanten Region ist innerhalb einer Antikörperklasse übereinstimmend und in der Variablen abhängig vom prozessierten Antigen. Die variablen Enden des Antikörpermoleküls fungieren als sogenannte **Antigenbindungsstelle.** Hier wird nach dem **Schlüssel-Schloss-Prinzip** der molekulare Kontakt mit körperfremden antigenen Determinanten, den spezifischen Epitopen, hergestellt. Die außerordentliche Vielfalt der Antikörpermoleküle wird also durch die Aminosäuresequenz der variablen Region bestimmt, sie legt die Spezifität für ein bestimmtes Antigen fest.

Die multigene Proteinfamilie der Antikörper:		
Immunglobulin G (Ig G) Monomer	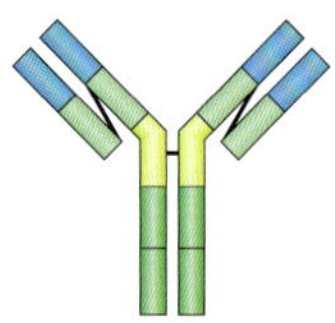	häufigstes Immunglobulin im Blutserum (70 bis 75 %), wichtigster Antikörper der Sekundärreaktion, plazentagängig – passive Immunität des Fötus, aktiviert das Komplementsystem
Immunglobulin A (Ig A) Dimer	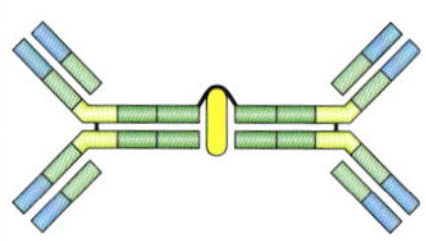	zweithäufigstes Immunglobulin (15–20 %), vor allem in Sekreten wie Speichel und Milch nachweisbar, verhindert die Anheftung von Bakterien und Viren an Epitheloberflächen
Immunglobulin M (Ig M) Pentamer	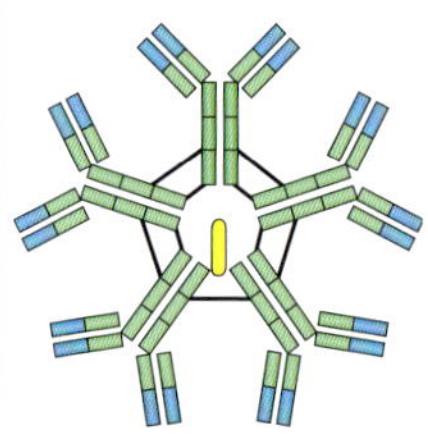	ungefähr 5–10 % aller Immunglobuline treten in der Frühphase der Immunantwort in pentamerer Form auf, als Monomer in der Membran von B-Lymphocyten, als Rezeptor für Antigene immobilisiert, aufgrund der Größe nicht plazentagängig
Immunglobulin E (Ig E) Monomer	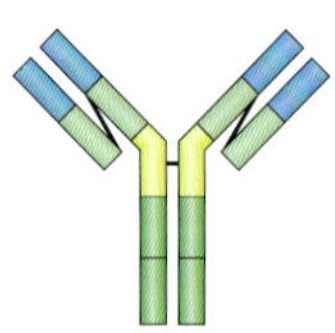	nur in Spuren vorhanden, wahrscheinlich an der Abwehr von vielzelligen Parasiten (z. B. Würmern) beteiligt, allergieauslösende Wirkung durch die Stimulation von Mastzellen
Immunglobulin D (Ig D) Monomer	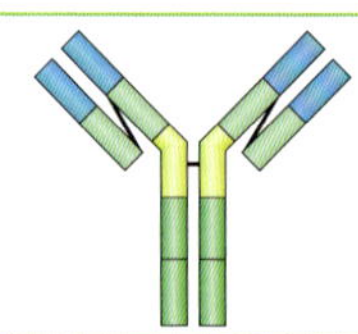	Antigenrezeptor an B-Lymphocyten; möglicherweise für Differenzierung in Plasmazellen und Gedächtniszellen wichtig

Organtransplantation

Organtransplantationen gehören heute zum Standard der medizinischen Versorgung und können das Leben vieler schwer kranker Menschen retten oder die Lebensqualität deutlich verbessern. Seit Jahren besteht bei uns ein großer Mangel an Spenderorganen. Mittlerweile können Herz, Lunge, Leber, Nieren, Bauchspeicheldrüse, Darm und Teile der Haut (Organe) sowie Hornhaut der Augen, Gehörknöchelchen, Herzklappen und Teile der Blutgefäße, der Hirnhaut, des Knochengewebes, des Knorpelgewebes und der Sehnen (Gewebe) transplantiert werden.
2007 wurden in Deutschland 2789 Nieren, 376 Herzen, 18 Herz-Lungen-Komplexe, 266 isolierte Lungen, 1156 Lebern, 23 Bauchspeicheldrüsen, 117 Bauchspeichel-Nieren-Komplexe und 5 Dünndärme transplantiert. Zurzeit stehen ca. 12000 Patienten auf der Warteliste für ein Spenderorgan (Eurotransplant).

Als Spender von Organen kommen neben Lebendspendern Menschen infrage, deren Gehirnfunktionen bereits erloschen sind, deren Herz-Kreislauf-System jedoch noch künstlich aufrechterhalten wird. Da aber in den meisten Sterbefällen zuerst der Herzstillstand eintritt, kommen nur wenige Verstorbene als potenzielle Organspender in Betracht – nämlich jene, bei denen der Hirntod dem endgültigen Herzstillstand vorausgeht und das Herz-Kreislauf-System im Rahmen einer Intensivtherapie künstlich aufrechterhalten werden kann. So sterben in deutschen Krankenhäusern jährlich rund 400000 Menschen, aber nur etwa 4 000 kommen für eine Organspende infrage, da nur bei ihnen der Hirntod vor dem Herzstillstand eintritt.
In den europäischen Ländern gibt es verschiedene gesetzliche Regelungen zur Organspende. Während in Österreich die Widerspruchsregelung gilt (jedem Verstorbenen dürfen Organe entnommen werden, wenn er dem nicht zu Lebzeiten widersprochen hat), sieht das deutsche Transplantationsgesetz von 1997 die erweiterte Zustimmungslösung vor. Organe dürfen demnach nur dann entnommen werden, wenn der Verstorbene dem zugestimmt hat (Organspendeausweis, ↗ Abb.) bzw. nahe Angehörige nach seinem Tod zustimmen.
Eine Lebendspende von Organen, z. B. von Teilen der Leber oder eine Niere, ist nur unter Verwandten ersten oder zweiten Grades erlaubt, z. B. von Eltern oder Geschwistern des Empfängers, ebenso zwischen Ehepartnern, Verlobten oder anderen Personen, die dem Empfänger in besonderer Weise persönlich verbunden sind.

Erst die Bereitschaft vieler Menschen zur Organspende nach dem Tod hat die Erfolge der Transplantationsmedizin möglich gemacht. Aber der Bedarf ist viel größer als das Angebot. Im Jahr 2006 hatten nur ca. 12 % der deutschen Bevölkerung einen Organspendeausweis, 2008 waren es noch weniger. Der Organspendeausweis ist aber eine wichtige Voraussetzung für die einigermaßen unkomplizierte Abwicklung einer Organspende. Deshalb werben die Bundeszentrale für gesundheitliche Aufklärung (BZgA) und die Deutsche Stiftung für Organtransplantation (DSO: www.organspende.de) dafür, eine eigene Entscheidung für oder gegen die Organspende zu treffen und diese Entscheidung auf dem Organspendeausweis zu dokumentieren.

Schon 14-Jährige dürfen selbst der Organentnahme widersprechen, die Zustimmungserklärung darf erst mit 16 Jahren erfolgen.

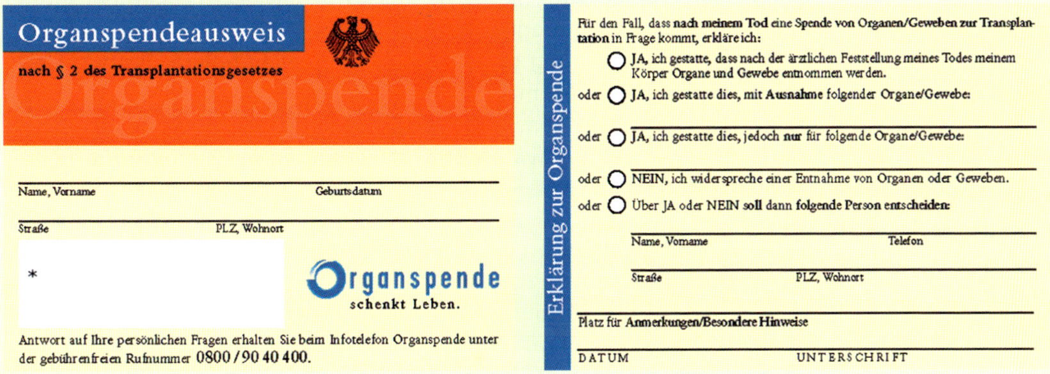
Organspendeausweis
nach § 2 des Transplantationsgesetzes
Organspende
Name, Vorname — Geburtsdatum
Straße — PLZ, Wohnort
*
Organspende schenkt Leben.
Antwort auf Ihre persönlichen Fragen erhalten Sie beim Infotelefon Organspende unter der gebührenfreien Rufnummer 0800/90 40 400.

Erklärung zur Organspende
Für den Fall, dass **nach meinem Tod** eine Spende von **Organen/Geweben zur Transplantation** in Frage kommt, erkläre ich:
○ **JA,** ich gestatte, dass nach der ärztlichen Feststellung meines Todes meinem Körper Organe und Gewebe entnommen werden.
oder ○ **JA,** ich gestatte dies, mit **Ausnahme** folgender Organe/Gewebe:
oder ○ **JA,** ich gestatte dies, jedoch **nur** für folgende Organe/Gewebe:
oder ○ **NEIN,** ich widerspreche einer Entnahme von Organen oder Geweben.
oder ○ Über JA oder NEIN **soll** dann **folgende Person entscheiden:**
Name, Vorname — Telefon
Straße — PLZ, Wohnort
Platz für **Anmerkungen/Besondere Hinweise**
DATUM — UNTERSCHRIFT

1 Organspendeausweis

Aktive und passive Immunisierung

Edward Jenner
(1749–1823)

Als der englische Arzt **Edward Jenner** (1749–1823) Ende des 18. Jh. die ersten Impfungen gegen Pocken durchführte, waren weder die Ursachen für übertragbare Infektionskrankheiten bekannt, noch hatte man Kenntnis von einem Immunsystem. Seine Arbeiten basierten einzig und allein auf jahrzehntelanger Beobachtung und Erfahrung.
Nachdem Ende des 19. Jh. **Robert Koch** (1843 –1910) Mikroorganismen als pathogene Verursacher von Krankheiten nachgewiesen hatte und es **Louis Pasteur** (1822–1895) gelungen war, den ersten Impfstoff (gegen Hühnercholera) herzustellen, war der Weg für die wissenschaftliche Erforschung des Immunsystems und die gezielte **Synthese von Impfstoffen** geebnet. Heute gelten viele „Geißeln der Menschheit" als ausgerottet und viele Infektionskrankheiten sind beherrschbar geworden.
Dies darf allerdings nicht darüber hinwegtäuschen, dass die Zahl der zu lösenden immunologischen Problemfälle nach wie vor enorm hoch ist. **Impfstoffe** gegen Aids, ein langfristig wirkendes Mittel gegen Malaria sowie neu entdeckte Erreger (BSE) seien stellvertretend genannt. Die Bedrohung durch Krankheitserreger gewinnt durch die wachsende Mobilität des Menschen und die rasante Geschwindigkeit des Ortswechsels globale Dimensionen.

Aktive Immunisierung

Louis Pasteur
(1822–1895)

Die **aktive Immunisierung** beruht auf der Erkenntnis, dass der menschliche Organismus nach dem Überstehen einer spezifischen Infektionskrankheit gegenüber dem pathogenen Erreger eine Immunität erworben hat und somit eine Wiedererkrankung ausgeschlossen ist. Das heißt, sie basiert auf der Reaktion des Immunsystems auf Infektionen und kann künstlich durch eine Impfung ausgelöst werden.
Verwendete Impfstoffe zeichnen sich dadurch aus, dass das infektiöse Agens unter kompletter Beibehaltung seiner Antigenität so modifiziert wurde, dass es nicht mehr in der Lage ist, die entsprechende Krankheit hervorzurufen. Eine geimpfte Person, die auf den tatsächlichen Krankheitserreger trifft, zeigt dieselbe schnelle und intensive Abwehrreaktion wie eine Person, die diese Krankheit bereits hatte. In beiden Fällen beruht der Effekt auf dem **immunologischen Gedächtnis.**
Die aktive Immunisierung gegen Krankheiten wie Cholera, Typhus, Fleck- und Gelbfieber wird normalerweise nur bei Personen angewandt, die in gefährdete Gebiete reisen. Zu beachten ist dabei, dass der entsprechende Impfschutz nur dann gewährleistet ist, wenn die notwendige Karenzzeit eingehalten wurde.

Mögliche Impfstoffe:
- niedrige Dosis eines Produkts des infektiösen Agens
- ein chemisch modifiziertes derartiges Produkt
- abgetötete Erreger mit intakter Oberfläche
- Verwendung abgeschwächter (avirulenter) Stämme

Passive Immunisierung

Hierbei handelt es sich um die Übertragung von Antikörpern von einem Organismus auf einen anderen. Da das eigene Immunsystem dabei nicht mobilisiert wird, spricht man von passiver Immunisierung. Diese hält, entsprechend der biologischen Halbwertszeit der Antikörper, nur wenige Wochen an, denn ein immunologisches Gedächtnis wird nicht angelegt. Da viele Antikörper die Plazentaschranke durchdringen, kommt es während einer Schwangerschaft auf natürlichem Wege zu einer passiven Immunisierung des Fötus durch den mütterlichen Organismus. Auch die Muttermilch enthält diverse Antikörper.

Passive Immunität ist auch künstlich übertragbar, indem bereits spezifizierte Antikörper dem Patienten injiziert werden. Ein innovatives Forschungs- und Anwendungsgebiet sind hierbei die **monoklonalen Antikörper (MAK),** die nicht nur therapeutische, sondern auch diagnostische und prophylaktische Anwendungsbereiche erschließen.

Monoklonale Antikörper werden im Labor aus klonierten Zellen hergestellt, die alle denselben Antikörper bilden.

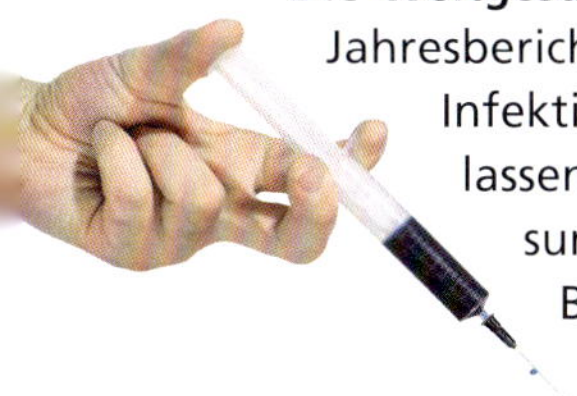

Die **Weltgesundheitsorganisation (WHO)** warnt in ihren jüngsten Jahresberichten wiederholt vor einer weiteren Zunahme der Infektionskrankheiten, die eine globale Krise befürchten lassen. Die „Ständige Impfkommission" des Bundesgesundheitsministeriums hat für die Bevölkerung der Bundesrepublik Deutschland folgende Impfempfehlungen herausgegeben:

Lebensalter	Prophylaxe gegen:	Impfung
ab 3. Lebensmonat	– Diphtherie, Keuchhusten, Tetanus – *Haemophilus influenzae* Typ b (Hib) – Kinderlähmung *(Poliomyelitis)* – Hepatitis B	3 x im Abstand von vier Wochen 2 x im Abstand von mindestens sechs Wochen 2 x Schluckimpfung im Abstand von mindestens sechs Wochen 2 x im Abstand von vier Wochen 3. Impfung nach einem Jahr
13. bis 15. Lebensmonat	– Masern, Mumps, Röteln – Diphtherie, Keuchhusten, Tetanus – *(Haemophilus influenzae)* Typ b (Hib) – Kinderlähmung *(Poliomyelitis)*	1. Impfung 4. Impfung 3. Impfung 3. Schluckimpfung
ab 6. Lebensjahr	– Masern, Mumps, Röteln – Diphtherie, Tetanus – Impfungen, die bisher versäumt wurden (außer Keuchhusten und Hib)	Auffrischimpfung Auffrischimpfung
11. bis 15. Lebensjahr	– Röteln – Diphtherie, Tetanus	für alle Mädchen, auch wenn sie als Kleinkinder geimpft wurden Auffrischimpfung (alle 10 Jahre)
12. bis 17. Lebensjahr	– Gebärmutterhalskrebs	für alle Mädchen, 1. Impfung vor dem ersten Geschlechtsverkehr, 3 Impfungen

Infektionskrankheiten des Menschen

Übertragung und Verlauf von Infektionskrankheiten

Infektionskrankheiten werden durch Krankheitserreger verursacht. Die **„Ansteckung“ (Infektion)** kann auf direktem Weg, von Mensch zu Mensch, oder indirektem Weg, über infizierte Tiere oder verunreinigte Medien, erfolgen. Die Erreger gelangen durch Verletzungen der Haut bzw. durch die Körperöffnungen über die Schleimhäute in den Organismus und beginnen sich zu vermehren. Der Zeitraum zwischen der Infektion und dem Ausbruch der Krankheit wird als Inkubationszeit bezeichnet. Sie beträgt je nach Erregerart zwischen wenigen Stunden bis mehrere Monate oder Jahre.

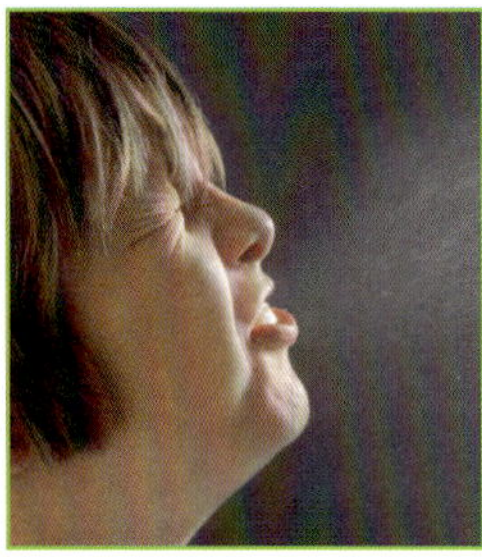

Übertragungsmöglichkeiten von Krankheitserregern	
direkt	**indirekt**
– durch Schmierinfektion – durch Tröpfcheninfektion – beim Geschlechtsverkehr – während der Geburt über die Plazenta oder durch Muttermilch	– durch Lebensmittel und Trinkwasser – durch kontaminierte Gegenstände und Flüssigkeiten – durch Tiere (z. B. Insektenstiche) – durch Bluttransfusionen

Das Zusammenwirken zwischen sich vermehrenden Krankheitskeimen und **spezifischer Immunabwehr** führt zu den **Krankheitssymptomen.** Zunächst treten unspezifische Krankheitserscheinungen wie Fieber oder Hautausschläge auf, denen dann erregertypische Symptome folgen. Wenn eine Infektionskrankheit überstanden wurde, kommt es in der Regel zur Ausbildung von Immunität gegen die Erreger (↗ Abb. 1).

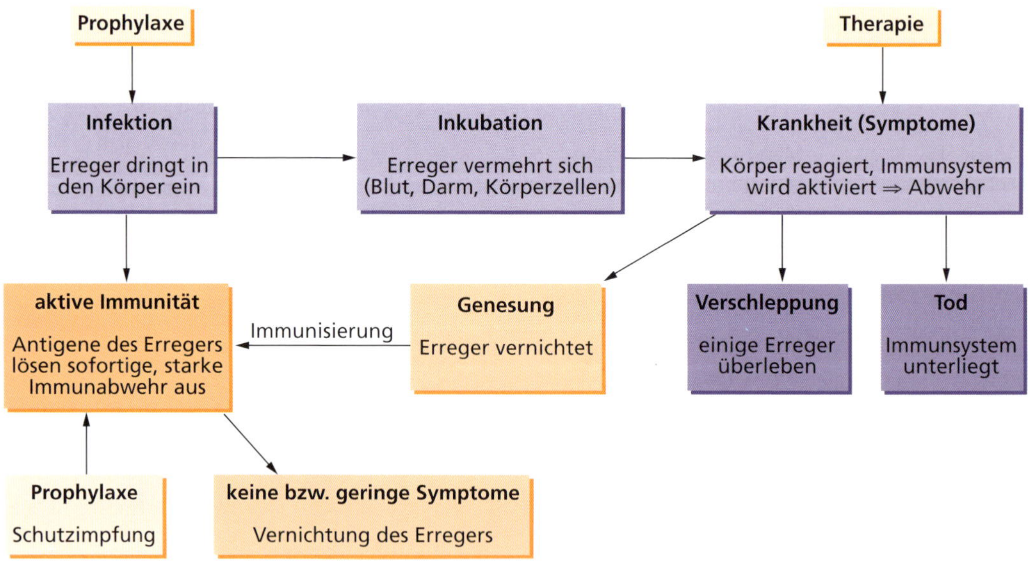

1 Verlauf einer Infektionskrankheit

Krankheitserreger

Krankheitserregergruppen:
I. **subzelluläre Partikel:** Prionen, Viren
II. ***Prokaryota:*** Bakterien
III. ***Eukaryota:*** Pilze, Protisten, wirbellose Tiere

<table>
<tr><th>Krankheits-
erreger</th><th>Wirkungsweise</th><th>Beispiele für Krankheiten</th></tr>
<tr><td>Prionen</td><td>verändern die Eiweiße (Proteine) des Körpers, besonders bestimmte Proteinmoleküle im Gehirn
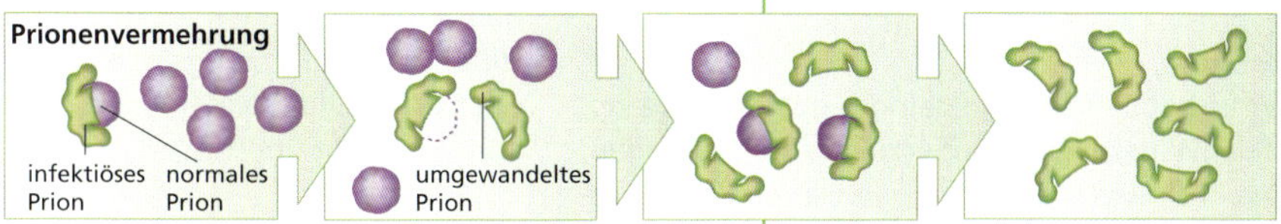

</td><td>Creutzfeldt-Jakob-Krankheit, Rinderwahnsinn (BSE)</td></tr>
<tr><td>Viren

</td><td>Viren vervielfältigen sich, dabei werden die Wirtszellen unter Ausnutzung ihres genetischen Apparates zerstört.
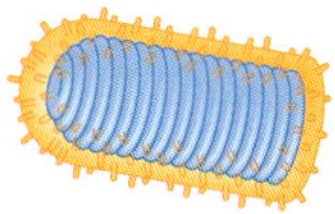
</td><td>Grippe, Kinderlähmung, Röteln, Hepatitis B, Mumps, Windpocken, Aids
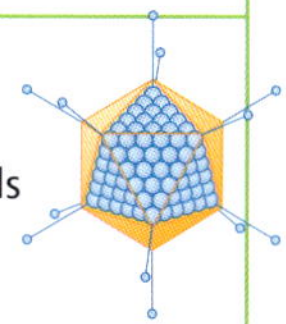
</td></tr>
<tr><td>Bakterien</td><td>sondern Giftstoffe (Toxine) ab und zerstören Gewebe
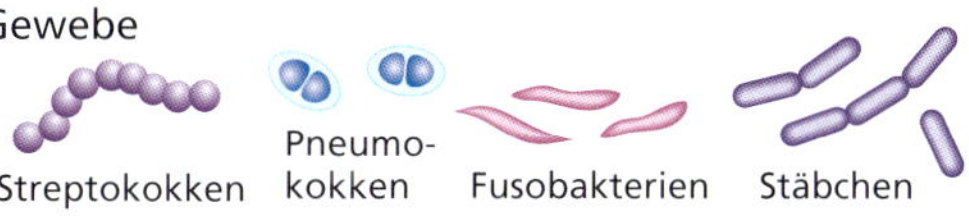

</td><td>Meningitis (Hirnhautentzündung), Keuchhusten, Typhus, Tuberkulose, Pest, Tetanus, Diphtherie, Scharlach, Cholera, eitrige Mandelentzündung</td></tr>
<tr><td>Protisten</td><td>Übertragung durch Insekten, zerstören Zellen und Gewebe, geben Giftstoffe ab</td><td>Malaria, Schlafkrankheit, Leishmaniose
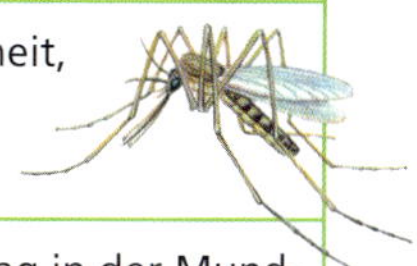
</td></tr>
<tr><td>Pilze</td><td>zerstören körpereigene Gewebe bei geschwächtem Immunsystem
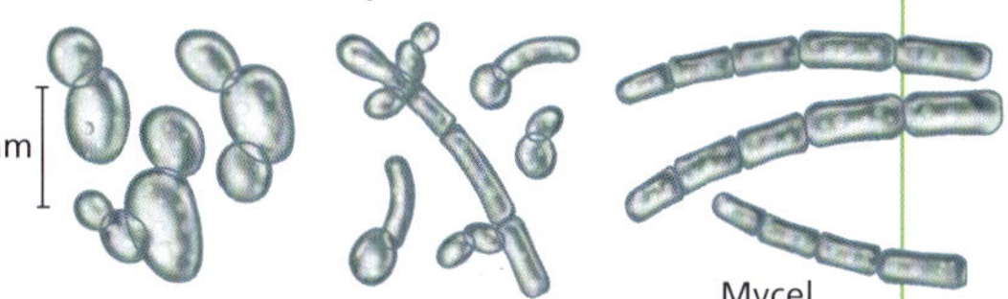

</td><td>Hautpilz, Hefepilzbelag in der Mundhöhle</td></tr>
<tr><td>wirbellose Tiere (z. B. Würmer und Gliederfüßer)</td><td>schaden durch Nährstoffentzug, Abgabe von Giftstoffen und Gewebezerstörungen</td><td>Bilharziose, Bandwürmer, Trichinen, Krätze
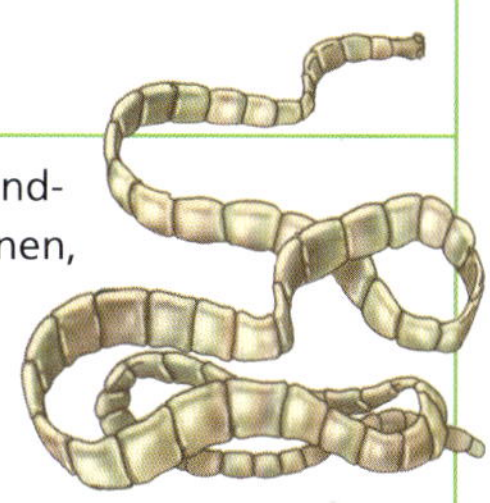
</td></tr>
</table>

1 Verschiedene Krankheitserreger können unterschiedliche Krankheiten verursachen.

Menschliches Immunschwächevirus

Erreger

Das *human immunodeficiency virus* (HIV) wurde 1984 annähernd gleichzeitig von den Franzosen Luc Montagnier (geb. 1932) und Francoise Barré-Sinoussi (geb. 1947) entdeckt, die 2008 dafür den Nobelpreis für Physiologie oder Medizin erhielten.

Auf der Oberfläche des von einer Lipidhülle umgebenen Virus befindet sich das Glykoprotein gp120. Es ist für die Wirtszellbindung zuständig. Von einer Proteinmatrix und dem Kapsid umgeben, befinden sich im Inneren zwei RNA-Moleküle (9749 Nucleotide) und zwei Enzymmoleküle zur Umkehrtranskription.

Vermehrung

Das Virus koppelt sich mit seinem gp120 an Rezeptoren der Wirtszellen (T-Helferzellen, Makrophagen) an. Dabei sind drei verschiedene Haupt- und Corezeptoren für die erfolgreiche Virusbindung wichtig. Menschen, denen ein spezifischer Corezeptor (CCR5) fehlt, besitzen eine hohe Resistenz gegenüber HIV. Danach beginnt der lytische Vermehrungszyklus.

Krankheitsverlauf

Die Infektionsphase mit HIV verläuft meist unbemerkt. Es treten höchstens grippeähnliche Symptome auf. Je nach Intensität der Immunreaktion können erst wenige Wochen danach Antikörper gegen das Virus nachgewiesen werden (HIV-Test). Die Krankheit kann schon vorher auf andere übertragen werden. In der sich anschließenden asymptomatischen Latenzzeit (wenige bis mehr als zehn Jahre) vermehrt sich das Virus vor allem in den Lymphorganen weiter. Die Virusträger fühlen sich gesund. Im Verlauf der Krankheit nimmt die Zahl der T-Helferzellen ab, die Viruszahl wird größer. Es kommt zur Entwicklung des Vollbildes von Aids (acquired immunodeficiency syndrome). Das Immunsystem bricht zusammen. In der Folge häufen sich Infektionserkrankungen (opportunistische Infektionen) und bestimmte, bei nicht HIV-Patienten seltene Krebserkrankungen. Diese führen meist früher oder später zum Tode.

Epidemiologie

Die Infektion erfolgt durch virushaltige Körperflüssigkeiten wie Blut, Vaginalsekret und Sperma. HIV wird nicht durch Schweiß, Tränenflüssigkeit oder Speichel übertragen, obwohl der Erreger in diesen Flüssigkeiten in geringen Mengen nachweisbar ist. Ungeschützter Geschlechtsverkehr und verunreinigte Spritzen bzw. Kanülen bei Drogenkonsum stehen im Mittelpunkt der Infektionsausbreitung. Kinder können von ihren Müttern über die Plazenta, während der Geburt oder durch Muttermilch infiziert werden. Wesentlich seltener dagegen sind heute Ansteckungen durch Ausübung von erster Hilfe, bei Verletzungen medizinischen Personals oder durch Bluttransfusionen. Durch Insektenstiche wird HIV nicht übertragen.

Behandlung

Da noch keine endgültige Heilung möglich ist, wird versucht, die HI-Virusvermehrung so früh wie möglich einzuschränken. Dies erfolgt meist in einer Kombinationstherapie mit drei Medikamenten. Durch die verschiedenen Wirkstoffe werden die Umkehrtranskription und die Virusreifung in der Zelle gehemmt.

Prophylaxe

Durch Benutzung von Kondomen bzw. Schutzhandschuhen kann der Kontakt mit virushaltigen infektiösen Körperflüssigkeiten vermieden und die Gefahr einer Infektion verringert werden. Eine Schutzimpfung gibt es noch nicht.

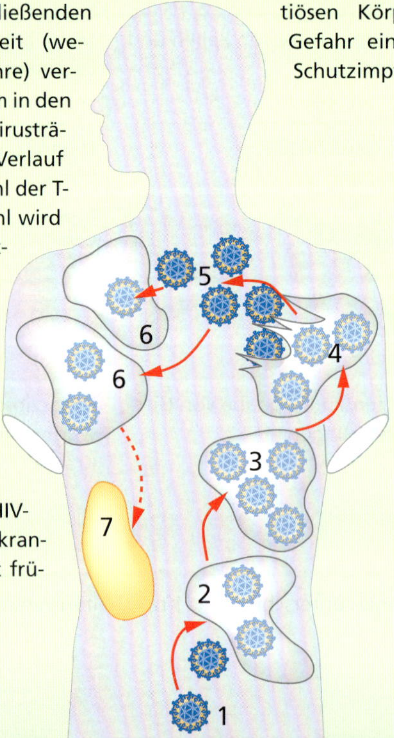

1 eingedrungene HI-Viren
2 befallene weiße Blutzellen (T-Helferzellen)
3 Vermehrung der Viren in T-Helferzellen („Wirtszellen")
4 zerstörte T-Helferzellen
5 frei werdende Viren
6 Weitere T-Helferzellen werden befallen. Die Immunabwehr wird geschwächt. Der Mensch erkrankt.
7 Befallene T-Helferzellen können andere weiße Blutzellen (Plasmazellen) nicht mehr zur Bildung von Antikörpern anregen.

1 HI-Virus und seine Wirkung im Körper

Alte Viren – neue Viren

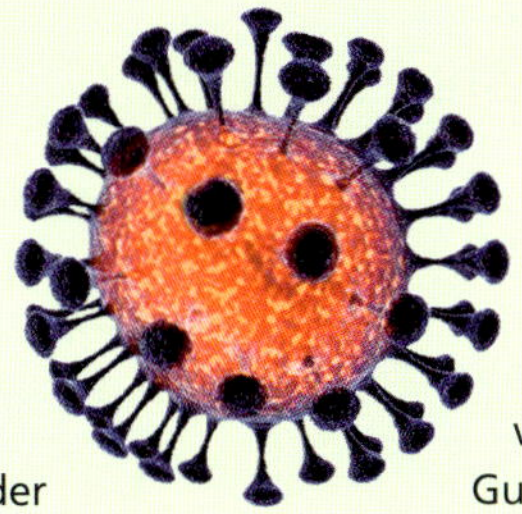

Durch Schutzimpfungen und Antibiotika haben im letzten Jahrhundert in den Industriestaaten viele Infektionskrankheiten ihren Schrecken verloren. Viele Menschen betrachteten Seuchen bereits als ein Kapitel der Vergangenheit. Der Schein trügt jedoch. In den vergangenen Jahrzehnten sind weltweit zum Teil bis dahin unbekannte, sehr gefährliche Krankheitserreger aufgetaucht. Gerade in jüngster Zeit häufen sich Meldungen darüber. Ganz so neu, im Sinne der Evolution, sind die Krankheitserreger allerdings nicht. Aufgrund der größeren Mobilität der Menschen kann jeder noch so fern und unberührt liegende Landstrich auf unserem Globus erreicht werden. Potenziell besteht dadurch die Gefahr, dass Erreger von ihrem Stammreservoir, meist Tiere, auf den Menschen „überspringen". Menschen haben Kontinente übergreifend Kontakt miteinander. So können sich Krankheitserreger leicht weltweit verbreiten.

Viele dieser neuen Krankheitserreger sind Viren, die hohes Fieber verursachen (z. B. Ebola-, Lassa-, Bunya-, Gelbfieber- und Denguevirus). Die Viren können von Nagetieren, Zecken, Mücken oder Haustieren übertragen werden. Die verschiedenen Arten infizieren vornehmlich Bindegewebe, was zur Zerstörung von Blutgefäßen und inneren Organen führt. Die Inkubationszeit beträgt in der Regel mehrere Tage. Im Wesentlichen können, je nach Virus, folgende Symptome auftreten:

- schweres Krankheitsgefühl mit hohem Fieber,
- schmerzende Muskulatur und Gelenke,
- innere und äußere Blutungen,
- Nieren- und Kreislaufversagen mit möglicher Todesfolge.

Die jedes Jahr wieder neue Gefahr der Grippeinfektion beruht z. B. auf der hohen Variabilität der Grippeviren, die durch die besondere genetische Struktur vorgegeben ist: Das Genom besteht aus acht einzelnen RNA-Fragmenten. Bei der Vervielfältigung der RNA in den Wirtszellen treten häufig Mutationen auf, was zu Veränderungen an den Antigenstrukturen führt (Antigendrift). Bei Mischinfektionen mit unterschiedlichen Influenzaarten, z. B. in Haustieren, können bei der Assoziation der Viren in den Wirtszellen die RNA-Fragmente zwischen den Arten kombiniert werden. Die rekombinanten Viren weisen dann völlig neue Antigene (Antigenshift) auf. Die gegen frühere Grippeviren erworbene Immunität wirkt nicht mehr.

Die erste große Virusepidemie des 21. Jh. wurde dank der professionellen Vorgehensweise der WHO relativ schnell in den Griff bekommen: Seit November 2002 wurde von der WHO in der südchinesischen Provinz Guangdong eine grassierende Epidemie atypischer Lungenentzündungen registriert, die bis März 2003 bereits 792 Verdachts- und 31 Todesfälle aufzuweisen hatte. Bei dieser Erkrankung handelte es sich um SARS (severe acute respiratory syndrome: schweres akutes Atemnotsyndrom), die vermutlich durch einen erkrankten 64-jährigen Arzt aus besagter Provinz nach Hongkong eingeschleppt wurde und sich von dort aus nahezu weltweit ausbreitete.

Dr. Carlo Urbani, der den unbekannten Erreger entdeckte und weltweit auf ihn aufmerksam machte, verstarb in Thailand selbst an den Folgen der Infektion. Am 24. 03. 2003 wurde von drei unabhängigen Forscherteams das verantwortliche Virus als eine neue Form eines Coronavirus (↗ Abb.) identifiziert. Im Mai 2003 vermuteten Forscher der Universität Hongkong, dass das Virus von der Zibetkatze, die in Südchina gerne verzehrt wird, auf den Menschen übertragen wurde. Mitte Juni 2003 wurde das Ende der SARS-Epidemie verkündet. Bis zum 01. 07. 2003 waren weltweit 8445 Menschen an SARS erkrankt und 812 Personen daran gestorben.

Außer den aus bislang unbekannten Nischen aufgetauchten Viren gibt es aber auch Formen, die tatsächlich neu entstanden sind. Als sicher gilt, dass sich das Human Immunodeficiency Virus (HIV) aus einer Affen infizierenden Form, dem Simian Immunodeficiency Virus (SIV), entwickelt hat.

In Anbetracht der ständigen Bedrohung mit unbekannten, neuen Krankheitserregen, vor allem aus der Gruppe der Viren, ist es unerlässlich, die Entwicklung von Impfstoffen und antiviralen Medikamenten sowie das Wahrnehmen bereits vorhandener Schutzimpfungen voranzubringen.

Immunität und immunisierung

Immunität
Immunität ist die Widerstandsfähigkeit des Körpers gegenüber Krankheitserregern aufgrund des Vorhandenseins von Antikörpern.

Immunisierung
Durch Immunisierung (Impfung) kann künstlich die Immunität gegen bestimmte Krankheitserreger erreicht werden.

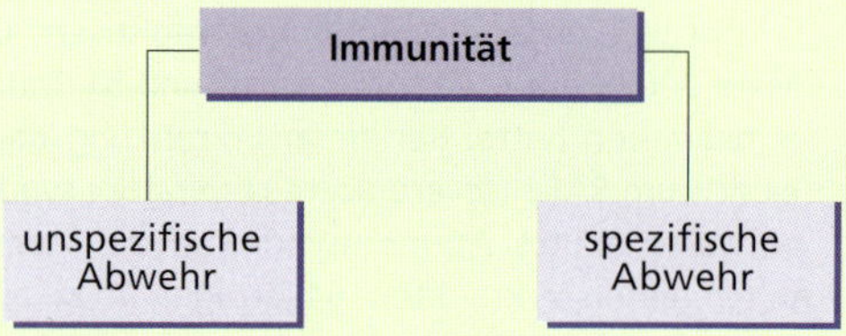

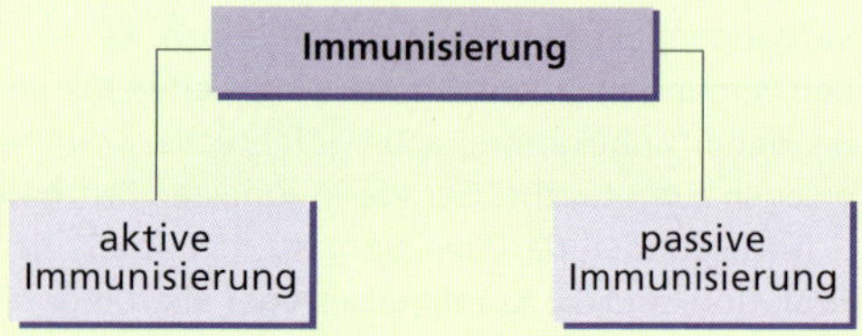

Verlauf einer Infektionskrankheit
Gesundheit resultiert aus dem Gleichgewicht zwischen physischen und psychischen Prozessen im menschlichen Organismus in seiner sich ständig ändernden Umwelt. Sie ist ein Zustand des vollen körperlichen, geistigen und sozialen Wohlbefindens. Störungen der Regulationsfähigkeit bzw. Anpassungsfähigkeit bei Aufrechterhaltung dieses Gleichgewichtes führen zu Erkrankungen.

Krankheitserreger
Krankheitserreger verursachen **Infektionskrankheiten.** Sie dringen in Organismen ein und vermehren sich in ihnen. Nach der Infektion beginnen sich die Erreger zu vermehren und im Körper auszubreiten (Inkubation). Die Reaktionen des Körpers zeigen mit typischen Symptomen den Krankheitsausbruch an.
Die erfolgreiche Bekämpfung des Krankheitserregers durch das Immunsystem und durch medizinische Behandlung führt zur Genesung. Der Kontakt mit Erregerantigenen bewirkt aktive Immunisierung.

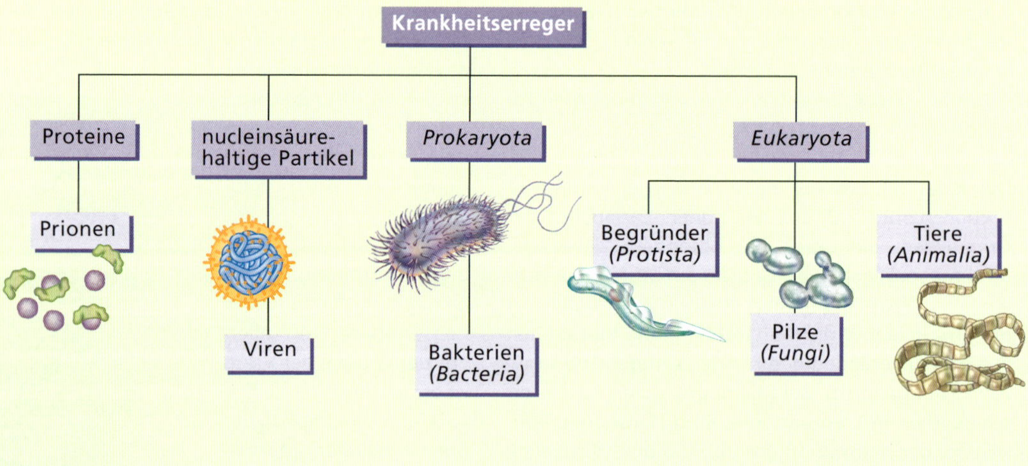

2.3 Zellen übertragen Informationen

Die Nervenzelle

Nervenzellen (Neuronen) sind für die Informationsübertragung und Informationsverarbeitung spezialisierte Zellen. Während Stoffwechselvorgänge im **Zellkörper (Soma)** vor allem in den Mitochondrien ablaufen, dienen die Fortsätze der Erregungsleitung. Über **Dendrite** werden Erregungen zugeführt, **Neurite (Axone)** sichern die Erregungsweiterleitung.

1 Aufbau eines Neurons

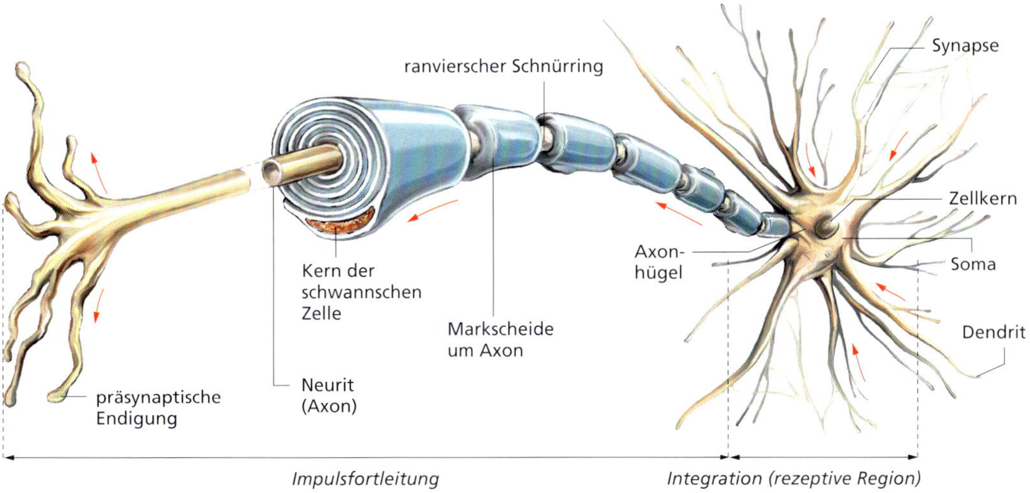

Neurone, die die Erregung von den Sinnesorganen zum Rückenmark und Gehirn leiten, sind **sensible** oder **afferente Neurone.** Solche Neurone, die die Erregung vom Gehirn und Rückenmark an die Effektoren (z. B. Muskeln) leiten, sind **motorische** oder **efferente Neurone.** Die seitlichen Verzweigungen des Neuriten werden als **Kollaterale** bezeichnet.
Es gibt eine Vielzahl von Neuronenarten. Das menschliche Gehirn enthält bis zu 100 Mrd. Neuronen.

Verbindungen zwischen den Nervenzellen untereinander und zu anderen Zellen (z. B. Muskelzellen) werden über **Synapsen,** bläschenförmige Erweiterungen an den Enden der Neuriten und Dendriten, hergestellt. In den Synapsen findet die Erregungsübertragung zwischen zwei Zellen statt. Viele Neurite sind von einer **Markscheide** (lipid- und eiweißreiche Myelinhülle) umgeben, die aus den **schwannschen Zellen** gebildet wird.

Die Markscheide wirkt wie die Isolation eines Kabels und wird in Abständen von etwa 1 bis 2 mm durch die **ranvierschen Schnürringe** unterbrochen. Nur an diesen isolationsfreien Stellen wird eine Erregung (Aktionspotenzial) aufgebaut. Deshalb spielen die ranvierschen Schnürringe für die Geschwindigkeit der Erregungsleitung eine wesentliche Rolle.

THEODOR SCHWANN (1810–1882) untersuchte tierische Zellen. Er entdeckte u. a. Zellen, die die Markscheide ausbilden.

LOUIS RANVIER (1835–1922) war als Histologe in Paris an der Entdeckung der kontinuierlich auftretenden Einschnürungen der Markscheide beteiligt, daher die Bezeichnung ranvierscher Schnürring.

Das Ruhepotenzial

Aktive Transportmechanismen setzen Stoffwechselenergie um. Die Energiebereitstellung erfolgt über die energiereiche Verbindung Adenosintriphosphat (ATP), die in Adenosindiphosphat (ADP) und Phosphat (P) umgewandelt wird:
$ATP + H_2O \longrightarrow$
ADP + Ⓟ + Energie

ALESSANDRO VOLTA (1745–1827) entdeckte elektrochemische Strom- bzw. Spannungsquellen. Nach ihm erhielt die Einheit der elektrischen Spannung den Namen „Volt".

An jeder lebenden Zelle kann man eine unterschiedliche Verteilung der elektrischen Ladung auf beiden Seiten der Zellmembran nachweisen. Die Innenseite der Membran ist im Ruhezustand negativer geladen als die Außenseite, dadurch entsteht ein elektrischer Spannungsgradient.
Für diese unterschiedliche Ladungsverteilung sind Ionenkanäle und Ionenpumpen verantwortlich. Bei Tieren ist die wichtigste Ionenpumpe die Na^+/K^+-Pumpe. Sie pumpt Na^+-Ionen entgegen einem Konzentrationsgefälle vom Cytoplasma nach außen und K^+-Ionen von außen nach innen. Da bei diesem Transport Stoffwechselenergie in Form von ATP benötigt wird, spricht man von einem aktiven Transport.

Die Konzentrationsunterschiede, die von dieser Pumpe zwischen der Membranaußen- und Innenseite erzeugt werden, führen dazu, dass K^+-Ionen durch spezielle Kaliumkanäle nach außen und Na^+-Ionen durch spezielle Natriumkanäle nach innen diffundieren. Im Ruhezustand ist die Zellmembran jedoch für K^+-Ionen am besten durchlässig, da die K^+-Kanäle am häufigsten offen sind. K^+-Ionen diffundieren deshalb weitaus leichter aus der Zelle heraus als Na^+-Ionen in die Zelle hinein.
Im Zellinneren bleiben große Anionen wie Carbonsäureanionen und Proteine, aber auch Cl^--Ionen zurück. Dadurch entsteht ein **Ruhepotenzial** von etwa –60 mV der Membraninnenseite gegen die Membranaußenseite. Aus dem Ruhepotenzial wird das **Aktionspotenzial (AP).** In Rezeptorzellen wird bei Reizung das **Rezeptorpotenzial** und in Synapsen bei Erregungsübertragung das **Synapsenpotenzial** aufgebaut.

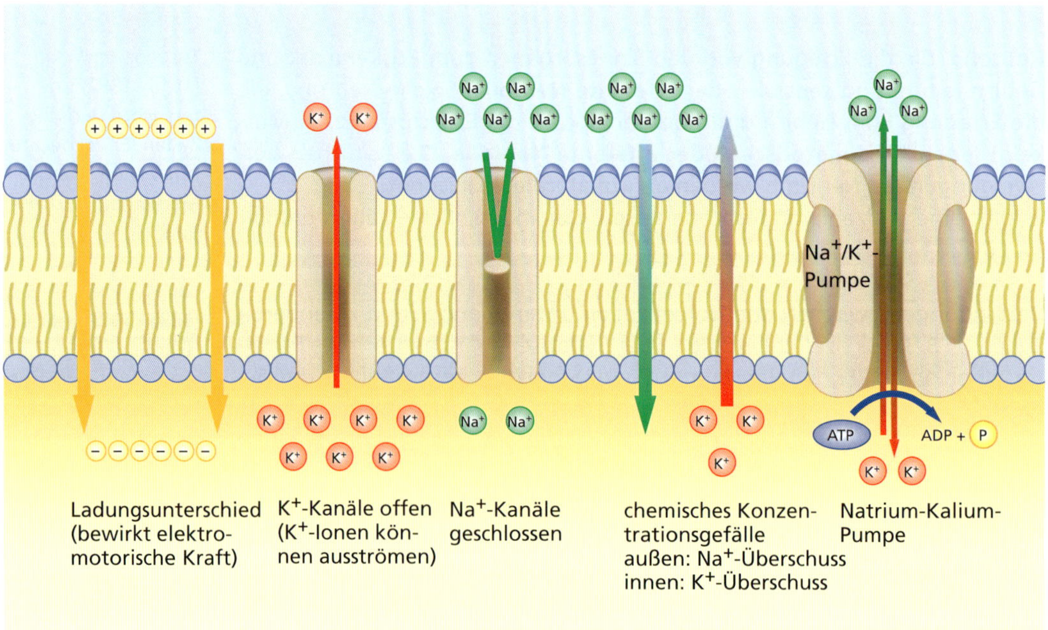

1 Entstehung und Erhaltung des Ruhepotenzials

Das Aktionspotenzial

Unter einem **Aktionspotenzial** (AP) versteht man die plötzliche, meist nur 1 bis 2 ms anhaltende Änderung des Membranpotenzials (Ruhepotenzial) um über 100 mV, bei tierischen Nervenzellen von –60 mV auf +50 mV. Verantwortlich dafür sind Veränderungen in den Natrium- (Na^+) und Kalium- (K^+) Kanälen in der Zellmembran. Diese Kanäle öffnen und schließen sich spannungsabhängig.

Depolarisation: (lat.: *de* = weg); schnelle Änderung des Membranpotenzials zum positiven Spannungsbereich

Die Natrium-Kanäle sind – im Gegensatz zu den meisten Kalium-Kanälen – während des Ruhepotenzials geschlossen. Kommt es bei Reizung des Zellkörpers zu einer geringen Verminderung des Membranpotenzials, öffnen sich einige Na^+-Kanäle. Dadurch vermindert sich das Membranpotenzial weiter.

Repolarisation: (lat.: *re* = zurück); Rückkehr des Membranpotenzials zum negativen Spannungsbereich (Ruhepotenzial)

Wird ein Schwellenwert von etwa –50 mV erreicht, öffnen sich plötzlich Natrium-Kanäle. Dadurch strömen rasch einige Natrium-Ionen (Na^+) ein und das Membranpotenzial erreicht kurzfristig einen Wert von ca. +50 mV. Der genaue Wert hängt von der Natrium-Ionen-Konzentration im Außenmedium ab. Diese Potenzialumkehr wird auch als Depolarisation bezeichnet.

Das **Aktionspotenzial** (AP) entsteht durch eine schnelle Potenzialumkehr **(Depolarisation)** an der Zellmembran. Bei Nervenzellen kommt es schon nach 1–2 ms zu einer **Repolarisation,** bei der sich der Wert des Ruhepotenzials wieder einstellt.

Frequenz der AP = Anzahl der AP pro Zeiteinheit

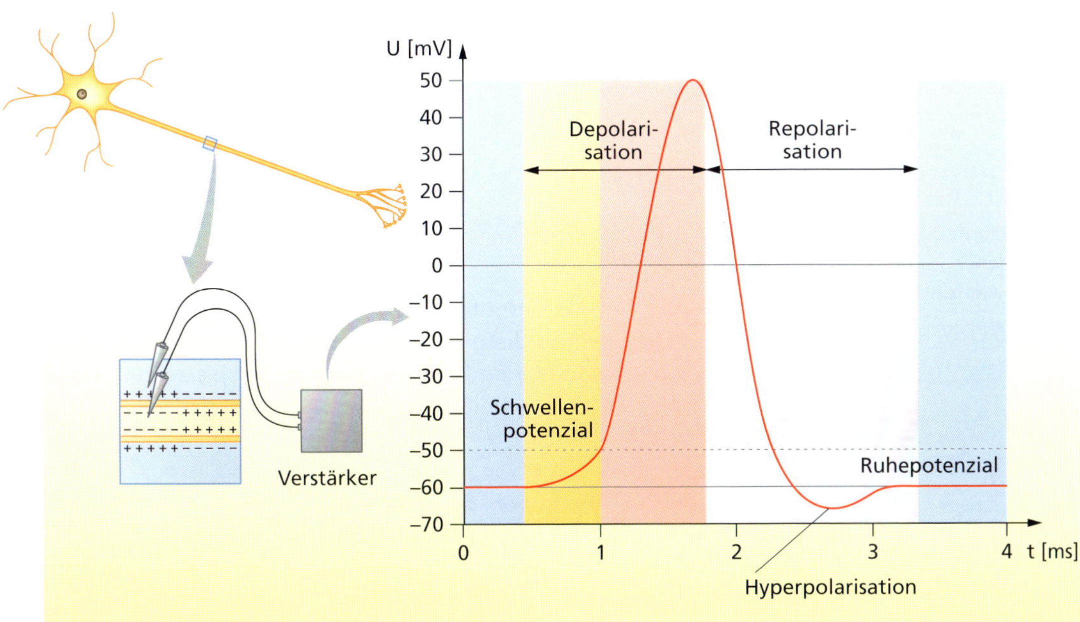

1 Bestimmung des Aktionspotenzials

Hyperpolarisation (griech.: *hyper* = darüber hinaus): Verstärkung des negativen Spannungsbereiches über den Wert des Ruhepotenzials hinaus

Die Na^+-Kanäle schließen sich schnell wieder, aber es gibt auch spannungsabhängige, normalerweise geschlossene K^+-Kanäle, die sich etwas später als die Na^+-Kanäle öffnen. Der dadurch einsetzende K^+-Ausstrom führt dazu, dass das Membranpotenzial wieder auf den Wert des Ruhepotenzials zurückgeht **(Repolarisation)** und diesen sogar noch etwas unterschreitet (hyperpolarisierendes Nachpotenzial). Dies hängt damit zusammen, dass das reine K^+-Ionen-Gleichgewicht einen etwas negativeren Wert bewirkt als beim Ruhepotenzial.

Das Ruhepotenzial wird erst wieder erreicht, wenn sich ein Gleichgewicht zwischen dem K^+-Ausstrom und dem viel geringeren, aber doch vorhandenen „Leckstrom" für Na^+-Ionen einstellt. In dieser Phase der **Refraktärzeit** ist die Nervenzelle nicht erregbar.

lat.: *refractarius* = widerspenstig, halsstarrig, steif

Diese Refraktärzeit ist die Ursache dafür, dass die Erregung das Axon nur in einer Richtung durchläuft. Sie ist auch für die maximale Frequenz verantwortlich, mit der Aktionspotenziale an der Basis des Axons erzeugt werden können. Das Aktionspotenzial pflanzt sich vom Axonhügel (der Ansatzstelle des Axons) aus über das Axon fort.

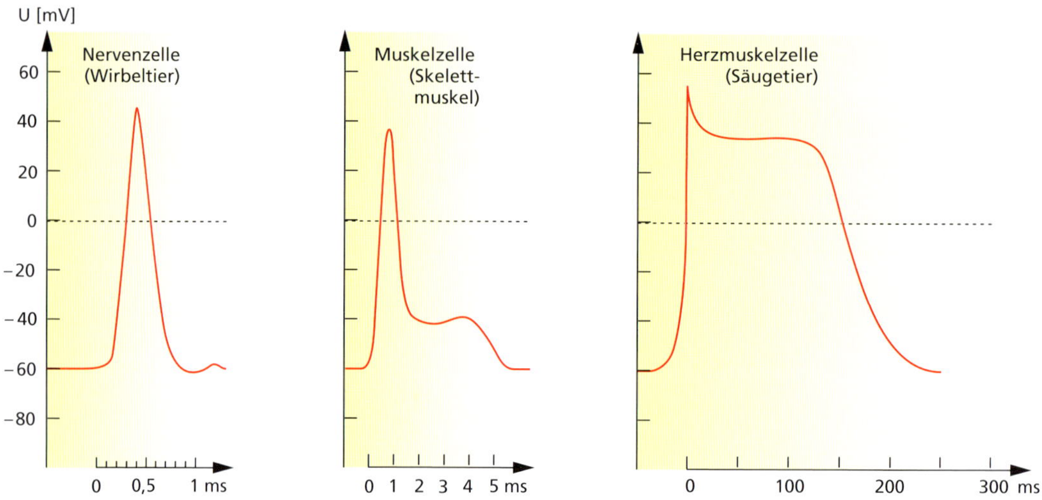

1 Zeitabläufe verschiedener Aktionspotenziale

Die zeitliche Dauer von Aktionspotenzialen variiert bei den verschiedenen Zelltypen. Beim Menschen ist diese an den Axonen der Nervenzellen mit 1 bis 2 ms am kürzesten und an den Herzmuskelzellen mit bis zu 200 ms am längsten. Dementsprechend verhält sich die Reaktionsbereitschaft.

Aktionspotenziale (AP) folgen der **Alles-oder-Nichts-Regel,** d. h., ist das Schwellenpotenzial überschritten, haben sie – unabhängig von der Reizstärke – dieselbe Größe. Die Information über die Reizstärke wird durch die Frequenz der aufeinanderfolgenden Aktionspotenziale codiert.

Erregungsleitung

Für die Informationsspeicherung und -verarbeitung müssen die Aktionspotenziale weitergeleitet werden. Grundlage dafür bietet eine spezifische Eigenschaft der Zellmembranen. Diese bewirkt, dass Potenzialänderungen an einer Stelle der Membran Potenzialänderungen an benachbarten Stellen auslösen. An lang gestreckten Neuriten kommt es so zu einer **kontinuierlichen Erregungsleitung.** Sie ist charakteristisch für marklose Nervenfasern.

Bei Isolierung des Neuriten durch die Markscheide (markhaltige Neurite) können die AP nur an den ranvierschen Schnürringen entstehen, da sich nur dort die spannungsabhängigen Ionenkanäle befinden und Kontakt zwischen Außenmedium und Zellinnerem besteht. Das AP „springt" also von Schnürring zu Schnürring. Diese Art der Erregungsleitung wird deshalb auch als **saltatorische Erregungsleitung** bezeichnet.

saltatorisch von lat.: *saltare* = springen

HERMANN L. F. VON HELMHOLTZ (1821 bis 1894) hat als Erster die Leitungsgeschwindigkeit des AP an Froschneuriten gemessen.

Die saltatorische Erregungsleitung ist schneller und sicherer, sie verbraucht auch weniger Energie, da Ionenpumpen nur an den ranvierschen Schnürringen arbeiten.

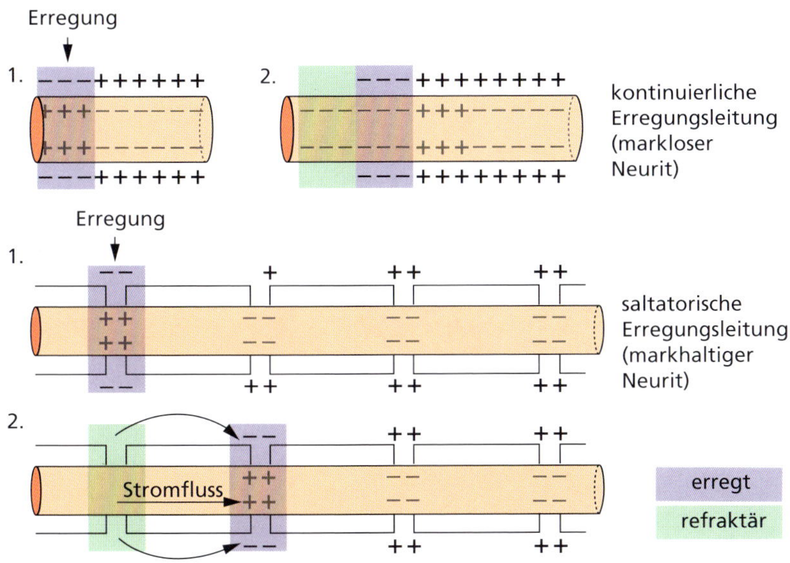

1 Kontinuierliche und saltatorische Erregungsleitung

Die Erregungsleitungsgeschwindigkeit ist außerdem vom Faserdurchmesser, von der Temperatur und vom Stoffwechsel abhängig. Je größer der Faserdurchmesser, desto größer die Leitungsgeschwindigkeit.

Die meisten marklosen Neurite haben eine Leitungsgeschwindigkeit von ca. $1\,m \cdot s^{-1}$. Maximale Geschwindigkeit von $25\,m \cdot s^{-1}$ erreichen die 0,7 mm dicken marklosen Neurite von Tintenfischen. Markhaltige Neurite leiten mit Geschwindigkeiten bis $120\,m \cdot s^{-1}$ bei einem Durchmesser von $15\,\mu m \cdot s^{-1}$.

Erregungsübertragung zwischen den erregbaren Zellen

Die Erregungsübertragung von Nervenzelle zu Nervenzelle oder von Nervenzelle zu Muskelzelle erfolgt über spezialisierte Verbindungsstellen, sogenannte Synapsen (↗ Abb. 1).

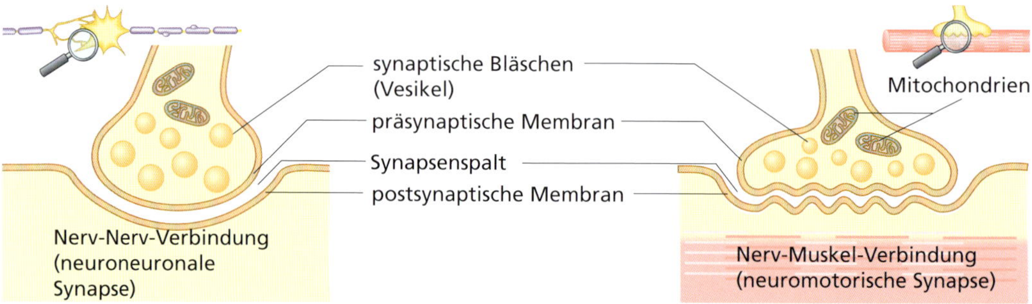

1 Schematische Darstellung des Aufbaus einer Synapse

Je nach Art der Erregungsübertragung unterscheidet man elektrische und chemische Synapsen. Die Synapsen bestehen aus einer Verdickung an den Endverzweigungen der Neuriten (präsynaptischer Anteil) und dem entsprechenden kleinen Bezirk der angrenzenden Zelle (postsynaptischer Anteil). Dazwischen liegt der synaptische Spalt.

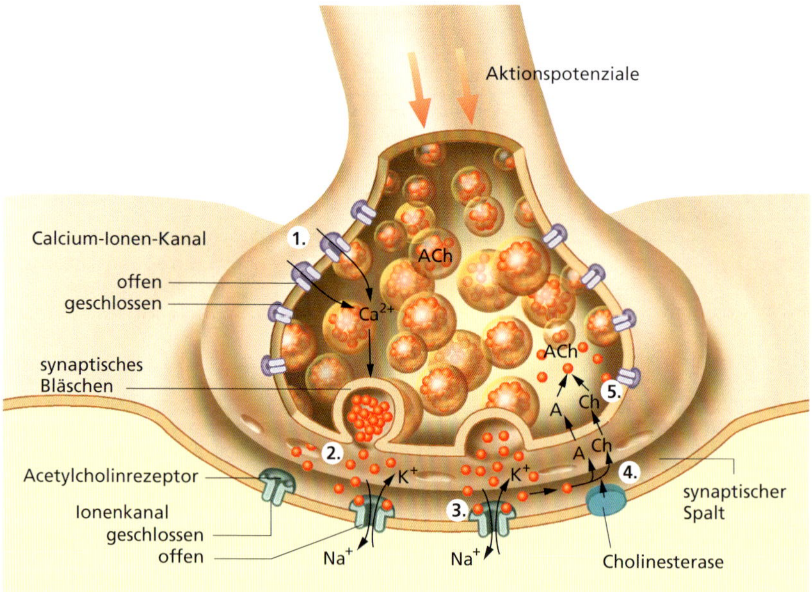

2 Funktion der chemischen Synapsen

In elektrischen Synapsen findet eine direkte Übertragung der AP von der prä- zur postsynaptischen Membran statt. In chemischen Synapsen kommt es zu einer frequenzabhängigen Abgabe von Neurotransmittersubstanz (Überträgersubstanz). Im Einzelnen kann man folgende Schritte unterscheiden:

1. Durch ankommende AP werden Ca^{2+}-Ionen-Kanäle in der Präsynapse geöffnet.

2. Ca^{2+}-Ionen führen zur Wanderung der mit Acetylcholin (oder einem anderen Transmitter) gefüllten Vesikel zur präsynaptischen Membran und zur Abgabe der Neurotransmitter in den synaptischen Spalt.
3. Die Neurotransmittermoleküle binden an Rezeptoren der postsynaptischen Membran. Die so aktivierten Rezeptoren öffnen oder schließen Natriumkanäle. Dadurch wird die Membran entweder depolarisiert (durch Acetylcholin) oder hyperpolarisiert (z. B. durch GABA).
4. Neurotransmitter werden im synaptischen Spalt durch Enzyme (z. B. Acetylcholinesterase) abgebaut.
5. Abbauprodukte gelangen zum Teil wieder in die Präsynapse und werden dort zur Resynthese der Neurotransmitter verwendet.

Bahnungs- und Hemmungsprozesse sind maßgeblich auf Synapsenfunktionen zurückzuführen.

Wenn das ankommende AP über die Synapse zu einer Erregung der folgenden Zelle beiträgt, spricht man von einem **exzitatorischen postsynaptischen Potenzial (EPSP).** Bewirkt das ankommende AP eine Hyperpolarisation der postsynaptischen Membran, wird die folgende Zelle schwerer erregbar. Deshalb spricht man auch von einem **inhibitorischen postsynaptischen Potenzial (IPSP).**

exzitatorisch von lat.: *excitare* = erregen;
inhibitorisch von lat.: *inhibere* = hemmen

Bei Wirbeltieren sind die beiden häufigsten inhibitorischen Neurotransmitter Glycin und γ-Aminobuttersäure (GABA).

EPSPs und IPSPs können räumlich und zeitlich summiert werden. Zu einer zeitlichen Summation kommt es, wenn postsynaptische Potenziale in rascher Folge am Axonhügel eintreffen. Eine räumliche Summation liegt vor, wenn postsynaptische Potenziale von mehreren Synapsen gleichzeitig an einem Axonhügel zusammenlaufen.

Ein Neuron des Gehirns hat bis zu 50 000 Synapsen.

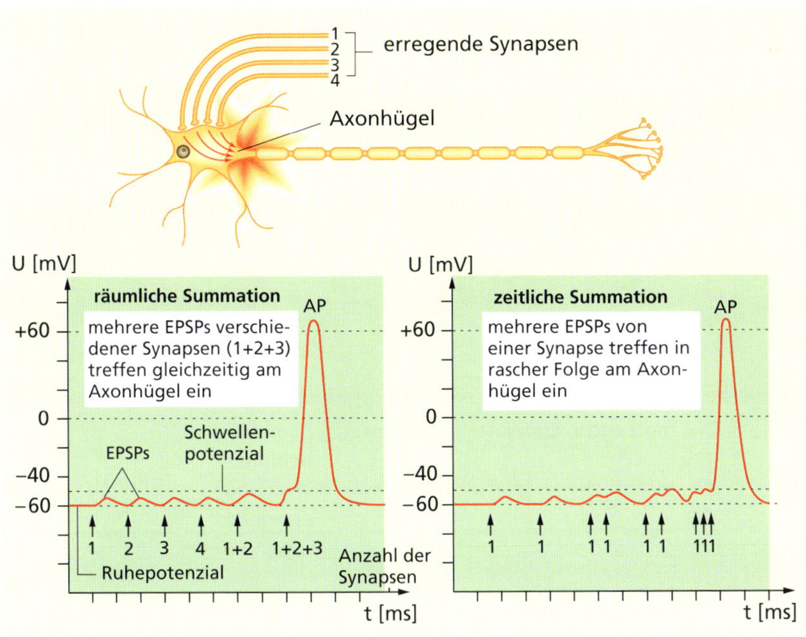

1 Reizsummation im postsynaptischen Neuron

Neurotransmitter

Neurotransmitter sichern die Informationsübertragung im Nervensystem und zwischen Nervensystem und Muskulatur. Die Neurotransmitter verändern in nur wenigen Millisekunden die Synapsenpotenziale. Einige Neurotransmitter wirken indirekt, indem sie weitere Stoffe aktivieren und freisetzen.
Wirkungsweise und Beeinflussung der Neurotransmitter wird durch die Neurochemie erforscht.

In der Regel werden Neurotransmitter durch die Bildung einer Transmitter-Rezeptor-Verbindung in der postsynaptischen Membran wirksam.
Störungen dieses hochsensiblen Systems der synaptischen Kommunikation führen nicht selten zu schweren Krankheiten. So scheinen **Dopamin** und **Serotonin** die menschliche Psyche (Schlaf, Stimmungen, Aufmerksamkeit und Lernen) in nicht unerheblichem Maß zu beeinflussen. Eine zu geringe Dopaminproduktion begünstigt offensichtlich den Ausbruch der **Parkinson-Krankheit,** ein Überschuss an Dopamin dagegen kann **Schizophrenie** verursachen.
Wird von den Neuronen zu wenig Serotonin und Noradrenalin produziert, können Depressionen auftreten. Neurochemiker erforschten Neuropeptide, die die Erregungsübertragung in den Schmerzbahnen beeinflussen. Das sind die **Endorphine.**
Die Gruppe der Endorphine unterdrückt die Wahrnehmung von Schmerzen und wird daher in der Medizin auch als schmerzstillendes Mittel eingesetzt.
Endorphine werden bei schweren Verletzungen oder während des Geburtsvorganges im Gehirn als Antwort auf körperlichen oder emotionalen Stress freigesetzt. Die Ausschüttung der Endorphine erfolgt ebenfalls bei exzessiver körperlicher Betätigung (runners high) und induziert Glücksgefühle. Davon berichten auch Sportler nach längerer Anstrengung.

1 Opiumlieferant Schlafmohn

Drogen wie z. B. die Opiate Morphin und Heroin ähneln in ihrer Struktur den Endorphinen und können deshalb an deren Rezeptoren binden und damit die Wirkung beeinflussen.

Die Wirkung von anderen Drogen ist nicht selten auf die Konkurrenz mit den Neurotransmittern an den Bindungsstellen zurückzuführen. So beeinflussen LSD und Mescalin die Serotoninrezeptoren im Gehirn.

Wichtige Transmittersubstanzen		
Neurotransmitter	**Vorkommen**	**Wirkung**
Biogene Amine		
Acetylcholin	zentrales Nervensystem (ZNS), PNS, motorische Endplatte (Wirbeltiere) ZNS,	erregend oder hemmend erregend
Noradrenalin	peripheres Nervensystem (PNS)	erregend oder hemmend
Serotonin	ZNS	meist hemmend
Dopamin	ZNS, PNS	meist erregend
Aminosäuren		
γ-Aminobuttersäure (GABA)	ZNS, motorische Endplatte (Wirbellose)	hemmend
Glycin	ZNS	hemmend
Glutamat	ZNS, motorische Endplatte (Wirbellose)	erregend
Aspartat	ZNS	erregend
Neuropeptide		
Substanz P	ZNS, PNS	erregend
Met-Enkephalin	ZNS	meist hemmend

Psychoaktive Stoffe und Nervengifte

Psychoaktive Stoffe und **Nervengifte** verändern den Stoffwechsel von Nervenzellen, beeinflussen die Synapsenfunktion und können über die Blockierung der Nervenzellfunktion oder die Zerstörung von Nervenzellen zum Tode führen. Phsychoaktive Stoffe (Psychopharmaka) wirken bewusstseinsverändernd. Sie können bei neuronalen Erkrankungen helfen, aber auch Euphorie, Halluzinationen u. a. hervorrufen und süchtig machen:

- **psychische Abhängigkeit,** die durch Kontrollverlust bezüglich der Substanzeinnahme gekennzeichnet ist,
- **physische Abhängigkeit,** bei der durch Toleranzausbildung eine Dosissteigerung erforderlich wird.

Das Fehlen der psychoaktiven Substanzen kann zu **Entzugserscheinungen** (z. B. Schmerzen, Krämpfe, Übelkeit) führen.

Auch **legale Drogen** wie Nikotin und Alkohol können zur Abhängigkeit führen. **Nikotin** ähnelt chemisch dem Acetylcholin (ACh) und wirkt durch Bindung an den ACh-Rezeptoren der Synapsen. Es wurde nachgewiesen, dass mit höherem Nikotingehalt der Zigaretten die Suchtgefahr steigt. In Deutschland rauchen um die 17. Mio. Menschen, ca. 110 000 Menschen sterben pro Jahr an tabakbedingten Krankheiten (ca. 300 Todesfälle/Tag).
Alkohol (Ethanol) beeinträchtigt die Erregungsverarbeitung und die Speicherung der Informationen im ZNS. Alkohol wird durch Stoffwechselprozesse in der Leber entgiftet. Da die Leber aber nur eine bestimmte Entgiftungskapazität hat, sind bleibende Schäden nicht ausgeschlossen.

Zu den **illegalen Drogen** (↗ Tab.) gehören u. a. Opiate, Kokain, Mescalin, Psilocybin, Haschisch, LSD und Ecstasy. Allen ist gemeinsam, dass psychische und z. T. auch physische Abhängigkeit entsteht. Die Drogen verdrängen die **Neurotransmitter** an den Synapsen oder blockieren die Rezeptormoleküle. Als Kompensation bildet der Organismus zusätzlich Transmitter oder aktiviert Rezeptormoleküle in den Synapsen.

Nervengifte sind Substanzen, die durch irreversible Schädigung von Nervenzellen zum Tode führen können. Sie werden von Pflanzen und Tieren gebildet, so z. B. das Aconitin des Blauen Eisenhuts, das Gift der Kobra oder die Toxine der Farbfrösche. Sie dienen dem Schutz vor Fressfeinden oder zum Beutefang. Sie hemmen u. a. die Spaltung von Acetylcholin in Acetat und Cholin und führen damit zur Lähmung bzw. Blockierung der Atmung und von Herz und Kreislauf mit tödlicher Wirkung.

Beispiele illegaler Drogen		
Substanz	**Herkunft**	**Wirkung**
Opiate z. B. Codein, Morphin und daraus hergestellt Diacetylmorphin (Heroin)	Saft der Schlafmohnkapseln *(Papaver somniferum),* synthetische Substanzen	– Reaktion mit Opiatrezeptoren im Gehirn und Rückenmark – Verringerung der Schmerzempfindung – Herabsetzung von Angst und Unruhe – Ausschaltung von Hungergefühl – kurzzeitige Euphorie
Kokain	Blätter des Kokastrauches *(Erythroxylum coca)*	– Hemmung der Monocamin-Oxidase – Anreicherung von Noradrenalin und Serotonin in den Gehirnzellen – Übererregbarkeit – Selbstüberschätzung – Hemmungslosigkeit – Ausschaltung von Hungergefühl
Ecstasy	synthetische Substanz	– Beeinflussung der zentralen Synapsen (limbisches System) – Überhitzung, Herz-Kreislauf-Versagen, Flüssigkeitsmangel

Zellen übertragen Informationen

Nervenzellen (Neuronen) sind für die Informationsübertragung und Informationsverarbeitung spezialisierte Zellen. Über Dendrite werden Erregungen zugeführt. Neurite (Axone) sichern die Erregungsweiterleitung.

An der Nervenzellmembran ist ein Spannungsgradient vorhanden. Im **Ruhezustand** ist die Membraninnenseite gegenüber der Außenseite negativ geladen. Dieses Membranpotenzial wird auf Unterschiede in der Permeabilität der Membran zurückgeführt.
Im Ruhezustand der Zelle entspricht das Membranpotenzial dem Ruhepotenzial (RP). An erregten Zellen verändert sich das Membranpotential zum Aktionspotential (AP).

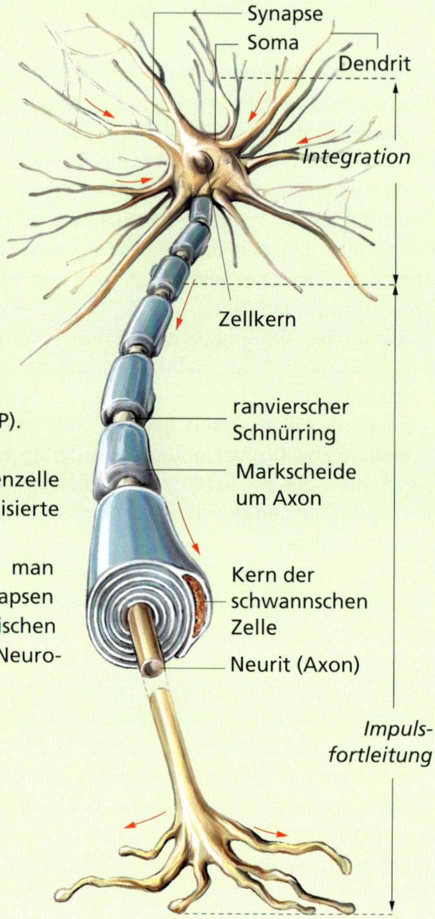

Die **Erregungsübertragung** von Nervenzelle zu Nervenzelle oder von Nervenzelle zu Muskelzelle erfolgt über spezialisierte Verbindungsstellen, sogenannte Synapsen.
Je nach Art der Erregungsübertragung unterscheidet man elektrische und chemische Synapsen. In elektrischen Synapsen werden Aktionspotenziale direkt übertragen. In chemischen Synapsen findet eine frequenzabhängige Abgabe von Neurotransmittersubstanz aus synaptischen Vesikeln statt.

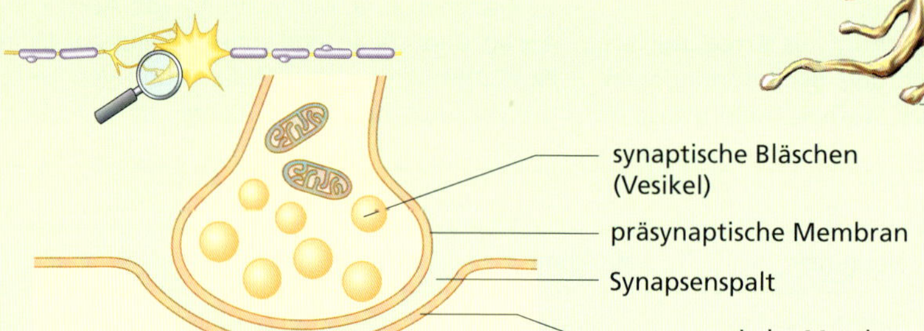

Nerv-Nerv-Verbindung
(chemische Synapse)

Drogen und **Nervengifte** beeinflussen diese Funktion sehr. Legale und illegale Drogen können zur physischen und psychischen Abhängigkeit führen, süchtig machen.

Die **Erregungsleitung** erfolgt an marklosen Neuriten kontinuierlich, an markhaltigen Neuriten saltatorisch. Bei der saltatorischen Erregunsleitung ist der Aufbau des Aktionspotenzials nur an den ranvierschen Schnürringen möglich. Die Erregung „springt" von Schnürring zu Schnürring.
Die Leitungsgeschwindigkeit ist von dem Durchmesser des Neuriten, vom Isolierungsgrad, von der Temperatur und vom Stoffwechsel abhängig. Höchste Geschwindigkeit wurde bei der saltatorischen Erregungsleitung gemessen.

Aufgaben

Zellen wehren ab

1. Erweitern Sie Ihr Glossar durch folgende Begriffe: Immunität, Resistenz, Antigen-Antikörper-Reaktion, Immunisierung, Infektion, Inkubationszeit, B-Zellen, T-Zellen, Virus, Prion, Bakterium, Aids, Dendrit, Neurit, Membranpotenzial, Depolarisation, Refraktärzeit, saltatorische Erregungsleitung, Synapse.

Glossar

Aids
Antigen-Antikörper-Reaktion
Bakterium

2. Beschreiben Sie die zentrale Rolle der T-Helferzellen bei der Immunantwort.

3. Die Immunantwort ist die Reaktion des Organismus auf eine Infektion mit einem Pathogen. Falls sie erfolgreich verläuft, führt sie bis zu einem lebenslangen Schutz vor diesem Infektionserreger. Beschreiben sie die Phasen einer Immunantwort.

4. Vergleichen Sie die beiden Formen der spezifischen Immunantwort.

5. Als Antikörper bezeichnet man Proteine, die im Ergebnis antigener Stimulation zu deren Abwehr gebildet werden. Wegen der großen Zahl antigener Spezifitäten muss das Individuum in der Lage sein, eine große Vielfalt von Antikörpermolekülen zu bilden.

a) Beschreiben Sie anhand einer Skizze den prinzipiellen Aufbau eines Antikörpers am Beispiel des Immunglobulins G (IgG).

b) Erläutern Sie ein Experiment, mit dem man die Bildung und Wirkung von Antikörpern nachweisen kann.

c) Entwerfen Sie eine Skizze, mit der Sie die Wirkungsweise von Antikörpern auf Antigene, z. B. auf einen Virus, veranschaulichen können.

6. Malaria ist weltweit eine der bedeutendsten Infektionskrankheiten. Ca. 40 % der Weltbevölkerung leben in Malariagebieten. Jährlich erkranken etwa 300 bis 500 Mio. Menschen, zwischen 1,5 und 2,7 Mio. Menschen sterben an der Malaria.

a) Analysieren Sie den Generationswechsel von Plasmodien. Kennzeichnen Sie die vegetative und die generative Vermehrung.

b) Leiten Sie mögliche Präventiv- und Bekämpfungsmaßnahmen ab.

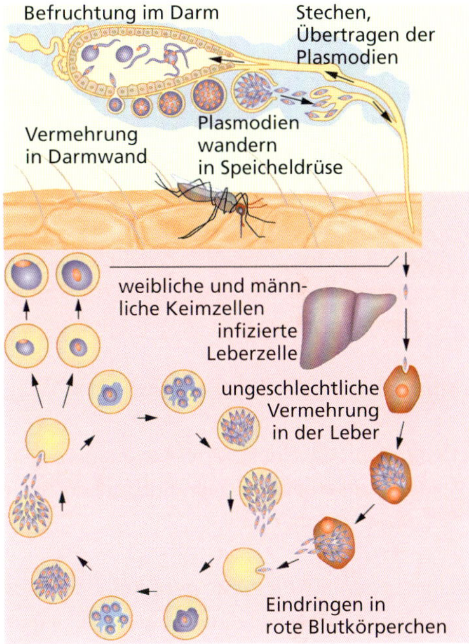

7. Seuchen, die zuvor in einer bestimmten Population unbekannt waren, wirken sich verheerend aus, wenn sie durch andere Populationen eingeschleppt werden – z. B. die Seuchen, die durch europäische Einwanderer bei den Indianern verursacht wurden. Erklären Sie diese Erscheinung.

8. Begründen Sie aus populationsökologischer Sicht, warum sich Infektionskrankheiten in Ballungszentren wesentlich schneller als in weniger dicht besiedelten Gebieten ausbreiten.

9. Vergleichen Sie Immunität nach dem Überstehen einer Krankheit mit aktiver und passiver Immunisierung infolge einer Impfung. Ziehen Sie Schlussfolgerungen hinsichtlich der Wirkungsdauer der Immunität.

10. Wissenschaftsgeschichtlich interessant ist ein Brief des englischen Landarztes Edward Jenner, den er am 14. Juli 1796 an einen Freund schrieb: *„Lieber Gardner! ... Sie werden ... erfreut sein zu hören, dass mir endlich ... gelang, was ich so lange ersehnt habe, nämlich die Übertragung von Kuhpockenviren von einem menschlichen Wesen auf ein anderes durch die übliche Art des Impfens ... Aber nun hören Sie den erfreulichsten Teil meines Berichtes: Inzwischen ist der Knabe mit Viren der bösartigen Schwarzen Pocken geimpft worden, und zwar, wie ich schon vorauszusagen wagte, ohne jegliche Wirkung! Ich werde nun meine Experimente mit doppeltem Eifer verfolgen! Ihr ergebener E. Jenner.“*

- **a)** Beschreiben Sie in schematisierter Form Jenners Vorgehensweise und erklären Sie die registrierten Beobachtungen.
- **b)** Begründen Sie die fundamentale Bedeutung dieser Forschungen für die Entwicklung der Impftechniken.

Zellen übertragen Informationen

11. Bereiten sie ein Kurzreferat zu den Zelltypen des Nervengewebes vor und gehen Sie dabei auf deren Funktion ein.

12. Erläutern Sie die besondere Rolle der Biomembran im Allgemeinen und der Na^+/K^+-Pumpe als spezielle Komponente im Besonderen am Beispiel der Nervenzelle.

13. Aktionspotenziale werden normalerweise nur in eine Richtung des Axons weitergeleitet. Erklären Sie diesen Sachverhalt.

14. Bei der Reizung von Nervenzellen und von Muskelfasern spielen sich ähnliche Vorgänge an den Membranen ab. Die Abbildung 1 zeigt Potenziale, die an einem Axon, einer Skelettmuskelfaser und einer Herzmuskelfaser eines Frosches abgeleitet wurden.

- **a)** Benennen Sie die Art der Potenziale und vergleichen Sie die Kurvenverläufe.
- **b)** Entwickeln Sie mithilfe des Internets eine Hypothese zur Erklärung des Kurvenverlaufs in Abbildung 1 c) auf der Grundlage biochemischer Vorgänge. Welche biologische Bedeutung hat dieser spezielle Erregungsablauf?
- **c)** Begründen Sie, weshalb am Axon (Abbildung 1 a) zum Zeitpunkt t = 0,25 ms durch einen erneuten Reiz kein weiteres Aktionspotenzial ausgelöst werden kann.

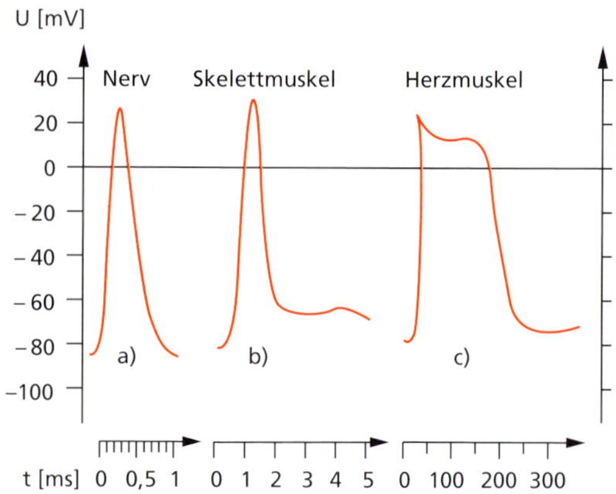

15. Vergleichen Sie tabellarisch die saltatorische und die kontinuierliche Erregungsleitung.

16. Erläutern Sie die hemmende Wirkung einer Synapse (inhibitorische Synapse).

17. Die Reizbeantwortung bei Tier und Mensch setzt eine Erregungsleitung durch Nervenzellen voraus, die auf physikalisch-chemische Vorgänge an den Membranen der Zellen zurückzuführen ist.

- **a)** Fertigen Sie eine beschriftete schematische Zeichnung einer markhaltigen Nervenzelle an.
- **b)** Geben Sie die relative Ionenverteilung innerhalb und außerhalb einer unerregten Nervenzellmembran an (keine Zahlenwerte).
- **c)** Beschreiben Sie die Erregungsleitung in markhaltigen Nervenfasern der Wirbeltiere. Welche Vorteile bietet diese Erregungsleitung?

18. Entwickeln Sie eine Mindmap zum Thema Drogen und Nervengifte. Nutzen Sie dafür auch das Internet und andere Quellen.

Erschließungsfelder

Mehrzellige Organismen sind kompliziert gebaute Systeme. Damit sie funktionieren und in der Umwelt bestehen können, müssen ihre Elemente, die Zellen, miteinander kommunizieren. Zellen tauschen **Informationen** aus. Sie stehen in ständiger **Wechselwirkung** miteinander, was zur **Regulation** verschiedenster Prozesse führt. Auf der **Ebene** des Organismus ergibt sich daraus seine **Angepasstheit** an die Umwelt. Um allen **Funktionen** gerecht zu werden, entwickelten sich im Laufe der Evolution entsprechend angepasste **Strukturen** auf allen **Ebenen** eines Organismus.

Tiere und ihre Gifte

Pfeilgiftfrösche kommen in Zentral- und Südamerika vor. Mittlerweile sind fast 180 Arten der 2–5 cm großen Frösche bekannt. Ihre Gifte werden von Hautdrüsen abgesondert und dienen meist als Schutz gegen Fressfeinde. Die Gifte bilden die Frösche meist nicht selbst, sondern beziehen sie aus ihrer Nahrung, z. B. bestimmten Käferarten.
Die bekannteste und auch giftigste Pfeilgiftfroschart ist *Phyllobates terribilis* (↗ Abb. 1). Ihr giftiges Hautsekret wird tatsächlich zum Vergiften von Spitzen der Blasrohrpfeile südamerikanischer Ureinwohner verwendet. In der Sekretmischung ist Batrachotoxin eines der bekanntesten Gifte. Das Gift ist mit einer tödlichen Dosis von geschätzten 1–2 µg/kg Körpergewicht etwa 15-mal stärker als Curare, ein anderes Pfeilgift. Batrachotoxin verhindert das Schließen von Natrium-Ionen-Kanälen in Axonen.

1. **Angepasstheit**
   Begründen Sie die Absonderung giftiger Hautsekrete durch Pfeilgiftfrösche.

1 Giftigster Pfeilgiftfrosch

2. **Struktur und Funktion, Angepasstheit**
   Stellen Sie eine markhaltige Nervenzelle in einer beschrifteten, schematischen Zeichnung dar.
   Erläutern Sie die Anpassung der Nervenzelle an die Funktion der Informationsleitung.

3. **Struktur und Funktion, Information**
   Beschreiben Sie die Entstehung und den Verlauf eines Aktionspotenzials. Erklären Sie die Erregungsleitung in einem markhaltigen Axon.

4. **Wechselwirkung**
   Erklären Sie die Giftwirkung von Batrachotoxin.

Ähnlich den Pfeilgiftfröschen bilden **Kugelfische** ihr Gift vermutlich auch nicht selbst, sondern beziehen es aus ihrer Nahrung. Der Hauptbestanteil dieses Giftes ist Tetrodotoxin. Es blockiert an Axonen die Natrium-Ionen-Kanäle.

2 Kugelfisch

5. **Wechselwirkung, Information**
   Erklären Sie die Wirkung von Tetrodotoxin.
   Begründen Sie, warum es als Gegengift bei Batrachotoxin-Vergiftungen eingesetzt werden könnte.

3 Kobra

1 Struktur des Kobratoxins der chinesischen Kobra

Während die beiden Gifte Batrachotoxin und Tetrodotoxin aufgrund ihrer chemischen Struktur zu den Alkaloiden gehören, handelt es sich bei den meisten Schlangengiften um Peptide.

Das Gift (Kobratoxin) der **chinesischen Kobra** (*Naja naja atra,* ↗S. 65, Abb. 2) besteht aus 62 Aminosäuren und besetzt Acetylcholinrezeptoren an motorischen Endplatten.

6. Struktur und Funktion
Stellen Sie den Bau einer Synapse mit dem Transmitter Acetylcholin dar. Beschriften Sie die schematische Zeichnung und kennzeichnen Sie die Erregungsübertragung an der Synapse.

7. Wechselwirkung
Erklären Sie die Wirkung des Kobratoxins.

Die **Antiseren** gegenüber Schlangengiften werden mithilfe von Tieren hergestellt. Das Gift wird zunächst in kleinsten Mengen den Tieren wie Pferden, Schafen oder Kaninchen gespritzt, die sich gegen das Gift immunisieren. Später wird die Schlangengiftdosis zunehmend gesteigert. Gebildete Antikörper werden aus dem Blutplasma gewonnen und können nach weiteren Aufarbeitungsschritten gegen Schlangenbisse verwendet werden.

8. Struktur und Funktion, Wechselwirkung, Information
Stellen Sie die typische Reaktion des Immunsystems (spezifische Abwehr) eines der serumproduzierenden Tiere bei Verabreichung einer ersten, sehr kleinen Menge eines Schlangengiftes in einem Fließschema dar.

9. Wechselwirkung, Regulation
Erklären Sie, was bei weiteren nachfolgenden Giftinjektionen immunologisch bei den Tieren passiert.
Begründen Sie die Steigerung der Giftmenge.

10. Angepasstheit, Wechselwirkung
Vergleichen Sie die biologische Bedeutung des giftigen Hautschleimes eines Pfeilgiftfrosches mit der Antikörperbildung gegen Schlangengifte. Ziehen Sie eine Schlussfolgerung.

Bei Schlangenbissen sind neben der „normalen" Ersten Hilfe nur wenige andere Maßnahmen zu beachten:

- Das Opfer muss beruhigt und die Bissstelle ruhig gestellt werden.
- Die Bisswunde darf nicht ausgesaugt oder durch Schnitte ausgeblutet werden. Sie sollte nur abgedeckt werden.
- In Ausnahmefällen, wenn nicht innerhalb von 30 Minuten ärztliche Hilfe gewährleistet werden kann oder eine extrem giftige Schlange (z. B. Kobra, Seeschlange, Krait, Mamba, Klapperschlange) gebissen hat, darf das betroffene Körperteil auch abgebunden werden.
- Für die behandelnden Ärzte ist es wichtig, die Schlangenart zu kennen. Deshalb sollte man sich Merkmale der Schlange zur späteren Bestimmung einprägen.

Im Krankenhaus erfolgt dann sofort die Behandlung, welche neben stabilisierenden Maßnahmen von Herz- und Kreislauf-System auch die Gabe von Antiserum gegen das Schlangengift umfasst.

11. Struktur und Funktion, Wechselwirkung
Begründen Sie die einzelnen Erste-Hilfe-Maßnahmen.

12. Wechselwirkung
Erklären Sie die Wirkung des Antiserums.
Begründen Sie, warum keine oder nur eine geringe Immunisierung eintreten kann.

3 Verhalten von Tier und Mensch

Ziele der Verhaltensbiologie

Schon in der Steinzeit war das Wissen über die Verhaltensweisen der Tiere für das Überleben des Menschen von existenzieller Bedeutung. Das Kennen der Gewohnheiten, Bevorzugungen und Aversionen der Tiere, die sich im Umfeld des Menschen aufhielten, war notwendig, um als Jäger erfolgreich Beute zu machen, und es verminderte gleichzeitig das Risiko, selbst zur Beute zu werden. Durch die Beobachtung tierischen Verhaltens steigerten unsere Vorfahren also ihren **Fortpflanzungserfolg** (Darwin-Fitness). Als objektive Wissenschaft hat sich die Verhaltensbiologie jedoch erst im 20. Jahrhundert entwickelt.

Verhalten ist, was ein lebendes Tier tut und wie es dies tut. Dazu zählen u. a. Bewegungen, Lautäußerungen, Körperhaltungen, ein aktives Abgeben von Duftstoffen oder eine Veränderung der Form und Farbe des Körpers.

Der Gesang eines Goldammermännchens ist für das geschulte menschliche Ohr ein im Frühjahr immer wieder zu erkennendes musikalisches „Tschitschi tschitschi tschitschi bäh", bei dem die letzte Note nach unten gezogen wird.

Jane Goodall (↗ Foto), Dian Fossey und Birutė Galdikas lieferten mit ihren Langzeit-Freilandstudien interessante neue Erkenntnisse über das Leben der Menschenaffen **(Schimpansen, Gorillas** und **Orang-Utans).**

Der Vogelkundler (Ornithologe) jedoch wird dem Laien erklären, dass der Gesang für die Ohren des Vogels ganz und gar keine „Musik" darstellt, sondern dass die Vögel aus funktionalen Gründen singen, etwa um ihren Artgenossen mitzuteilen, wo ihr Aufenthaltsort ist, um Geschlechtspartner anzulocken oder um ein Revier zur Aufzucht und Ernährung ihrer Jungen abzugrenzen und zu verteidigen. Vögel singen also, um zu überleben und um ihre Gene an die nächste Generation weiterzugeben.

Der Gesang der Vögel lässt sich sehr gut mithilfe moderner Methoden, z. B. unter Verwendung von **Sonagrammen** (Lautspektrogramm, Klangspektrogramm), untersuchen. Mithilfe dieser grafischen Aufzeichnung von Lautfolgen können Rufe und Gesänge genau dokumentiert und beschrieben werden. Auf diese Weise finden die Verhaltensforscher immer mehr über die Entwicklung, die Funktionen und die Konsequenzen des Vogelgesangs heraus. Außerdem ist der Vogelgesang ein geeignetes Modellsystem für tierisches Verhalten, weil mit ihm ein wichtiges Prinzip verdeutlicht werden kann:

Verhalten wird sowohl von genetischen Faktoren als auch von Umweltfaktoren beeinflusst.

Nikolaas Tinbergen hat vier Fragen der Verhaltensforschung bezüglich des Auftretens von Verhaltensphänomenen formuliert:

1. Frage nach **Mechanismus** und **Form des Auftretens**
2. Frage nach den **Ursachen** in der Entwicklung (Ontogenese)
3. Frage nach der **biologischen Funktion**
4. Frage nach der **Stammesgeschichte**

Nikolaas Tinbergen (1907–1988)

Schon bei der Formulierung der Frage denkt man sich mögliche Antworten (Hypothesen) aus. Diese Hypothesen beziehen sich auf Zusammenhänge zwischen dem beobachteten Verhalten und den Bedingungen sowie zwischen einem Verhaltensphänomen und seinen Folgen:

Bedingungen → **Verhalten** → **Folgen**

(Wenn, ... dann ...)

(Wenn, ... dann ...)

In der Verhaltensbiologie zielen die Fragen auf zwei ganz verschiedene Aspekte ab: Entweder geht es um die **Mechanismen,** die der zu erklärenden Verhaltensweise zugrunde liegen, oder es geht um die **Funktion**, die die Verhaltensweise erfüllt. Das Verhalten der Individuen kommt einerseits durch die **inneren** und **äußeren Faktoren (proximate Ebene)** zustande und beeinflusst andererseits aufgrund seiner Funktionen die **reproduktive Fitness (ultimate Ebene).**
Um Verhalten umfassend zu analysieren, müssen sowohl auf der proximaten, als auch auf der ultimaten Ebene Forschungen durchgeführt werden.

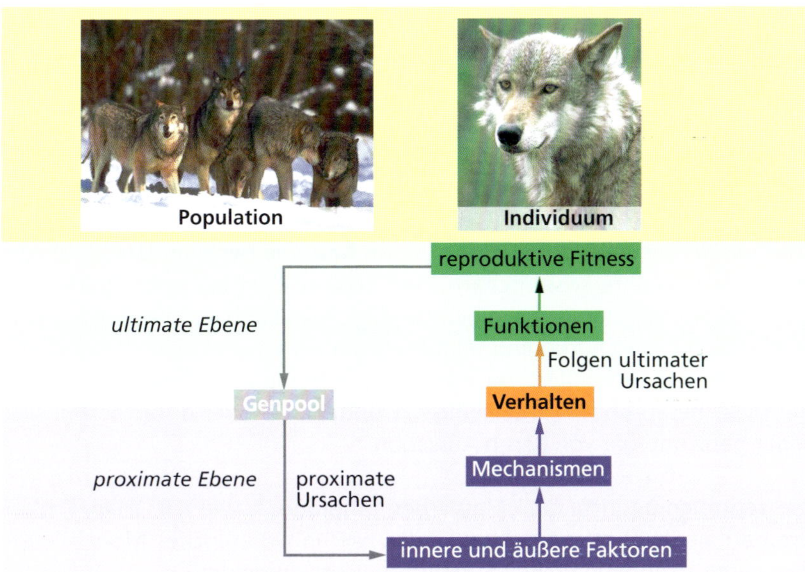

Teilgebiete der Verhaltensbiologie

Die Verhaltensbiologie oder **Ethologie** hat starke Bezüge zur Ökologie, zur Evolutionsbiologie, zur Neurobiologie, Endokrinologie und zur Molekular- bzw. Populationsgenetik. Als besonders integrative Teildisziplin der Biologie kommt ihr nicht nur eine große wissenschaftliche, sondern auch eine gesellschaftliche Bedeutung zu. Über die Psychologie schlägt sie eine Brücke zu den Geisteswissenschaften.

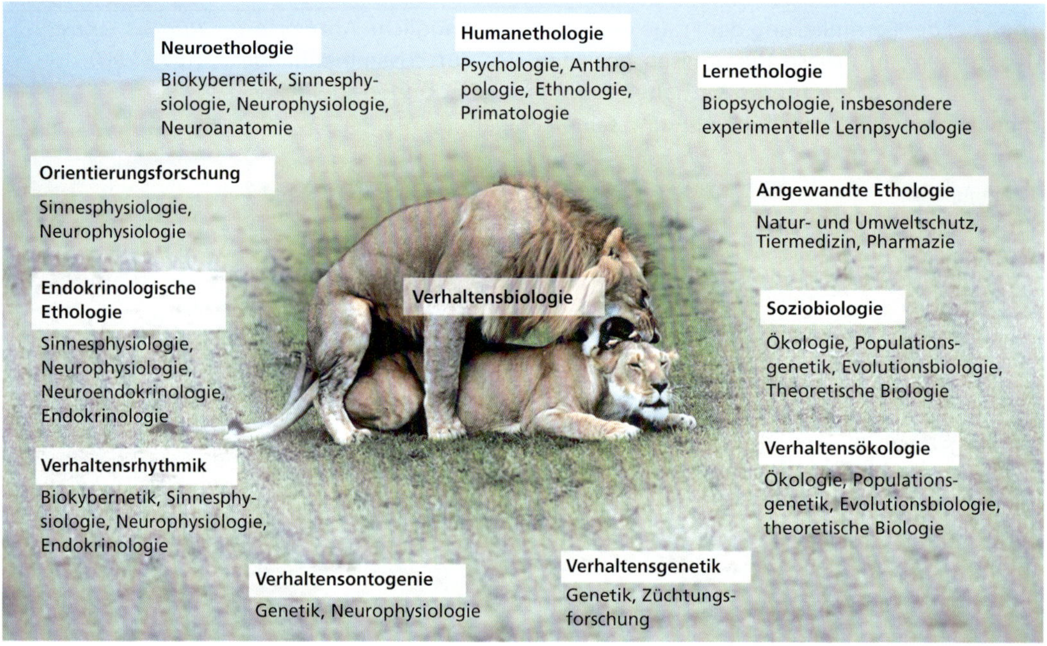

Die Bandbreite und Aktualität der Verhaltensbiologie (Ethologie) wird durch ein Themenspektrum deutlich, das von den genetischen Grundlagen des Verhaltens bis zur Auswilderung bedrohter Tierarten reicht. Der Anwendungsbezug ist in den letzten Jahren stärker geworden, so spielt z. B. eine artgemäße Tierhaltung oder die Weiterentwicklung von „Tiermodellen“ für die medizinische Forschung eine immer größere Rolle.

Konrad Lorenz (1903–1989) hielt bis zu seinem Tod am Prinzip der Arterhaltung und der Gruppenselektion fest.

Als **Konrad Lorenz, Nikolaas Tinbergen** und **Karl von Frisch** im Jahr 1973 den Nobelpreis für ihre wissenschaftlichen Erkenntnisse bekamen, hatte sich die Verhaltensbiologie als eigenständige wissenschaftliche Teildisziplin etabliert. Die Forschung ging unaufhaltsam weiter und die Kritiker (nicht selten ehemalige Schüler) der klassischen Ethologie modifizierten bereits die Hypothesen und Konzepte ihrer Gründerväter oder distanzierten sich sogar ganz und gar von deren Aussagen.

Die zentralen Begriffe der „klassischen Ethologen“, wie z. B. Trieb, Erbkoordination, Schlüsselreiz, Instinkt oder psychohydraulisches Modell, werden in der soziobiologischen Forschung nicht verwendet.

Methoden der Verhaltenserfassung und -auswertung

Grundlegende **Methoden der Verhaltensbiologie** sind
- Beobachten und Beschreiben von Verhalten,
- konkrete Fragen formulieren (↗S. 69, 72, 148),
- Messen, Auswerten und Analysieren,
- quantitative Verhaltensregistrierung,
- Beschreiben von komplexen Verhaltensweisen (z.B. soziale Strukturen und Organisationsformen).

Bekannt wurde ALFRED EDMUND BREHM (1829–1884) durch sein Monumentalwerk *„Brehms Tierleben"*. Die Tiere in ihrer natürlichen Umgebung aufzusuchen, ihre Verhaltensweisen zu studieren und die Einbettung der Tiere in größere Naturzusammenhänge verstehen zu wollen, war bahnbrechend zu dieser Zeit.

Bevor man darüber nachdenkt, warum ein Tier bzw. eine Tierart eine bestimmte Verhaltensweise ausübt, muss man wissen, was die Tierart insgesamt an **Verhaltensrepertoire** aufweist. Verhaltensweisen müssen als wiederkehrende Abläufe erkannt, definiert und möglichst interpretationsfrei benannt werden. Es muss ein **Verhaltenskatalog (Ethogramm, ↗S. 148)** erarbeitet werden, der das beobachtete Verhalten in konkrete Kategorien unterteilt. Das Ethogramm kann je nach Fragestellung von der einfachen Muskelbewegung bis hin zu komplexen Verhaltensabfolgen alles beinhalten. Es ist die erste notwendige Voraussetzung für das Beantworten konkreter Fragen in der Verhaltensbiologie. Art und Anzahl der dort aufgeführten Verhaltenselemente richtet sich also immer nach den zu beantwortenden Fragen:

Wann am Tag sind Meerschweinchen aktiv?
- Die Unterscheidung in aktiv und inaktiv reicht aus, man muss jedoch klar definieren, was sich hinter diesen Begriffen verbirgt.

Wann am Tag singen Nachtigallen?
- Die Unterscheidung in Singen und Nicht-Singen ist ausreichend.

Wie kommt ein Fuchs zu seiner Nahrung?
- Hier ist ein ausführlicher Katalog erforderlich:
  Beute- und Beerenstandorte des Fuchses ausmachen, Verhalten des Fuchses bei der Nahrungssuche analysieren: Wie beschafft er sich die Früchte bzw. wie bearbeitet er sie? Wie fängt er Mäuse, Hasen oder andere Tiere? Wie sucht er Futterplätze auf?

Ziel ist es, Zusammenhänge zu erkennen und daraus „Wenn-dann-Sätze" zu formulieren (↗S. 69). Indem man Verhaltensweisen definiert, bildet man konkrete Kategorien von Verhaltensabläufen. Verhaltensweisen, die man zählt oder misst, müssen klar definiert sein, damit auch andere die Untersuchung nachvollziehen können. Ist eine Fragestellung zu einem bestimmten Verhaltensphänomen überprüfbar formuliert, kann gezielt beobachtet, gemessen, ausgewertet und analysiert werden. Zwecks Analyse der Ursachen werden einzelne Umweltfaktoren verändert, um die Reaktion des Tieres beobachten zu können. Experimente unter kontrollierten Bedingungen sind im Freiland zwar möglich, können aber häufig sinnvoll durch Laboruntersuchungen ergänzt werden. Es ist dabei unbedingt zu berücksichtigen, dass Tiere sich in einer künstlichen Umgebung anders verhalten als in ihrem natürlichen Habitat im Freiland.

Nürnberg, 25.05.1828: Der sonderbar gekleidete junge Mann *„Kaspar Hauser"* ist vermutlich ohne menschliche Kontakte aufgewachsen.

Die qualitativen Methoden des Beschreibens und Katalogisierens von Verhalten werden durch **quantitative Untersuchungsmöglichkeiten** sinnvoll ergänzt. Die ermittelten quantitativen Verhaltensdaten dienen dazu, eine formulierte Hypothese zu testen. Dabei muss klar sein:

WAS registriere ich WIE, WO und WANN bei WEM?

Für die Datenauswertung muss überlegt werden, welche statistischen Verfahren angewendet werden müssen. Die konkrete Null-Hypothese (Verhalten widerspricht der Erwartung) und die konträre Alternativ-Hypothese (Verhalten entspricht der Erwartung) sollte formuliert sein, bevor man mit dem Sammeln der Daten beginnt. Abhängig von der Fragestellung müssen die im Ethogramm definierten Verhaltensweisen registriert werden.

Beobachtet man z. B. eine Affengruppe im Zoo, werden die beobachteten Verhaltensweisen zunächst aufgelistet, benannt und definiert. Dabei ist unbedingt darauf zu achten, nur das zu definieren, was man auch tatsächlich beobachtet (↗ S. 149). Dann werden die aufgelisteten Verhaltensweisen in **Zustände** (**Aktivitäten:** dauern über einen längeren Zeitraum an) und **Ereignisse (Episoden)** und ihren **Zeitanteil** oder die **Häufigkeit** ihres Auftretens eingeteilt.

Bezeichnung	Untersuchungsmethode
Kaspar-Hauser-Experiment	Tier wird isoliert aufgezogen, um angeborenes und erlerntes Verhalten zu unterscheiden.
Attrappenversuch	Mithilfe von Attrappen (= Objekte, die bestimmte Eigenschaften eines Tieres imitieren) wird untersucht, welche Eigenschaft ein „Schlüsselreiz" hat.
Zootier- und Labortierexperimente; Experimente mit zahmen Tieren	Die Versuchsbedingungen sollen kontrollierbar, aber auch möglichst natürlich sein. Im Labor werden durch das gezielte Einsetzen von Apparaturen die Bedingungen detailliert vorgegeben. Dagegen ist das Beobachten von Tieren im Zoo mit möglichst naturnaher, artgerechter Umgebung der Kompromiss zwischen der Beobachtung von zahmen Tieren und Wildtieren im Freiland.
Technische und molekularbiologische Methoden	– Die weltweite Vogelberingung macht es möglich, eine Vielzahl von Aspekten aus dem Leben der Vögel zu erforschen. Die Beringung wird durch nationale Beringungszentralen organisiert. – Tragbare Sender (z. B. Satellitentelemetrie) garantieren eine Überwachung von Tieren. – Anhand chemischer Nachweismethoden lassen sich in Kot- und Urinproben z. B. Hormone nachweisen. – Durch DNA-Reste in Tierspuren eines Einzelindividuums wie Kot, Speichel oder Haare können verwandtschaftliche Beziehungen nachgewiesen werden.
Freilandbeobachtungen	Aufwendigste, aber besonders ergiebige Methode ist in der Regel eine Langzeitstudie. Die Tiere werden anfangs aus der Ferne beobachtet, gewöhnen sich aber in der Regel mit der Zeit an den Anblick und Geruch des Beobachters (Habituation).

Angewandte Verhaltensforschung

Beim menschlichen Umgang mit Tieren gibt es viele Bereiche, in denen die Kenntnis des Verhaltens notwendig ist, wenn es um die Lösung von bestehenden konkreten Problemen geht. Solche Bereiche sind z. B.:
- die **Schädlingsbekämpfung,**
- der **Umgang mit Haus- und Nutztieren:** Auswahl der Nutztiere, Vorbereitung (Dressur) auf die Funktion für den Menschen, Produktion (Reproduktion, Wachstum),
- der **Umgang mit Wildtieren:** jagen, filmen, Zootierhaltung; Erhaltung und Rettung von Wildtierpopulationen und bedrohter Arten (in freier Wildbahn und in Gefangenschaft: züchten und auswildern),
- der **Tierschutz** (bei Tierhaltung und Tierproduktion),
- Untersuchungen, die zum besseren **Verständnis menschlichen Verhaltens** führen.

Als der Wolf in grauer Vorzeit domestiziert wurde, spielte bei der Auswahl zum Begleit- und Wachhund des Menschen die soziale Anpassungsfähigkeit des in Rudeln lebenden und bei Störung bellenden Tieres eine große Rolle.

Viele Tiere sind gefährliche Parasiten des Menschen, andere schädigen seine begrenzten Ressourcen. Will der Mensch sich dieser Tiere entledigen, muss er ihre Gewohnheiten, ihre Vorlieben oder ihre Aversionen – ihr Verhalten – kennen.
Wenn es um **Maßnahmen zum Erhalten und Retten** bedrohter Arten geht, so sind die Maßnahmen am erfolgreichsten, die bei gefährdeten Arten direkt im Freiland ansetzen. Die Ausbürgerung von in Gefangenschaft gezüchteten Tieren dagegen stößt auf vielerlei „hausgemachte" Probleme, die den Erfolg nicht selten verhindern (wie z. B. eine sexuelle Prägung auf den menschlichen Pfleger, die Fremdheit der neuen Umgebung, mangelnde Feinderkennung, fehlende Erfahrung bezüglich Nistplatzwahl oder Nahrungssuche oder die zu große Zahmheit Menschen und Raubtieren gegenüber).

IRENÄUS EIBL-EIBESFELDT (geb. 1928)

HANS HASS (geb. 1919) und **IRENÄUS EIBL-EIBESFELDT** (geb. 1928) begründeten Ende der 60er-Jahre des 20. Jh. die **Humanethologie,** indem sie die Methoden der objektiven Verhaltensbeobachtung auf das menschliche Verhalten anwandten.

IRENÄUS EIBL-EIBESFELDT hat z. B. die Buschleute in der Kalahari, die Yanomani in Venezuela, die Eipo in Neuguinea oder unseren Kulturkreis vergleichend untersucht. Vom Jäger und Sammler über den Pflanzer bis hin zum westlich „zivilisierten Menschen" konnte er trotz unterschiedlicher Lebensbedingungen und Erziehungseinflüsse nachweisen, dass Verhaltensweisen wie Lachen, Grüßen, Flirten oder der Ausdruck der Verachtung bei allen Kulturen in gleicher Weise vorhanden sind.

Das Beispiel ist ein Beleg dafür, dass diese Verhaltensweisen mit hoher Wahrscheinlichkeit genetisch bedingt, also angeboren sind. Auch das Unterstützen von Verwandten als Evolutionsprodukt (ein indirekter Fitnessvorteil wird erreicht, ↗ S. 82) ist bei vielen Tieren belegt und mithilfe der synthetischen Selektionstheorie gut zu erklären.

Die Soziobiologie kann auch menschliche Verhaltensdispositionen erklären, aber soziobiologische Erklärungen eignen sich keineswegs zur Rechtfertigung von menschlichen Verhaltensweisen.

Mechanismen des Verhaltens – Zusammenwirken von Genen und Umweltfaktoren

Ein vielzelliger Organismus besitzt durch das Zusammenspiel von Sinnesorganen, Nerven, Muskeln und Drüsen die Fähigkeit, Reize aufzunehmen, sie zu verarbeiten und durch eine entsprechende Reaktion beantworten zu können. Folgende Bewegungsabläufe werden peripher von den Sinnesorganen, Nerven und Muskeln koordiniert: das Zusammenspiel und die Bewegung der Körperteile, die stabile Haltung und die Fortbewegung des Körpers im Raum, Stellungs- und Haltungsreflexe, Schutzreflexe, angeborene und durch Lernen modifizierte Bewegungsprogramme.

Während **Reflexe** in der Regel immer durch die ihnen entsprechenden Reize ausgelöst werden, gibt es viele Verhaltensweisen, die trotz Anwesenheit der zugehörigen auslösenden Reize nicht jedes Mal auftreten.
Wenn ein Tier satt ist, wird es ein üppiges Nahrungsangebot ignorieren. Daraus folgt, dass neben dem auslösenden Reiz auch der **innere Antrieb** bzw. die **Handlungsbereitschaft** vorhanden sein muss. Sie wird durch das vorausgegangene Verhalten und durch **Außen-** und **Innenreize** beeinflusst.
Bestimmte Außenreize, die ein spezifisches Verhalten auslösen, sind sogenannte **Schlüsselreize.** Sehr häufig handelt es sich dabei um Merkmalskombinationen, die man mithilfe von Attrappen untersuchen kann. Jedes Merkmal, das ein Verhalten beim Gegenüber hervorruft, nennt man **Auslöser.**
Im ZNS und in den Sinnesorganen vermutet man einen neurosensorischen Filter, der angeboren oder erworben sein kann und dafür sorgt, dass ein Organismus nur auf bestimmte Reizkonstellationen reagiert: Ist er angeboren, spricht man vom **angeborenen Auslösemechanismus (AAM),** ist er erlernt, nennt er sich **erworbener Auslösemechanismus (EAM).** Wird ein AAM durch Erfahrung verändert, spricht man vom durch Erfahrung ergänzten AAM, kurz **EAAM.**

Beutefangverhalten der Erdkröte

1 ungerichtetes Suchen

2 Orientierungsreaktion

3 plötzliches Schnappen nach der Beute

> Verhalten tritt auf, wenn äußere Reize, innere Bedingungen und die zentralnervösen Verarbeitungsmechanismen zueinander passen.

Das Gesamtprogramm des Beutefangverhaltens der Erdkröte (↗Abb.) nennt man **Instinkthandlung.** Instinkthandlungen sind zum Teil vollständig ererbt, zum Teil aber auch modifizierbar. Für eine ausschließlich genetisch festgelegte Bewegungsabfolge wird der Begriff **Erbkoordination** verwendet. Das Modell der Erbkoordination ist aber nur für die Erklärung einfacher Verhaltensweisen praktikabel.
Fast alle komplexeren Verhaltensweisen können durch **Lernen** verändert werden. Analysiert man z. B. den komplexen Vorgang des Nestbaus bei Vögeln, so kommt die grundsätzliche Handlungsbereitschaft sicherlich durch die hormonell gesteuerte Fortpflanzungsbereitschaft zustande. Viele einzelne Handlungsabläufe sind aber durch Umweltbedingungen und Erfahrungen modifizierbar. Die meisten Instinkthandlungen können zu **Handlungsketten** bzw. **Handlungskomplexen** verknüpft sein.

Verhaltensentwicklung (Ontogenese)

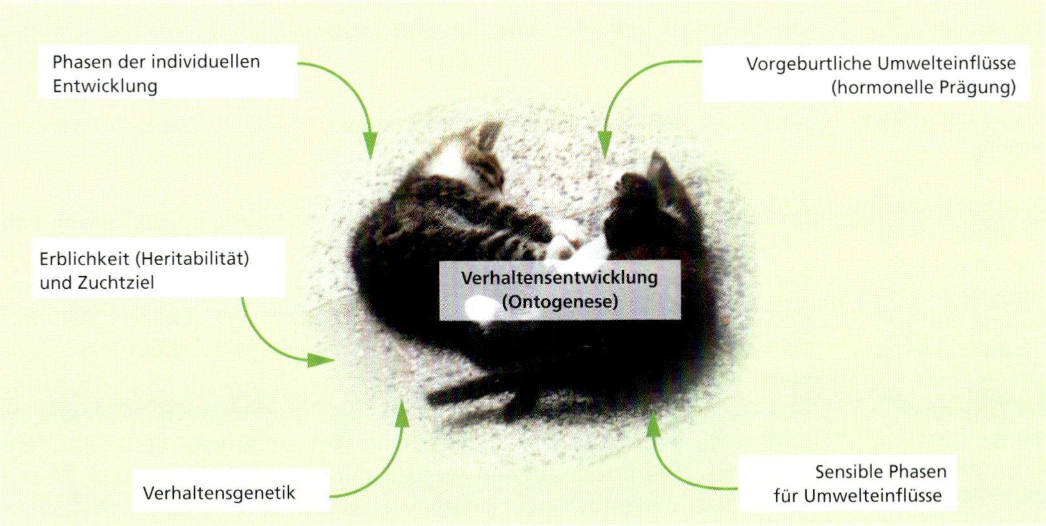

1. **Phasen der individuellen Entwicklung und damit verbundene spezielle Angepasstheiten:**
   Ein Individuum verändert sich im Laufe seines Lebens nicht nur morphologisch bzw. physiologisch, sondern zeigt auch phasentypisch unterschiedliche Verhaltensweisen.

2. **Einfluss der Erbanlagen:**
   Während der gesamten Entwicklung eines Organismus sind genetische Einflüsse in Wechselwirkung mit der Umwelt wirksam. Daher kann man oft nicht eindeutig zwischen erlerntem und ererbtem Verhalten unterscheiden.
   Durch geeignete Untersuchungen und Experimente ist es jedoch möglich, bei Tieren den Verhaltensanteil, der auf ihre genetische Ausstattung zurückgeht, von Verhaltensweisen zu unterscheiden, die von Umwelteinflüssen geprägt sind.
   Für die planmäßige Tierzucht ist die Unterscheidung von genetisch bedingten und umweltbedingten Verhaltensweisen besonders wichtig. Züchter, die ein umfangreiches Zuchtprogramm planen, wissen, dass man nur dann durch Selektion eine Häufigkeitsverschiebung in den Merkmalsausprägungen erzielen kann, wenn die Unterschiede zwischen Individuen genetisch bedingt sind. Sie müssen also den Grad der genetischen Bedingtheit (Erblichkeit) eines variablen Merkmals (z. B. Aggressivität, Ausdauer), das sie in ihr Zuchtprogramm integrieren wollen, bestimmen. Je höher der Grad der Erblichkeit ist, desto schneller wird die durch künstliche Zuchtwahl initiierte Evolution ablaufen und die erwünschten Ergebnisse bringen.

3. **Umwelteinflüsse:**
   Viele Verhaltensweisen werden erlernt und sind damit von Umwelteinflüssen abhängig. Allerdings können dabei auch bestimmte genetische Dispositionen eine Rolle spielen.

4. **Vorgeburtliche Umwelteinflüsse (hormonelle Prägung):**
   Vorgeburtliche Einflüsse auf den Embryo können das spätere Verhalten des betroffenen Individuums bestimmen (z. B. Geschlechtsbestimmung bei Reptilien durch die beim Ausbrüten vorherrschende Temperatur: Bei Krokodilen, Echsen und Schildkröten entstehen bei sehr hohen und sehr niedrigen Temperaturen Weibchen, bei dazwischenliegenden Temperaturen entstehen Männchen).

5. **Sensible Phasen für Umwelteinflüsse:**
   Viele Umwelteinflüsse sind meist nur in ganz bestimmten Entwicklungsabschnitten des Verhaltens wirksam: prägender Einfluss von spezifischen Partnerkontakten in bestimmten sensiblen Phasen (Prägungsprozesse: Nachfolgeprägung, sexuelle Prägung [Pubertät], motorische Prägung, Habitatprägung, Sozialisation, Spiel und Spielverhalten).

Gedächtnis und Lernen

Das aktuelle Gedächtnismodell unterscheidet **vier Gedächtnissysteme** voneinander.

Das **episodische Gedächtnis** legt u. a. autobiografische Ereignisse und nach Ort und Zeit bestimmte Fakten ab.

Das **Wissenssystem** speichert u. a. Kenntnisse über die Welt, über generelle Zusammenhänge und Schulwissen.

Im **prozedualen Gedächtnis** werden mechanische und motorische Fertigkeiten und Handlungsabläufe gespeichert.

Durch **Priming** (Bahnung) wird an früher wahrgenommene Reizmuster und Verknüpfungen und ähnlich erlebte Situationen erinnert.

Diese vier Gedächtnissysteme wirken zusammen und ergänzen und beeinflussen sich gegenseitig.

Die Fähigkeit des Nervensystems von Lebewesen, aufgenommene Informationen zu behalten, zu ordnen und wiederholt abzurufen, wird als **Gedächtnis** bezeichnet. Gespeicherte Informationen können als Resultat bewusster oder unbewusster Lernprozesse (↗S. 77) verstanden werden. Die Fähigkeit zur Gedächtnisbildung ist Ausdruck der Leistung neuronaler Systeme.
Das Wort „Gedächtnis" wird darüber hinaus auch für die **Speicherung von Informationen** in anderen biologischen und technischen Gebieten verwendet. Einfache Gedächtnisleistungen sind auch bei primitiven Nervensystemen zu beobachten. Die Umfänge des Lernprozesses bzw. der Gedächtnisleistung werden mit der Evolution und der Entwicklung des ZNS immer komplexer.
Das Gedächtnis eines Menschen selektiert Informationen. Während es bestimmte Informationen aus Geschehnissen aufnimmt, werden andere verworfen. Die Informationen werden mit bereits vorhandenem Wissen verglichen, bewertet, emotional eingeordnet und in einem Netzwerk unterschiedlicher Gedächtnisstrukturen gespeichert. Individuelle Gründe (z. B. Lerngeschichte, Wahrnehmungsfähigkeit) eines jeden Menschen sind dafür verantwortlich, Ereignisse unterschiedlich wahrzunehmen und zu bewerten.

Das sensorische Register (SR) speichert sämtliche durch die Sinnesorgane aufgenommenen Reize (akustisch und optisch) für maximal eine Sekunde. Das Kurzzeitgedächtnis kann 7 (± 2) Elemente für ca. 18 Sekunden speichern.

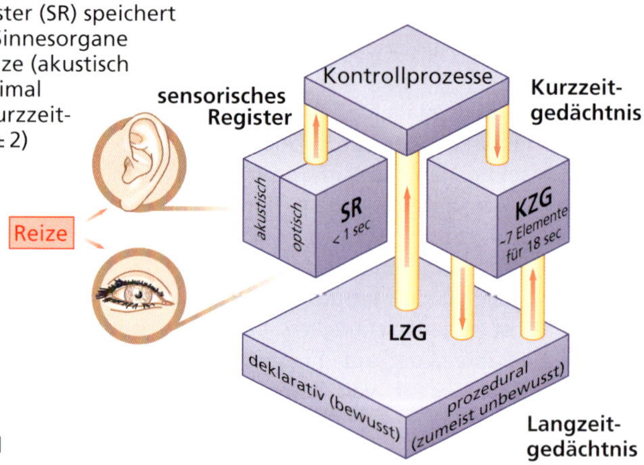

1 Gedächtnismodell

Um lernen zu können, müssen die Individuen in der Lage sein, Informationen aus der Umwelt aufzunehmen und zu speichern. Diese gespeicherte Information – auch als **Gedächtnis** bezeichnet – muss in einer späteren Situation abrufbar sein. Die **Gedächtniskapazität** bedingt die **Lernfähigkeit** eines Tieres.

> Tiere und Menschen verändern ihre Verhaltensweisen in zukünftigen Situationen aufgrund früherer individuell gemachter Erfahrungen. Dieser Prozess wird als **Lernen** bezeichnet.

Der **Lernvorgang** entscheidet, ob die Speicherung kurz- oder längerfristig erfolgt. So wird z.B. der Aufenthaltsort eines Beutetieres im **Kurzzeitgedächtnis** gespeichert, während z.B. die Lage des Nestes für den brütenden Vogel eine dauerhaft wichtige Information darstellt, die im **Langzeitgedächtnis** abgelegt wird. Alle erlernten Verhaltensweisen, die ein Tier braucht, um in seiner Umwelt überlebensfähig zu sein, werden auch als **notwendiges (obligatorisches) Lernen** bezeichnet (z.B. Fähigkeit, das eigene Nest in einer Brutkolonie wiederzufinden). Von **fakultativem Lernen** spricht man, wenn der Lernvorgang dem Tier zwar Vorteile verschafft, aber nicht unbedingt notwendig für das Überleben ist (z.B. Werkzeuggebrauch bei Affen).

Individuell gemachte Erfahrungen beinhalten neben der verarbeiteten Wahrnehmung der Umwelt auch die Bewusstwerdung eigener Bedürfnisse bzw. Interessen.

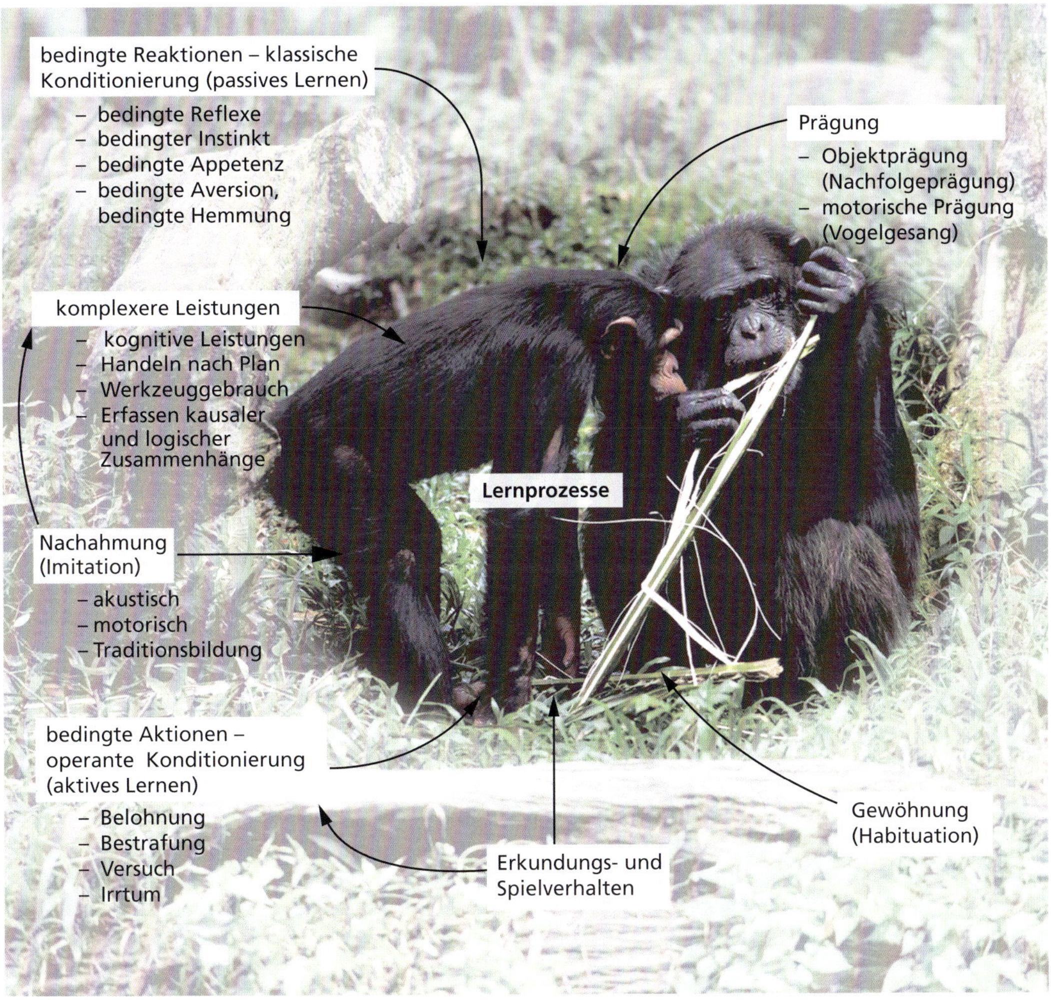

Auch Lernvorgänge haben genetische Grundlagen **(Erbkoordination).** Diese Lerndispositionen können artspezifisch vom Lebensraum, der Ernährungsweise, der Art, sich fortzubewegen, aber auch von der unterschiedlichen Begabung der einzelnen Tiere einer Art abhängig sein.

Kreativitätstechniken beim Menschen

Lernprozessen ist der Mensch nicht ausgeliefert, er kann sie selbst gestalten. Die Fähigkeit, innovative Verfahren anzuwenden, um Neues hervorzubringen oder Probleme zu bewältigen, gewinnt stetig an Bedeutung. Zwecks Erarbeitung komplexer Sachverhalte und zur Lösung von Fragestellungen werden diese **Kreativitätstechniken** auch im Schulunterricht eingesetzt. Zwei dieser Techniken werden in ihrer Anwendung beschrieben:

Das **Brainstorming** wurde als Gruppenaktivität zur Ideenfindung 1953 von ALEX F. OSBORNE in den USA entwickelt. Die Angaben zur Teilnehmerzahl schwanken in der Literatur zwischen 4 bis 20 Personen. Bei großen Gruppen können gegebenenfalls Untergruppen gebildet werden. Spielregeln müssen festgelegt und vorher vorgestellt werden. Die Dauer des Brainstormings sollte zwischen 5 und 30 min liegen und in den Phasen größter Aktivität durchgeführt werden (9 bis 13 oder 16 bis 20 Uhr). Die Spielregeln:

- Alle Teilnehmer sollten ihre Kenntnisse einbringen, unabhängig davon, ob diese für das Problem relevant sind. Jeder kann mit seinen Ideen Assoziationen bei den anderen wecken.
- Es gilt das Motto „Problemorientierung vor Lösungsorientierung".
- Die Ideenbewertung findet erst nach der Sitzung in einem separaten Arbeitsgang statt.
- Quantität geht vor Qualität, da es darum geht, Ideen zu sammeln.
- Während der Sitzung erfolgen weder Kritik noch Stellungnahmen. Es besteht kein individuelles oder kollektives Urheberrecht an Ideen.
- Die Gruppe entscheidet, ob es eine Leiterin/ einen Leiter geben soll. Wenn ja, überwacht sie/er, dass die Spielregeln eingehalten werden, führt kurz in das Thema /Problem ein, hält den Kommunikationsfluss aufrecht und führt beim Abschweifen zum Thema zurück. Der Verlauf des Brainstormings kann in einem Protokoll festgehalten werden, das von ein bis zwei nicht kreativ mitwirkenden Personen verfasst werden sollte. Die Protokollführer halten die geäußerten Ideen anonym fest (z. B. auf Karten, Tafel oder Flipchart) und nummerieren sie anschließend.

Auswertung des Brainstormings:
Ein Brainstorming liefert nur Rohmaterial, das in anschließenden Schritten strukturiert und gewichtet werden muss. Vorteil dieser Methode ist, dass keine Hilfsmittel erforderlich sind und sie relativ schnell zu lernen ist. Nachteile sind, dass die Gruppe nicht zu groß sein darf, dass die Selbstdarstellung einzelner nur schwer zu unterbinden ist und dass die Leute, die schneller oder besser formulieren können, die informelle Führerschaft übernehmen.

Der schlecht ins Deutsche zu übersetzende Begriff des **Mindmapping** wurde in den 1970er-Jahren von TONY BUZAN geprägt. Ausgehend von neueren Erkenntnissen der Hirnforschung über die zwei unterschiedlichen Denkmodi des Gehirns, entwickelte er eine Arbeits- und Darstellungsmethode, die gleichermaßen für die rechte wie für die linke Hirnhemisphäre geeignet ist, indem sie sprachlich-logisches mit intuitiv-bildhaftem Denken verbindet. Die linke Hirnhälfte ist bei den meisten Menschen zuständig für rationales Denken, Logik, Sprache, Zahlen, Linearität und Analyse, die rechte für Raumwahrnehmung, Fantasie, Farbe, Rhythmus, Gestalt und Mustererkennung.
Denken verläuft nicht linear, sondern stellt einen komplexen Prozess dar, bei dem im Gehirn ständig neue – durch Schlüsselwörter hervorgerufene – Assoziationen und Strukturen gebildet werden. Durch Verknüpfungen mit anderen, bereits bekannten Wissensgebieten lässt sich die Informationsvernetzung im Gehirn optimieren.

Ablauf eines Mindmapping:
Die Verwendung eines Blattes im Querformat ist bereits der erste Schritt zum Querdenken. Das zentrale Thema steht in der Mitte, die zugehörigen Gedanken und Schlüsselwörter werden auf die Verzweigungen geschrieben. Als Schlüsselwörter können Eindrücke, Gefühle, Ideen notiert werden. Hierbei kommt es auf die intuitive Wortwahl an. Die Struktur einer fertigen Mindmap ist der eines Baums sehr ähnlich. Besonders bewährt hat sich die Bogentechnik (bogenförmige Linien zweigen voneinander ab). Anschließend können noch farbliche Zuordnungen (nach inhaltlichen oder zeitlichen Kriterien) erfolgen. Mindmaps eignen sich als:

- Strukturierung von Brainstormings, Notizen usw.,
- Vorbereitung von Präsentationen, Referaten usw.,
- Visualisierung von Inhalten zwecks Präsentation,
- Sitzungsprotokoll, Redemanuskript,
- Vorlesungsmitschrift,
- Entwickeln von Problemlösungsstrategien,
- Projektplanung, Gliederung.

Bedingte Reaktionen

Tiere können assoziativ lernen, indem sie unterschiedliche Reizsituationen kombinieren und daraufhin angeborene, unbewusste Handlungen entsprechend verändern. Dabei werden positive Reizkombinationen **(bedingte Appetenz)** vom Tier bevorzugt und entsprechend häufiger aufgesucht als negative Reizkombinationen **(bedingte Aversion).** Verhaltensweisen, die auf diese Weise erlernt werden, nennt man **bedingte Reaktionen.** In der traditionellen Verhaltensbiologie wurden diese Vorgänge als **klassische Konditionierung** bezeichnet.

Erfahrungsunabhängige zentralnervöse Entwicklungsprozesse können auf den Betrachter wie ein Lernvorgang wirken. Im Experiment kann man aber das Lernen ausschließen. Diese Prozesse werden als Reifung von Verhaltensweisen bezeichnet.

Der russische Physiologe **Iwan P. Pawlow** (1849–1936) führte als Erster quantitative Untersuchungen zur **bedingten Appetenz** durch. Er untersuchte Ende des 19. Jh. die reizabhängige Speichel- und Magensaftsekretion von Hunden (↗ Abb. 1). Der unbedingte Reiz, den Pawlow den Hunden anbot, war Futter in einer Schüssel. Mit dem Angebot des Futters bot er schließlich stets einen zunächst neutralen Reiz an. Dabei handelte es sich um ein bestimmtes Licht oder er ließ einen Glockenton erklingen. Schon nach kurzer Zeit reichte das Aufleuchten der Lampe oder der Ton allein aus, um Speichelfluss und Magensaftsekretion auszulösen. Der Speichelflussreflex wurde durch die neue Erfahrung verändert, man spricht von bedingter Appetenz.

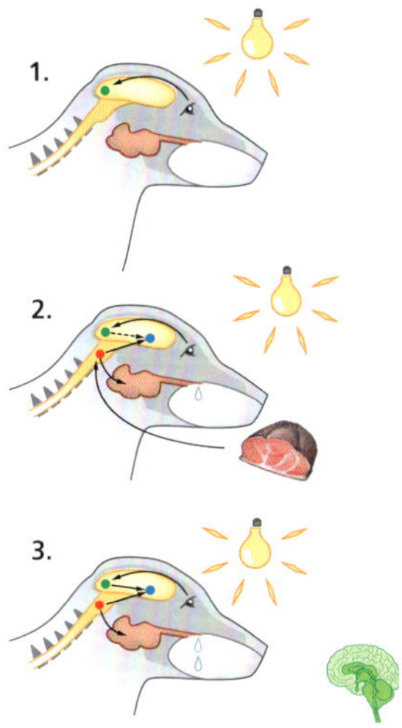

1 Pawlows Experiment zur bedingten Appetenz

Bedingte Aktionen

Neben dem assoziativen Verhalten sind Tiere aber durchaus auch in der Lage, bestimmte Verhaltensweisen neu zu erlernen. Solche **bedingte Aktionen** werden ausgebildet, wenn ein Tier aktiv Spiel-, Neugier- bzw. Erkundungsverhalten zeigt und durch Versuch und Irrtum die Folgen einer Handlung abzuschätzen lernt. Tiere lernen, dass zufällige Handlungen positive Folgen haben können, und führen diese Handlung dadurch erneut aus. Menschen nutzen diese Erkenntnis dazu, Tiere zu dressieren und somit zu Handlungen zu bewegen, die nicht ihrem natürlichen Verhaltensinventar entsprechen. Man spricht in diesem Zusammenhang auch von **operanter Konditionierung.** Voraussetzung für das Zustandekommen bedingter Aktionen ist die Aktivität der Tiere.

Gewöhnung

Dian Fossey (1932 bis 1985, ↗ Abb. links) war eine amerikanische Verhaltensforscherin, die 1966 nach Ruanda ging, um dort eine Langzeitstudie über die Berggorillas der Virunga-Vulkane zu beginnen. Die Tiere gewöhnten sich an ihre Gegenwart.

Wenn einem Tier ein bestimmter Reiz immer wieder angeboten wird, der weder positive noch negative Auswirkungen hat, reagiert das Tier immer weniger und schließlich gar nicht mehr **(Gewöhnung, Habituation).** Dabei können bedingte Reaktionen verlernt werden **(Extinktion).** Während z. B. frei lebende Tiere zu Beginn einer Verhaltensstudie auf den Beobachter sehr scheu reagieren und bei Annäherung meist fliehen, gewöhnen sie sich mit der Zeit an seine Anwesenheit und „dulden" ihn in ihrer Nähe.

Nachahmung (Imitation) – Traditionsbildung

Beim Lernen durch Beobachten oder bei der **Nachahmung (Imitation)** übernimmt das beobachtende Tier Verhaltensanteile des handelnden Tieres. Auf diesem Weg können sich Traditionen bilden, das sind Verhaltensweisen, die von einer bestimmten Gruppe einer Tierart über mehrere Generationen in einer spezifischen, vom Verhalten anderer Gruppen derselben Art abweichenden Weise ausgeübt werden.

KONRAD LORENZ (1903 –1989)

Prägung

KONRAD LORENZ (1903–1989) fand heraus, dass Graugansküken jedem Objekt folgen, das sich kurze Zeit nach dem Schlüpfen bewegt und Laute von sich gibt. Zwei Tage nach dem Schlüpfen jedoch ist die **sensible Phase** der Küken beendet. Wenn in dieser Zeit keine **Prägung** stattgefunden hat, fliehen die Küken vor allen Objekten, die in der sensiblen Phase eine Nachfolgeprägung ausgelöst hätten. Werden Verhaltensweisen in einer kurzen, genetisch bestimmten Zeitspanne der frühen Jugendentwicklung durch einen spezifischen Reiz festgelegt, spricht man von Prägung. Der Vorgang ist i. d. R. irreversibel. Bleibt der prägende Reiz in der sensiblen Phase aus, kann er später nicht mehr wirken.

Während bei der **Objektprägung** auf einen Auslöser geprägt wird, werden bei der **motorischen Prägung** Fertigkeiten/Handlungen bzw. Bewegungen erworben (Verhaltensänderung).

Man unterscheidet zwei Formen von Prägung:
- **Objektprägung** (z. B. Nachfolgeprägung bei Enten und Gänsen oder sexuelle Prägung bei Zebrafinken),
- **motorische Prägung** (z. B. Gesangsprägung beim Buchfink).

Der Ablauf des Verhaltens (Nachfolgen, Balzen) ist vermutlich angeboren, aber die Prägungsprozesse an sich sind völlig unabhängig voneinander. Eine Gans könnte also einem Menschen folgen und sexuell auf Schwäne geprägt sein, weil die entsprechenden sensiblen Phasen nicht zeitgleich sind. Auch die Reihenfolge der Prägungen ist artspezifisch. Dohlen z. B. werden vor der Nachfolgeprägung sexuell geprägt, bei Gänsen und Enten ist es umgekehrt. Welche Art von **Erfahrungen** bzw. welche **Umwelteinflüsse** im Einzelnen für eine normale Individualentwicklung nötig sind, ist artspezifisch. So beeinflussen bei Säugetieren die unterschiedlichen Umweltfaktoren, Lern- und Sozialisationsprozesse das Verhalten der erwachsenen Tiere, auch pränatale Einflüsse spielen dabei eine Rolle.
Jungtiere zeichnen sich i. d. R. durch ein hohes Maß an Lernfähigkeit aus, es gibt aber auch sogenannte „angeborene" Verhaltensweisen. Der Begriff „angeboren" wurde von den klassischen Ethologen sehr eng definiert: Sowohl KONRAD LORENZ als auch NICOLAAS TINBERGEN verstanden unter angeborenem Verhalten ein in allen Einzelheiten erblich festgelegtes Verhalten ohne individuelle Varianten. Da sich zeigte, dass es solche Verhaltensweisen kaum gibt, wird die Definition heute weniger stringent formuliert: Die moderne Verhaltensbiologie definiert angeborenes Verhalten als Verhalten, das sich ohne offensichtlichen Umwelteinfluss entwickelt.

Weitere Prägungsarten sind die Ortsprägung beim Wanderverhalten der Lachse und Zugvögel oder die Nahrungsprägung mancher Insekten bei der ersten Nahrungsaufnahme.

Kommunikation

Ein Verhalten, das bei einem anderen Tier eine Verhaltensänderung auslöst, wird als **Signal** bezeichnet. Solche Signale können akustisch, optisch, chemisch, mechanisch oder elektrisch sein, wie z. B. das Quaken des Frosches (↗ Abb.), die Zurschaustellung des radschlagenden Pfaus oder das Federnaufstellen der Großtrappen (↗ S. 88).

Eine besondere Form optischer Signale ist das aktive Erzeugen von Licht. Dieser Vorgang wird als Biolumineszenz bezeichnet und kommt im Tierreich z. B. bei Insekten, Hohltieren, Tintenfischen, Manteltieren und Tiefseefischen vor.

Sowohl das Aussenden und den Empfang von Signalen als auch die Reaktion auf diese Signale bezeichnet man als Kommunikation.

Bei diesem Sender-Empfänger-Modell wird vom Sender eine Nachricht in Form eines Signals codiert, der Empfänger registriert das Signal über seine Sinnesorgane, entschlüsselt (Decodierung) und versteht das Signal (Verarbeitung) und zeigt eine Reaktion auf die Nachricht. Tiere kommunizieren mithilfe unterschiedlicher Signale. Die Modalität, die für den Informationsaustausch infrage kommen kann, wird von der Lebensweise der entsprechenden Tierart mitbestimmt:

- akustisch, z. B. Gesang der Vögel, quakender Frosch;
- optisch (Körperform und -färbung, Mimik, Gestik); wirkt über kurze Distanzen, z. B. Verfärbung des Chamäleons;
- chemisch (olfaktorisch: Pheromone, Sexuallockstoffe); wirkt über längeren Zeitraum und größere Distanz, z. B. Duftabgabe bei Ameisen;
- mechanisch (taktil); wirkt über kurze Distanzen, z. B. Schnabelsperren bei Jungvögeln nach Erschütterung des Nestrandes;
- elektrisch (Aussenden elektrischer Entladungen); wirkt über kurze Distanzen, z. B. beim Drohen des Nilhechtes.

Bei der **Mimikry** werden spezifische Signale nachgeahmt bzw. kopiert, um z. B. Beutegreifer abzuwehren (Signalfälschung).

Form	Funktion	Beispiele
Appell	Empfänger wird aufgefordert, bestimmte Verhaltensweisen auszuführen oder zu unterlassen.	Junge Spechte geben in ihrer Bruthöhle laute Bettelrufe von sich, sobald sich ein Elternteil der Höhle nähert. Die Eltern werden aufgefordert, die jungen Spechte zu füttern.
Darstellung	Wissensübermittlung vom Sender zum Empfänger	„Feindalarm" der Meerkatze: Anhand der spezifischen Rufe des Senders wird dem Empfänger übermittelt, um welchen Raubfeind es sich handelt (Leopard, Schlange oder Raubvogel).
Ausdruck	Sender vermittelt Handlungsbereitschaft.	Imponiergehabe (Brusttrommeln) des Gorillamännchens

Soziobiologie, eigennützige Gene und Evolution des Verhaltens

Während die Soziobiologie das Sozialverhalten mithilfe von Individualselektion und genetischem Eigennutz interpretiert, befasst sich die **Verhaltensökologie** mit den Zusammenhängen der tierischen Verhaltensweisen und den ökologischen Bedingungen der Umwelt.

Vorausgesetzt, dass jedem natürlichen Verhalten eine biologisch sinnvolle Funktion zuzuordnen ist, interessieren als Erklärungsansatz für Verhalten in erster Linie der evolutionsbiologische Nutzen bzw. der Anpassungswert. Diese **ultimaten Verhaltensursachen** sind Thema der **Soziobiologie,** einem Zweig der Verhaltensbiologie, der sich in der zweiten Hälfte des 20. Jh. etablierte.

Das gesamte Verhaltensrepertoire eines Tieres verkörpert im Sinne der Soziobiologie die Strategie, einen möglichst hohen **Reproduktionserfolg** zu erlangen. Die Größe dieses Erfolges hinsichtlich der **Fortpflanzungsrate** und der Überlebensfähigkeit eines Individuums einschließlich seiner Nachkommen wird als **Fitness** bezeichnet.

Als einer der Begründer der Soziobiologie gilt der Engländer **William D. Hamilton** (1936–2000), der sich v. a. mit der Frage beschäftigte, wie die natürliche Selektion das Sozialverhalten von Individuen beeinflusst. Er fand heraus, dass für die Fitnessmaximierung eines einzelnen Individuums nicht nur die eigenen Nachkommen, sondern auch Geschwister, Nichten, Neffen und andere Verwandte, mit denen das Individuum Gene gemeinsam hat, von Bedeutung sind. Dieses Phänomen der Verwandtenselektion wurde u. a. bei Termiten, Nacktmullen, Graufischern und Krallenaffen untersucht.

Edward O. Wilson (geb.1929), der den Begriff der Sozio-bio-logie prägte, vermutet auch beim sozialen Verhalten des Menschen einen starken biologischen Einfluss. Demgegenüber ist die Biosoziologie ein Begriff der Soziologie. Sie befasst sich mit den sozial reflexiv formbaren Fähigkeiten des Menschen aus dem Tier-Mensch-Übergangsfeld, z. B. mit der Entstehung des freien Willens.

Bei den Hausmäusen leben die Schwestern meist zusammen und betreiben die Brutpflege ihrer Jungtiere gemeinsam.
Während ein einzelnes Weibchen in seiner Lebenszeit von 6 Monaten im Durchschnitt 2,8 Würfe mit 13 Jungen großziehen kann, schafft das Weibchen in Kooperation mit seiner Schwester 3,3 Würfe mit 21 Jungen. Durch die gemeinsame Jungenaufzucht wird also die Gesamtfitness erhöht.

Die **Gesamtfitness,** auch als **„inklusive Fitness"** bezeichnet, die sich aus der direkten Fitness (durch eigene Nachkommen) und der **indirekten Fitness** (durch Verwandte) ergibt, sorgt für den evolutionären Erfolg.

Die **Hamilton-Regel** liefert als quantitatives Hilfsmittel eine Berechnungsgrundlage dafür, inwieweit die natürliche Selektion ein bestimmtes altruistisches Verhalten begünstigt.

Untersucht man das Sozialverhalten der Tiere, müssen die Verwandtschaftsverhältnisse der beteiligten Individuen berücksichtigt werden. Nur so ist gewährleistet, dass die ultimaten Ursachen überhaupt entsprechend erkannt werden. **Uneigennütziges (altruistisches) Verhalten** (↗ S. 89) ist vor allem zwischen genetisch verwandten Individuen zu beobachten. Es steigert die Gesamtfitness mithilfe der **Verwandtenselektion** *(kin selection)*.

Um das Verhaltensrepertoire eines Tieres zu analysieren, bedient die Soziobiologie sich einer sogenannten **Kosten-Nutzen-Analyse.** Der Aufwand bzw. die Kosten einer Verhaltensweise werden dabei ins Verhältnis zu ihrem Nutzen für das einzelne Tier gesetzt. Wenn dabei ein möglichst großer Nutzen bei möglichst kleinem Aufwand hinsichtlich Fortpflanzungsrate und Überlebensfähigkeit eines Individuums zu verzeichnen ist, kann sich dieses Verhalten innerhalb einer Art ausbreiten.
Die Kosten, die ein Individuum für die Eroberung eines Territoriums oder für die Überlebenschancen des eigenen Nachwuchses aufwendet, bezeichnet man auch als **„Investment".** So übersteigen mit zunehmender Reviergröße die Kosten (für die Verteidigung gegen Eindringlinge) den Nutzen, der z. B. durch zusätzliche Ressourcen entsteht.

Der enorme Erfolg der Ameisen, der sie zur häufigsten Tiergruppe gemacht hat, hängt mit ihrer gut abgestimmten und effektiven Kooperation in der Kolonie zusammen. Diese Kooperation beruht zum größten Teil auf Signalstoffen (chemische Kommunikation, ↗ S. 81). Auch die Honigbiene koordiniert ihr Zusammenleben mithilfe von Pheromonen.

Sozialverhalten beinhaltet alle Verhaltensweisen, die beim Umgang mit Artgenossen auftreten können. Es wird von ökologischen Faktoren, von der zeitlichen und räumlichen Verteilung der Ressourcen, z. B. **Nahrungsangebot, Revier** oder **Fortpflanzungspartner,** und von der **Konkurrenz** um diese Ressourcen bestimmt.

Als evolutionär stabile Strategie (ESS) bezeichnet man eine Strategie, die sich unter gegebenen Bedingungen evolutionär behaupten kann.

Soziale Strukturen und Organisationsformen

Beispiele für Verhaltenskategorien des Sozialverhaltens sind u.a. Kommunikation, Kooperation, Konkurrenz, Rangordnung (agonistisches Verhalten), Revierverhalten/Territorialität, Fortpflanzungsverhalten: Partnersuche und -auswahl, Konkurrenz um die Partner (Balz), Elternaufwand für die Nachkommen (Brutpflege), altruistisches Verhalten und Täuschung.

Kategorien für das Beschreiben sozialer Organisationsformen

Soziale Einheiten
- Männchen-Männchen-Gruppen
- Weibchen-Weibchen-Gruppen
- Männchen-Weibchen-Paare
- monogame Familiengruppen
- Harems
- Einzeltiere

Räumliche Beziehungen zum Lebensraum
- Nomadismus
- Streifgebiet
- Territorium

Altersklassen
- infantil
- juvenil
- subadult
- adult
- senil

Geschlechtsklassen
- männlich
- weiblich

Soziale Beziehungen
- Dominanzbeziehungen
- Nähebeziehungen

Zeitabhängigkeit der Beziehungen
- Fortpflanzungseinheiten
- Winterschwärme

Häufig zählt man zum Sozialverhalten auch vergleichbares Verhalten zu Angehörigen anderer Arten, wenn beteiligte Individuen miteinander interagieren (Ausnahme: Räuber-Beute-Interaktion).

Von einer **Gruppe** spricht man, wenn eine mobile Anzahl von Individuen einen geringeren Abstand zueinander einhält als zu anderen Individuen und untereinander auch anders als mit fremden Artgenossen umgeht. Alters- und Geschlechtszusammensetzung sowie die Anzahl der Mitglieder können sehr unterschiedlich sein.

I. **Familiengruppen** sind Gruppen, in denen Mutter, Vater oder beide Eltern mit ihrem Nachwuchs zusammenbleiben.

Mutterfamilie: Mutter und Kinder leben zusammen, z. B. Säuger.
Vaterfamilie: Vater und Kinder leben zusammen, z. B. Stichling, viele Fische und Vögel.
Elternfamilie: Vater und Mutter leben mit Kindern zusammen, z. B. Gibbons, Gänse, Schakale, Singvögel.

II. **Fortpflanzungsgruppen (Paarungssysteme,** ↗ S. 88) im Tierreich

III. **Verbände** aus weitgehend gleichartigen Individuen sind Jungtiergruppen (z. B. bei Fischen), Weibchengruppen (z. B. bei Antilopen) oder auch Junggesellengruppen (z. B. bei Dscheladas, Geparden).

In einer Population können auch verschiedene Gruppierungen gleichzeitig vorkommen.

Der in Äthiopien vorkommende Dschelada *(Theropithecus gelada)* lebt in großen Herden mit bis zu 600 Tieren zusammen. Nahrungsplätze und Wasserstellen werden gemeinsam genutzt, die Tiere bilden eine ökologische Einheit. Die Ein-Männchen-viel-Weibchen-Gruppen (Harems) leben zusammen mit Junggesellenclans, die wiederum auch Kontakte zu den Haremsmitgliedern pflegen.

Die häufig verwendete Klassifikation von Gruppen nach den Ursachen der räumlichen Nähe und der Unterscheidung zwischen Mitgliedern und Nichtmitgliedern (anonyme und offene Aggregation, anonyme offene Gruppe, anonyme geschlossene Gruppe, individualisierte geschlossene Gruppe) wird in der Praxis kaum genutzt, da diese Einteilung eine genaue Analyse voraussetzt.

IV. **Saisonal bedingte soziale Organisationsformen:** Viele Singvogelarten verpaaren sich nur zur Fortpflanzungssaison, die übrige Zeit des Jahres leben sie in anonymen Schwärmen (Winterschwärme).

V. Gruppenbezeichnung anhand der **gemeinsam ausgeführten Verhaltensweisen:** Wandergruppen, Fortpflanzungsgruppen, Jagdgruppen, Spielgruppen, Brutpaare, Überwinterungsgruppen

Für das Individuum haben soziale Strukturen Vorteile: Es ist besser gegen Raubfeinde geschützt, da eine Gruppe von Tieren Feinde schneller erkennen, abwehren und verwirren kann als ein Einzeltier.
Höher entwickelte soziale Strukturen bieten zusätzliche Vorteile durch eine gemeinsame Aufzucht der Nachkommen, außerdem verbessern sie die Möglichkeiten des Lernens durch Nachahmung und sie ermöglichen eine Arbeitsteilung bei der Jagd.

Konfliktverhalten

Individuen einer Population besetzen dieselbe ökologische Nische, was zwangsläufig zu **Konflikten** führt. Der Zugang zu einer begrenzten Ressource, z. B. Fortpflanzungspartner oder Nahrung, wird durch das **agonistische Verhalten** mindestens zweier miteinander konkurrierender Individuen bestimmt.

griech.: *agonistikos* = kämpferisch

Zu diesen Verhaltensweisen gehören: Imponieren, Drohen, Beschwichtigen, unterwürfiges (submissives) Verhalten, Kommentkampf und Beschädigungskampf. Sowohl **Droh-** als auch **Demutsverhalten** spielen in diesem Kontext eine Rolle.

Mithilfe spezifischer Drohlaute, durch eine entsprechende Drohhaltung oder -mimik messen Gegner ihre Kräfte. Wenn einer der Gegner das Drohen einstellt und zum Demuts- oder Beschwichtigungsverhalten übergeht, kommt dies einer Niederlage gleich. In der Regel ist dieses Verhalten sehr stark ritualisiert, d. h., dass es sich aus symbolischen Handlungsabfolgen zusammensetzt **(Kommentkämpfe)**, die den Gegnern nur selten ernsthafte Verletzungen zufügen.

Das Paradigma von der Arterhaltung wurde mit beobachteten Kindestötungen (Infantiziden) bei Wechseln des Rudel- oder Gruppenführers von Löwen und Languren außer Kraft gesetzt (↗ S. 93).

Im Gegensatz zum agonistischen Verhalten dient das kooperative Verhalten von Sozialpartnern der Zusammenarbeit.

Agonistisches Verhalten umfasst kämpferisches und auch unterwürfiges Verhalten von konkurrierenden Tieren, die sich in einer Konfliktsituation befinden.

Agonistisches Verhalten:
Imponieren (aggressionskontrollierend): Individuum zeigt durch Brüllen, Brusttrommeln (z. B. Gorilla), Aufplustern oder Sträuben des Fells (Vergrößerung des Körperumrisses) oder Stolzieren seine physische Überlegenheit, um Angreifer einzuschüchtern bzw. abzuschrecken.
Drohen (aggressionskontrollierend): Individuum demonstriert Kampfbereitschaft, indem es Waffen (Zähne oder Krallen) präsentiert oder Drohlaute artikuliert.
Beschwichtigen (Demutshaltung, aggressionshemmend): Das unterlegene Tier nimmt eine Demutshaltung ein und demonstriert damit seine Niederlage. Der Kampf wird durch das Wegnehmen aggressionsfördernder Reize beendet. Zum Beispiel legen sich beschwichtigende Dschelada-Weibchen gegenüber dem Männchen mit dem Bauch flach auf den Boden, das Hinterteil erhöht, und schnattern/schmatzen mit den Zähnen.
Kommentkampf/Turnierkampf: Diese Kampfform ist eine Art Wettkampf unter Artgenossen, der stark ritualisiert nach klaren Regeln abläuft. Es werden keine tödlichen Waffen eingesetzt, in der Regel nur unempfindliche Körperpartien angegriffen und dieser Kampf dient einzig und allein dazu, das überlegene Tier zu ermitteln.
Beschädigungskampf: Die beteiligten Individuen benutzen alle ihnen zur Verfügung stehenden Mittel, um den Konkurrenten zu verletzen. Zähne, Geweihe oder Hörner werden so eingesetzt, dass der Gegner verletzt oder in seltenen Fällen sogar getötet wird.

Analysiert man das Verhalten individuell unterscheidbarer Mitglieder einer Gruppe, geht es oft um die Frage, wer wem ausweicht oder wer wen verjagen kann, wenn ein Konflikt um eine begrenzte Ressource ausgetragen wird. Aus solchen Untersuchungen resultiert eine **Rangordnung** bzw. **Dominanzhierarchie.**

Wenn man mehrere Hühner, die sich nicht kennen, gemeinsam in ein Gehege sperrt, kommt es unweigerlich zu Auseinandersetzungen, die durch „Hacken" ausgetragen werden. In kürzester Zeit bildet sich eine Hackordnung heraus, die in diesem Fall eine lineare Rangordnung (Dominanzhierarchie) aufweist. An der Spitze dieser Hierarchie kontrolliert das ranghöchste Tier, das α-Huhn, alle anderen Gruppenmitglieder. Das in der Rangordnung unter ihm stehende β-Huhn dominiert alle anderen Hühner, mit Ausnahme des α-Huhns, es folgen γ- und δ-Huhn.

Lineare Rangordnungen sind selten. Auch Dreiecksbeziehungen (α ist dominant über β, β über γ, aber γ dominiert das α-Tier) sind im Tierreich vertreten. In der Regel sind die Dominanzbeziehungen jedoch weitaus komplexer, und das Beobachten in Konfliktsituationen ist notwendig, um die Beziehungen innerhalb einer Gruppe zu charakterisieren. In der Regel sind Körpergröße, physische Kondition und Kampfkraft für die Ranghöhe eines Individuums ausschlaggebend. Das ranghöchste Tier sichert sich auf diese Weise den bevorzugten Zugang zur begrenzten Ressource (z. B. Nahrungsquelle oder Fortpflanzungspartner).

Ränge können auch „vererbt" werden, z. B. von dominanten Müttern auf ihre Nachkommen (nepotistische Rangordnung).

Wie bei der Dominanzhierarchie wird ein Revier zunächst durch Kämpfe und Auseinandersetzungen gebildet. Klare Regeln und Grenzen bestehender Reviere tragen dazu bei, Konflikte zu vermeiden.

Ein **Revier** oder ein **Territorium** ist ein Bereich, der von einem Individuum mithilfe agonistischen Verhaltens in der Regel gegen Artgenossen verteidigt und besetzt wird. Meist sind Reviere ortsfest, ihre Größe wird durch die Tierart, die Revierfunktion und die Menge der verfügbaren Ressourcen bestimmt.

Man kann Individualreviere, die nur von einem Individuum bewohnt werden, und Gruppenreviere, in denen mehrere Tiere leben, voneinander unterscheiden. Außerdem besitzen Tiere unterschiedliche Reviere für die Jagd (Nahrungssuche), den Schlaf, die Balz, die Paarung oder die Brut. Diese Reviere müssen nicht unbedingt alle in einem Gebiet liegen.

Die Begriffe „Revier" und „Territorium" sind gleichbedeutend, allerdings wird in der Ornithologie (Vogelkunde) eher der Begriff „Revier" verwendet, während die Säugetierkundler bevorzugt die Bezeichnung „Territorium" benutzen. Territorialität bzw. Revierverhalten tritt bei allen Klassen der Wirbeltiere, bei Insekten und in seltenen Fällen auch bei Krebsen und Spinnen auf.
Neben dem Territorium gibt es auch **Streifgebiete.** Das sind Bereiche, in denen Tiere sich regelmäßig aufhalten, aus denen Artgenossen aber in der Regel nicht vertrieben werden. Meist handelt es sich dabei um neutrale Räume zwischen den Territorien oder dort befindet sich eine kostbare natürliche Ressource, wie z. B. eine Wasserstelle, deren Verteidigung zu aufwendig wäre.

Fortpflanzungsverhalten und Brutpflege

Das **Fortpflanzungsverhalten** umfasst einen umfangreichen Verhaltenskatalog: **Partnersuche, Kontaktaufnahme** und **Auswahl** geeigneter Fortpflanzungspartner. **Konkurrenz** um die Partner und schließlich der **Elternaufwand** für die Nachkommen sind ausschlaggebend für die **sexuelle Selektion.**

Es setzen sich die Varianten in der Evolution durch, die einen Nutzen für die **Weitergabe des eigenen Erbguts** darstellen, also den direkten Fortpflanzungserfolg verbessern. Bei sehr vielen Tierarten werden von den Weibchen große, plasmareiche, meist unbewegliche Eizellen produziert. Die Männchen stellen eine riesige Anzahl an kleinen, plasmaarmen, beweglichen Spermien bereit.
Aus dieser Ungleichartigkeit lassen sich konträre Verhaltensstrategien der beiden Geschlechter ableiten. Allen Geschlechtern ist gleich, dass sie Partner bevorzugen, die aufgrund ihrer Fitness (↗ S. 82) einen möglichst großen Fortpflanzungserfolg, also gesunde, überlebensfähige Jungtiere, garantieren.

1 Erdkrötenpaar

Bei den Tierarten jedoch, die auch **Brutpflege** betreiben, kommen noch andere Parameter bezüglich der Partnerwahl hinzu: Wenn die Mütter die Jungen allein aufziehen, investieren sie ein Vielfaches an Zeit und Energie in ihren Nachwuchs. Die „richtige" **Partnerwahl** hat für diese Weibchen einen weitaus höheren Stellenwert als für die Männchen, die in erster Linie an einer möglichst weiten Verbreitung ihres Erbguts interessiert sind. Während also die Männchen versuchen, sich mit möglichst vielen Weibchen zu paaren, kommt es den Weibchen eher darauf an, einen geeigneten, „fitten" Partner zu finden, der seine „attraktiven" Gene an die gemeinsamen Nachkommen weitergibt. Investieren beide Elternteile gleichermaßen in die Aufzucht der Jungen, ist die Partnerwahl in der Regel ein sehr aufwendiger Prozess. Es gibt aber auch Fälle, in denen die Männchen die Brutpflege übernehmen oder andere Gruppenmitglieder sich an der Aufzucht beteiligen.

2 Schwarzbrauen-Albatrosse

Es gibt auch Tierarten, bei denen sich einige Individuen zugunsten anderer Gruppenmitglieder nicht selbst fortpflanzen und diese bei der Aufzucht ihrer Jungen unterstützen (↗ S. 82).

Flussaal und **Lachs** unternehmen weite Wanderungen, um geeignete Nahrungs-, Lebens- und Laichgebiete zu erreichen.

Bei vielen Tierarten unterscheiden sich männliche und weibliche Individuen äußerlich durch **sekundäre Geschlechtsmerkmale.** Diese physischen Gechlechtsunterschiede werden auch als **Sexualdimorphismus** bezeichnet (↗ Abb. 1).

Auch unter nicht verwandten Tieren kommt **altruistisches Verhalten** vor. Revanchiert sich der Empfänger der Hilfe zu einem späteren Zeitpunkt, spricht man auch von reziprokem **Altruismus.** Vermutlich dienen alle Verhaltensweisen, die scheinbar altruistisch sind, der eigenen Fitness.

Auch bei der Partnerwahl bzw. sexuellen Selektion gibt es erhebliche Unterschiede: Versucht ein Männchen, ein Weibchen für sich zu erobern, sind seine Fähigkeiten einem starken Selektionsdruck ausgesetzt.
Man unterscheidet zwei Formen der sexuellen Selektion:

- die **intrasexuelle Selektion,** bei der die Männchen um das Weibchen kämpferisch miteinander konkurrieren (z. B. bei Löwen),
- die **intersexuelle Selektion,** bei der die Weibchen sich ihren Fortpflanzungspartner anhand bestimmter Merkmale selbst auswählen.

Nicht selten wirken beide Selektionstypen zusammen. Stehen nur wenige Weibchen als potenzielle Fortpflanzungspartner zur Verfügung oder ist der Aufwand der elterlichen Investitionen bei der Jungenaufzucht sehr groß, wirkt die sexuelle Selektion sehr stark.

Männchen müssen bei vielen Tierarten durch ihr **Balzverhalten** um das paarungsbereite Weibchen buhlen, indem sie ihre sekundären Geschlechtsmerkmale zum Ausdruck ihrer Fitness präsentieren (↗ S. 82). Sie können aber auch mithilfe von Revieren, Nestern oder Nahrung versuchen, die Gunst der Weibchen zu gewinnen.
Auch das **Paarungssystem**, die Art und Dauer des partnerschaftlichen Zusammenlebens, kann im Tierreich und sogar innerhalb derselben Tierart aufgrund begrenzender Faktoren (Nahrungsangebot oder zur Verfügung stehende Fortpflanzungspartner) sehr unterschiedlich sein:

- So wird die Partnerbindung durch eine gemeinsame und aufwendige Aufzucht der Jungen gefestigt, weil beide Partner ein gemeinsames Interesse an der erfolgreichen Aufzucht ihrer Jungen haben. **Monogame Paare** können daher dauerhaft – zumindest aber für eine Fortpflanzungsperiode – sexuelle Beziehungen haben oder sogar eine lebenslange Bindung aufbauen.
- Viele Tiere leben **polygam**: a) Sie bilden Harems, in denen mehrere Weibchen von einem Männchen versorgt, beschützt und begattet werden **(Polygynie).** b) Ein Weibchen hat während der Fortpflanzungssaison sexuellen Kontakt zu mehreren Männchen **(Polyandrie).**
- Bei **promiskuitiv lebenden Tieren** haben Weibchen und Männchen sexuelle Kontakte mit mehreren Partnern.

Wenn Männchen um die Gunst der Weibchen buhlen, kann man oft ein sehr komplexes, artspezifisches **Balzritual** beobachten (z. B. bei den Großtrappen).

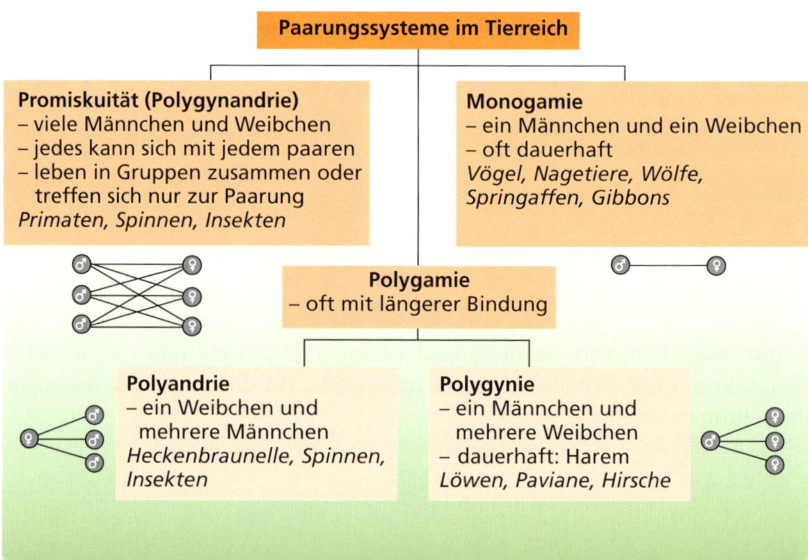

Kooperation und Altruismus

Kooperatives Verhalten dient dem gegenseitigen Vorteil, während beim altruistischen Verhalten der Vorteil – mindestens kurzfristig – einseitig ist. Bei vielen Vogelarten kooperieren die Eltern bei der Aufzucht der Jungen. Die evolutionsbiologische Erklärung ist, dass beide Eltern daran interessiert sind, dass die gemeinsame Brut überlebt, da sie den Jungen jeweils 50 % ihrer Gene weitergeben.
Ein anderes Beispiel ist das kooperative Jagen afrikanischer Wildhunde, Wölfe oder Löwen, die alle von dem Zusammenschluss profitieren, da sie gemeinsam erfolgreicher als alleine jagen und so durch **Kooperation** die individuelle **Fitness** erhöht wird.

Beim **Altruismus** unterscheidet man altruistisches Verhalten zwischen verwandten (nepotistischer Altruismus) und zwischen nicht verwandten Tieren (reziproker Altruismus).
Bei der Kooperation von Verwandten wirkt die **Verwandtenselektion** (*kin selection*, S. ↗83). Bei altruistischem Verhalten gegenüber Verwandten werden zwar momentane Nachteile („Kosten") in Kauf genommen, doch erhöht sich die **indirekte Fitness,** indem durch Unterstützung der Verwandten mit diesen auch die eigenen Gene an die nächste Generation weitergegeben werden. Die Verwandtenselektion wirkt hierbei als Selektionsmechanismus für die Entstehung des nepotistischen Altruismus. So organisieren sich z. B. **eusoziale Tiere** in Gruppen mit gemeinsamer Jungenaufzucht mithilfe reproduktiver Arbeitsteilung (sterile Kasten, Geschlechtstierkasten, z. B. bei sozialen Insekten [Termiten, Ameisen, Wespen], Blattläusen, Käfern und Nacktmullen).
Beim Altruismus zwischen Nichtverwandten kann der Altruist in der Regel erwarten, dass er seine altruistische Vorleistung zu einem späteren Zeitpunkt vom Nutznießer zurückerstattet bekommt **(reziproker Altruismus, Mutualismus).** Ein in diesem Zusammenhang immer wieder geschildertes Beispiel ist die „Blutspende" der in Zentralamerika beheimateten Vampirfledermäuse *(Desmodus rotundus)*.
8–12 Weibchen verschiedener Verwandtschaftslinien leben mit ihren Jungtieren und einigen nicht fest assoziierten Männchen. Die Vampirfledermäuse suchen sich in der Nacht z. B. Pferde und Schweine als Nahrungsquelle, die sie „anzapfen", um Blut zu bekommen. Wenn ein Tier zwei Nächte hintereinander kein Blut bekommt, verliert es bis zu 25 % seines Körpergewichtes, die Körpertemperatur sinkt zu stark ab und es muss sterben. Deshalb werden die erfolglosen Weibchen von heimkommenden Gruppengenossinnen gefüttert, dabei handelt es sich nicht immer um verwandte Gruppenmitglieder.
Der Gewichtsverlust der Vampirfledermäuse führt zum Hungertod, wenn das Gewicht einen kritischen Wert erreicht. Ein gut genährtes Tier würgt für ein leer ausgegangenes Gruppenmitglied eine Blutmahlzeit hervor, die Kosten für dieses Spendertier A sind vergleichsweise gering (das Tier nähert sich nur minimal dem lebensbedrohlichen Schwellenwert). Die gleiche Blutmenge kann jedoch für das verhungernde Tier B einen immensen Nutzen mit sich bringen, ihm sogar das Überleben bis zur folgenden Nacht retten, wo es die Möglichkeit besitzt, wieder selbst auf Nahrungssuche zu gehen.
Die Spende einer Blutmahlzeit führt für das Spendertier mit dem Gewicht A zu einem Verlust von d Stunden. Das Empfängertier mit dem Gewicht B kann dagegen sein Überleben mit derselben Blutmenge c über einen Zeitraum von e Stunden verlängern.
Reziprok altruistisches Verhalten ist also nur in stabilen Verbänden langlebiger Tiere zu erwarten, die sich persönlich kennen und die häufig die Gelegenheit zur gegenseitigen Hilfeleistung haben. Außerdem müssen sie über ausreichende kognitive Leistungen verfügen, um sich die eingegangenen Verpflichtungen zu merken und eventuell asoziales Verhalten zu bestrafen. Unter diesen Voraussetzungen wird reziproker Altruismus durch die **natürliche Selektion** begünstigt. Bei der Entwicklung des Menschen dürfte er eine wichtige Rolle gespielt haben.

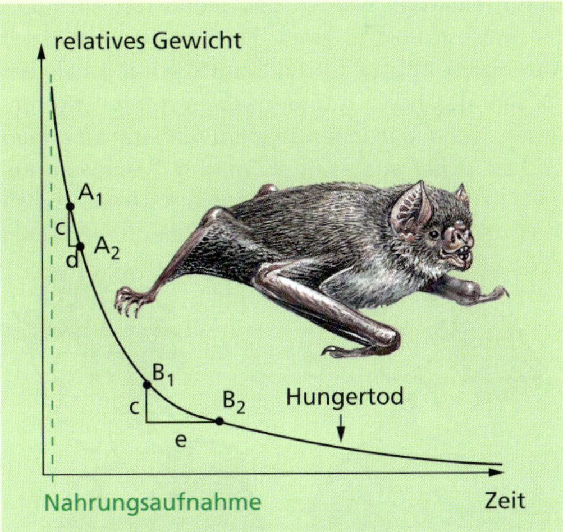

1 Veränderung des Gewichts innerhalb von 60 h

Wenn Kinder pubertieren, gerät der Familienfrieden ins Wanken

„Meine Mutter und ich hatten früher eine ganz enge und tolle Beziehung. In der Pubertät ist das kaputtgegangen. Es liegt wohl daran, dass wir uns sehr ähnlich sind. Ich wollte mich für mich entwickeln und habe versucht, mich abzugrenzen. Durch krasse Klamotten oder indem ich stinkig war. Es hat mir Spaß gemacht, sie auf die Palme zu bringen. Mit der Idee, nach der mittleren Reife von der Schule zu gehen, wollte ich meine Mutter eigentlich nur provozieren. Wir haben monatelang darüber gestritten. Außerdem hatte ich einfach keinen Bock zu lernen und auch keine Zeit. Man vergeudet seine Tage damit, sinnlos in der Stadt herumzulaufen und zu warten, dass was passiert. Aber so war ich eben drauf. Leider habe ich dadurch ein Schuljahr verloren, aber ich fühle mich in der neuen Klasse viel wohler und habe mich extrem verbessert. Und natürlich will ich das Abi machen."
DENA LINKE, 17 Jahre aus Leipzig

Plötzlich sind die eigenen Kinder extrem reizbar und renitent. Sie haben keinen Bock mehr auf Schule und sind von den „Alten" genervt!
Schwierig für die Abgrenzung der pubertierenden Jugendlichen ist heute auch die angestrengt alterslos bzw. jugendlich wirken wollende Elterngeneration. *„Eltern können nicht die Kumpel ihrer Kinder sein"*, kritisiert der Psychologe ALLAN GUGGENBÜHL. *„Ihre Rolle ist die des Gegenspielers."*
Die Zahl der Kinder, die aufgrund von Überforderung, Kumpelhaltung oder falsch verstandener *Laisser-faire*-Gesinnung zu früh komplett aus der Obhut entlassen werden und schon fast alles dürfen, wächst. KURT KREPPNER, Psychologe am Berliner Max-Planck-Institut für Bildungsforschung hält das für sehr gefährlich. *„Kinder fühlen sich im Stich gelassen, wenn man ihnen sagt, du bist jetzt alt genug und es ist mir egal, was du machst."* Sinnvolle Regeln, weiß KREPPNER, stellen für Pubertierende ein Geländer dar. *„An dieser Begrenzung reiben sie sich, aber sie gibt ihnen auch Halt."* Die klassischen Konfliktpunkte wie Mithilfe im Haushalt, Schule, Ausgehen und Wochenendgestaltung, Übernachtungen bei Freunden und Taschengeld sind leichter zu handhaben, wenn man sich im Vorfeld auf klare Absprachen geeinigt hat.

Die Pubertät ist schwieriger geworden", stellt der Schweizer Psychologe ALLAN GUGGENBÜHL fest. *„In erster Linie für die Eltern."* Viele sehen in den Pubertätsausrastern ihrer Kinder fälschlicherweise die Belege ihres erzieherischen Scheiterns.
Der Erziehungsexperte JAN-UWE ROGGE hat beobachtet, dass kaum ein Thema zwischen Eltern und Pubertierenden so gefühls- und konfliktbeladen ist wie das Sorgengebiet Schule. Eltern versuchen sich sowohl als Antreiber und Kontrolleure als auch in kompletter Verweigerungshaltung. Die schwierigste Herausforderung scheint für die meisten Eltern der Balanceakt zwischen Kontrolle und Vertrauen zu sein.
Den wenigsten Jugendlichen mangelt es dabei an grundsätzlicher Einsicht. *„Sie haben längst verstanden, dass schulischer Erfolg ausschlaggebend für ihren Lebensweg ist"*, stellt MATHIAS ALBERT, Mitherausgeber der letzten Shell-Jugendstudie, fest. Wären da nicht die unzähligen anderen wichtigen Themen, die momentan den höchsten Stellenwert haben, wie z.B. Klamotten, Musik, Partys, Verliebtsein, Abhängen, stundenlanges Telefonieren und Chatten.
Die aus Hannover stammende Schulpsychologin BARBARA KUBESCH hat in 22-jähriger Praxis Hunderte von Pubertierenden betreut und weiß: *„Kinder, die in dieser Zeit der Verunsicherung fähig sind, Selbstwertgefühl aus guten Leistungen zu ziehen, kann man gut über die Leistungsschiene motivieren."* Problematischer seien Jugendliche, die sich massiv von einer Peergroup (Gruppe von Gleichgestellten) beeinflussen lassen, in der gute Noten gleichzusetzen sind mit einem schlechten Image. *„So eine Gruppendynamik kann allenfalls ein Lehrer – etwa durch klassenweise Belohnung nach gemeinsamer Anstrengung – durchbrechen."* KUBESCH weiß, dass Eltern da kaum gegensteuern können.

Aufgabe:
Bilden Sie nach der Expertenmethode drei Expertengruppen, die sich anhand dieser Eltern-Kind-Beziehungen mit folgenden Sachverhalten beschäftigen: (1) Aggressionsverhalten in Konfliktsituationen, (2) Konfliktbewältigung, (3) Gruppenverhalten.

Verhalten von Tier und Mensch

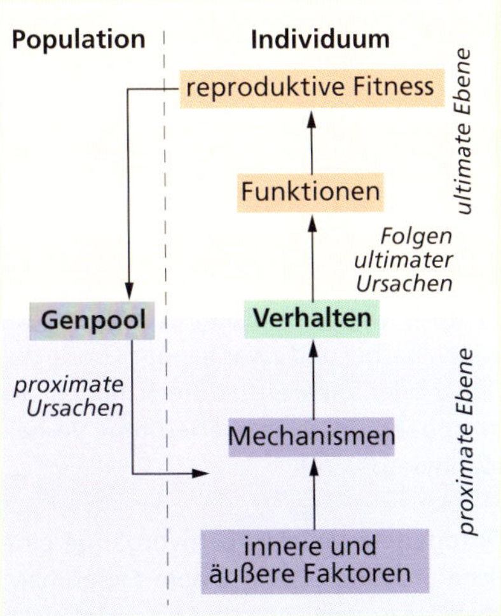

Verhalten ist, was ein lebendes Tier tut und wie es dies tut. Es wird sowohl von **genetischen Faktoren** als auch von **Umweltfaktoren** beeinflusst.
Die drei entscheidenden Fragen der Verhaltensbiologie sind die Fragen nach **Anpassungswert, Ontogenese** und **Mechanismus eines Verhaltensphänomens.**

In der Verhaltensbiologie geht es entweder um die **Mechanismen,** die der zu erklärenden Verhaltensweise zugrunde liegen, oder es geht um die **Funktion,** die die Verhaltensweise erfüllt. Das Verhalten der Individuen kommt einerseits durch die **inneren** und **äußeren Faktoren (proximate Ebene)** zustande und beeinflusst andererseits aufgrund seiner Funktionen die **reproduktive Fitness (ultimate Ebene).**

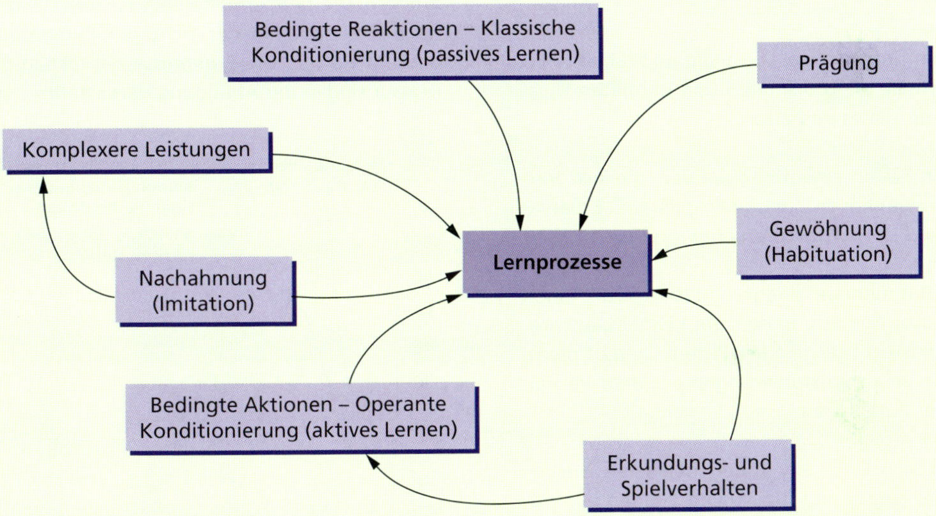

Tiere und Menschen verändern ihre Verhaltensweisen in zukünftigen Situationen aufgrund früherer individuell gemachter Erfahrungen. Dieser Prozess wird als **Lernen** bezeichnet.

Das gesamte Verhaltensrepertoire eines Tieres verkörpert nach der Soziobiologie die Strategie, einen möglichst hohen **Reproduktionserfolg** zu erlangen. Die Größe dieses Erfolges hinsichtlich der **Fortpflanzungsrate** und der Überlebensfähigkeit eines Individuums einschließlich seiner Nachkommen wird als **Fitness** bezeichnet. Die **Gesamtfitness,** auch **„inklusive Fitness"** genannt, die sich aus der direkten Fitness (durch eigene Nachkommen) und der indirekten Fitness (durch Verwandte) ergibt, sorgt für den evolutionären Erfolg.

Sozialverhalten beinhaltet alle Verhaltensweisen, die beim Umgang mit Artgenossen auftreten können. Es wird von ökologischen Faktoren, von der zeitlichen und räumlichen Verteilung der Ressourcen, z. B. **Nahrungsangebot, Revier** oder **Fortpflanzungspartner,** und von der **Konkurrenz** um diese Ressourcen bestimmt.

Aufgaben

1. Nehmen Sie in Ihr Glossar folgende Begriffe auf: proximate Ursachen von Verhalten, ultimate Ursachen von Verhalten, Verhaltensbiologie, Ethogramm, Reiz, Reflex, AAM, EAM, Instinkthandlung, Lernen, Gedächtnis, Konditionierung, Habituation, Nachahmung, Prägung, Kommunikation, Soziobiologie, Altruismus, Fitness, Verwandtenselektion, reziproker Altruismus, agonistisches Verhalten, Revier, Paarungssysteme, Gruppenselektion.

Glossar

AAM:
Altruismus:

2. Warum singen Vögel vor allem im Frühjahr? Erläutern Sie die proximaten und ultimaten Ursachen für dieses Verhalten.

3. Stellen Sie an einem Beispiel dar, wie sich Verhaltensweisen im Zusammenspiel von Erbanlagen und Umweltfaktoren entwickeln.

4. Eine Putenhenne pflegt und beschützt einen ausgestopften Iltis, in dem ein kleiner Lautsprecher versteckt ist, der nach Putenkükenart piept. Ziehen Sie Schlussfolgerungen aus dem Verhalten der Putenhenne.

5. Der Kuckuck ist ein Vogel, der seine Eier in fremde Nester legt. Beurteilen Sie den evolutionsbiologischen Wert dieser Strategie. Warum gibt es nur so wenige Vogelarten, die diese Strategie verfolgen?

6. Interpretieren Sie folgende Verhaltensweisen:
   a) Die Schnäbel von jungen Zebrafinken sind schwarz, diejenigen von erwachsenen Tieren rot. Im Laufe der Ontogenese erfolgt eine Umfärbung. Im Experiment malt man die Schnäbel von Jungtieren rot an, anschließend füttern die Elterntiere die Jungen nicht mehr.
   b) Der Schnabel des jungen Kuckucks ist größer und sein Rachen ist meist intensiver gefärbt als die den restlichen Nestlingen. Überlegen Sie, welche Folgen sich daraus ergeben.

7. Bei der in Mitteleuropa in sandigen Heidegegenden lebenden Sandwespe *(Ammophila pubescens)* gräbt das Weibchen verschiedene Höhlen. Es fängt Raupen, lähmt sie durch Giftstiche und schleppt sie in die Höhlen. Die sich aus den Eiern entwickelnden Larven ernähren sich von den gelähmten Raupen. Das Weibchen kontrolliert regelmäßig den Entwicklungsstand seiner Nachkommen und deren Nahrungsvorrat. Es bringt dann im Laufe des Tages, falls keine oder nur noch wenig Nahrung vorhanden ist, neue Raupen herbei und zwar je nach Größe der Larven eine oder mehrere. Unterscheiden Sie zwischen angeborenem und erlerntem Verhalten der Sandwespe.

8. In der Ontogenese nehmen Lernvorgänge eine wesentliche Stellung ein. In einem Experiment erlernten Mäuse, zwei verschiedene Hebel zu drücken. Die Tiere erhielten nur Futter, nachdem sie beide Hebel in der richtigen Reihenfolge betätigt hatten. Die Ergebnisse der 28-tägigen Dressur sind in der Abbildung dargestellt:

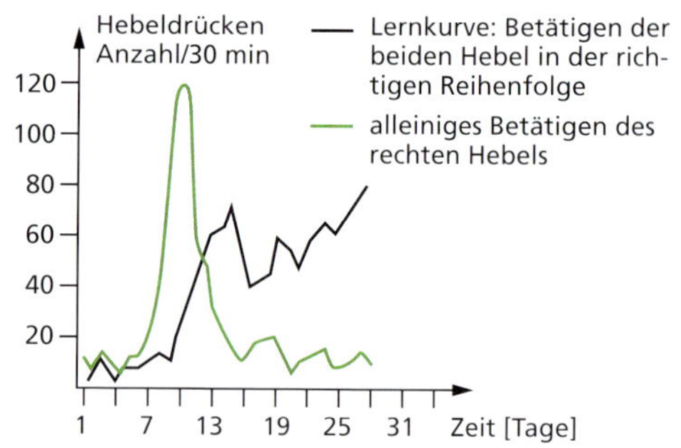

   a) Beschreiben Sie die beiden dargestellten Kurvenverläufe und ziehen Sie Schlussfolgerungen bezüglich des Lernverhaltens. Benennen Sie die Lernform.
   b) Nach dem 28. Tag erhielten die Versuchstiere während des Experimentes in der oben beschriebenen Weise kein Futter mehr. Wie wird sich das Verhalten der Tiere bei Futterentzug gestaltet haben? Begründen Sie Ihre Aussage.

9. Kragenechsen *(Chlamydosaurus kingii)* können bei Erregung eine Hautfalte am Hals hochstellen. Deuten Sie diese Verhaltensweise und geben Sie weitere Beispiele an.

Erschließungsfelder

Mit der Verleihung des Nobelpreises im Jahr 1973 an KONRAD LORENZ, NIKOLAAS TINBERGEN und KARL VON FRISCH für ihre wissenschaftlichen Erkenntnisse hatte sich die **Verhaltensbiologie** als eigenständige wissenschaftliche Teildisziplin etabliert. Als integrative Teildisziplin schlägt sie über die Psychologie eine Brücke zu den Geisteswissenschaften und hat somit neben der wissenschaftlichen auch eine gesellschaftliche Bedeutung.

In der Verhaltensbiologie zielen die entscheidenden Fragen auf zwei ganz verschiedene Aspekte ab: Entweder geht es um die **Mechanismen (Regulation)** der Verhaltenssteuerung und der Verhaltensentwicklung, die der zu erklärenden Verhaltensweise zugrunde liegen, oder es geht um die biologische **Funktion** bzw. den **evolutionsbiologischen Nutzen** oder den **Anpassungswert,** den die Verhaltensweise erfüllt. Das Verhalten der Individuen kommt einerseits durch die inneren und äußeren Faktoren ***(proximate Ebene)*** zustande und beeinflusst andererseits aufgrund seiner Funktionen die **reproduktive Fitness *(ultimate Ebene).***

Egoismus der Gene

Im November 1982 beobachtete der deutsche Primatologe VOLKER SOMMER (geb. 1954) erstmals den Verlauf eines Infantizides (Kindstötung) bei den indischen Hanuman-Languren *(Presbytis entellus)* in der Nähe von Jodhpur, Westindien:

„25. November 1982 (46. Lebenstag von Männchen Sechsvier). Elf ist Interimsresident im Harem Kailanal. Heute halten sich keine Rivalen in Sichtweite auf. Nach Sonnenaufgang sitzt Elf zwischen den Weibchen auf einem Felsen über dem See. (...) Die Atmosphäre wirkt entspannt." „16.42 Uhr. Elf wird plötzlich auf Weibchen Sechs mit deren Baby Sechsvier an der Brust aufmerksam. Grunzend verfolgt er sie über eine Mauer. Die Mutter flieht im höchsten Tempo, während sich die ältere Tochter dem Verfolger in den Weg wirft.

Nach etwa 25 m holt Elf die Mutter jedoch ein, springt auf ihren Rücken und reißt sie zu Boden. Augenblicke später stürzen sich sechs Weibchen auf das Männchen. (...) Neun Languren (!) wälzen sich darauf in einem großen Haufen am Boden. Die Mutter entreißt dem Residenten ihr Baby und setzt die Flucht fort, während Elf weiter mit den Verteidigerinnen rangelt. Schließlich entkommt der Resident mit einem mächtigen Satz, während die alte Drei ihm nachhechtet.

Das Weibchen Sechs drückt derweil ihr stark blutendes und wimmerndes Baby an die Brust. Die Eckzähne des Männchens haben seinen linken Oberschenkel aufgerissen, die Sitzhöcker gespalten und die Schwanzunterseite von der Wurzel bis nahe zur Spitze aufgeschnitten.

Am nächsten Abend stirbt das verletzte Langurenkind stark entkräftet."

(Text und Fotos: SOMMER, VOLKER: Heilige Egoisten. Die Soziobiologie indischer Tempelaffen. Verlag C. H. Beck, München 1996)

1 Die älteste Tochter von Weibchen Sechs verwehrt dem Männchen Elf den Weg.

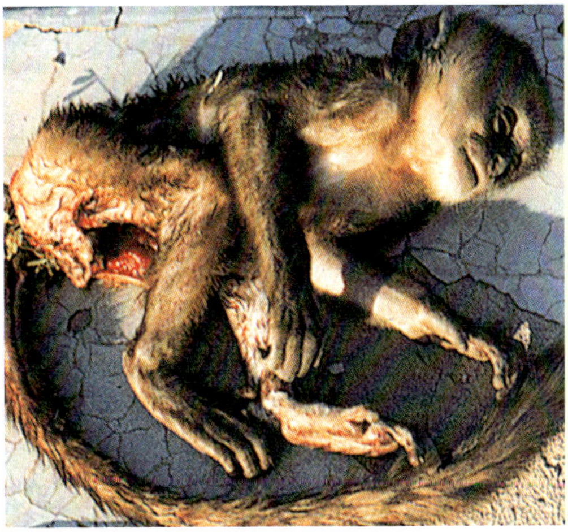

2 Das stark verwundete Affenbaby Sechsvier stirbt am nächsten Tag.

1. Struktur und Funktion, Zeit
Beschreiben Sie mithilfe des Schemas auf S. 83 die Charakterisierung sozialer Strukturen. Finden Sie zu jeder angegebenen sozialen Einheit ein Beispiel und ordnen Sie die Hanuman-Languren ein.

2. Struktur und Funktion, Fortpflanzung, Information
Fertigen Sie einen Steckbrief zu den Hanuman-Languren mit folgenden Stichwörtern an: wissenschaftlicher Name, Vorkommen und Verbreitung, biologische Lebensdaten, Sozialsystem.

3. Wechselwirkung, Fortpflanzung
Formulieren Sie begründete Hypothesen zur Beantwortung der zentralen Frage: „Warum tötet das Hanuman-Languren-Männchen Elf das Jungtier Sechsvier?"

4. Wechselwirkung, Fortpflanzung
Versuchen Sie, aus ihren formulierten Erklärungshypothesen aus Aufgabe 3 Wenn-dann-Prognosen abzuleiten.

5. Fortpflanzung, Vielfalt und Angepasstheit
Erläutern Sie, warum man im Zusammenhang mit der Kindstötung bei den Hanuman-Languren auch vom „Egoismus der Gene" spricht (↗Abb. 1).

6. Wechselwirkung, Vielfalt und Angepasstheit
Die meisten Anhänger unseres Kulturkreises sehen im Menschen ein Wesen, das sich grundlegend von den Tieren unterscheidet. Aber die angeblich menschenspezifischen geistigen Fähigkeiten, wie z. B. Vernunft, Bewusstsein, Werkzeuggebrauch, Sprache und Kultur, werden von der heutigen Verhaltensforschung in ihrer Ausschließlichkeit infrage gestellt. Klären Sie den Wahrheitsgehalt der folgenden Aussagen und finden Sie in der Literatur Beobachtungen, die diese Thesen widerlegen.
Formulieren Sie weitere Hypothesen zur Sonderstellung des Menschen und beurteilen Sie diese.

„Nur Menschen können ihr eigenes Spiegelbild erkennen."
„Nur der Mensch ist in der Lage, Werkzeug zu gebrauchen."
„Menschen und Menschenaffen unterscheiden sich darin, dass nur der Mensch zusätzliche Werkzeuge verwendet."
„Der Mensch – das einzige Individuum, das Werkzeuge herstellt."
„Vorsätzliche Werkzeugherstellung wird nur von Menschen vorgenommen."
„Menschen wollen im Gegensatz zu Menschenaffen ihr Werkzeug auch behalten."

Alter der getöteten Kinder	67 % nicht älter als 6 Monate; 82 % nicht älter als 9 Monate
Anteil der nicht mit dem Töter verwandten Opfer	mindestens 95 %
Anteil der vom Töter gezeugten Kinder nach einem Infantizid	ca. 75 %
Anteil der männlichen Opfer	ca. 65 %
Zwischengeburtenabstand (normal)	15,6 Monate
Zwischengeburtenabstand (nach Infantizid)	12,4 Monate

Nachdem das Männchen Dreiundvierzig den Harem im Juni 1982 übernommen hatte, attackierte es die Kinder des Trupps ... Das männliche Baby Elfdrei (34 Tage) starb am folgenden Tag. Weibchen Vierfünf (93 Tage) wurde ebenfalls von Dreiundvierzig angegriffen, aber erfolgreich von anderen Weibchen verteidigt. Am nächsten Tag wurde Männchen Einsvier (109 Tage) im Gesicht schwer verletzt, hatte aufgrund der Wunden Schwierigkeiten beim Saugen und verschwand sieben Tage später. Die Mutter Elf wurde 13 Tage nach dem Tod ihres Kindes Elfdrei paarungsbereit und kopulierte mehrere Male mit Dreiundvierzig. Die Mutter Eins wurde 16 Tage nach dem Verschwinden ihres Kindes Einsvier paarungsbereit und kopulierte ebenfalls mit Dreiundvierzig. Am 30. Juli bekam Zwölf ein Kind, Dreiundvierzig griff das Neugeborene nicht an. Mitte September wurde Dreiundvierzig selbst verwundet und verschwand. Zwischen den zuwandernden Männchen begann ein heftiger Kampf um den Harem.

1 Informationen und wichtige Daten aus Jodhpur

4 Synthetische Evolutionstheorie

Die **Synthetische Evolutionstheorie** ist eine Weiterführung der von CHARLES R. DARWIN (1809–1882) entwickelten Evolutionstheorie, in die Erkenntnisse aus Ökologie, Genetik und Populationsbiologie eingearbeitet wurden.

4.1 Evolutionsfaktoren und ihre Wirkung

Die synthetische Theorie der Evolution

Die naturwissenschaftliche Evolutionsforschung nimmt an, dass die Evolution der Lebewesen in ihrem Verlauf nicht vorherbestimmt ist. Dabei werden fünf Evolutionsfaktoren unterschieden: Die Faktoren 1 bis 4 bewirken eine genetische Veränderung innerhalb der Population und damit eine Chance zur Weiter- und Höherentwicklung. Der 5. Faktor führt zur Aufspaltung der Populationen und damit zur Artneubildung.

1. Es treten **Mutationen** und **Rekombinationen** des genetischen Materials auf.
2. Die Population besteht aus einer endlichen Zahl von Individuen **(Zufallsselektion, Gendrift).**
3. Die Reproduktionsraten der Individuen sind unterschiedlich (**Anpassungsselektion,** „natürliche Zuchtwahl").
4. Es findet eine Einkreuzung aus fremden Populationen statt **(Genfluss, Migration).**
5. Die Paarungschancen für verschiedene mögliche Paare sind unterschiedlich **(Isolation).**

Mutation und Rekombination

Mutationen des Birkenspanners

Als **Mutation** bezeichnet man spontan oder aufgrund bestimmter physikalischer oder chemischer Einwirkungen auftretende Veränderungen im Genotyp (↗S. 10). Mutationen schaffen zum einen neues genetisches Material, das dann der Einwirkung der anderen Evolutionsfaktoren unterliegt. Zum anderen verändern sie durch bestimmte Mutationsraten die Häufigkeit bestimmter Allele im Genpool einer Population. Wenn auch die Anzahl günstiger Mutationen gering ist, so kann ihr Zusammentreffen in einem Individuum durch **genetische Rekombination** wahrscheinlicher werden. Der wichtigste Rekombinationsmechanismus bei Eukaryoten ist die Rekombination (Austausch) zwischen homologen Chromatidenabschnitten während der Prophase 1 der Meiose (Crossing-over). Darüber hinaus können bestimmte DNA-Abschnitte, sogenannte Transposons, innerhalb des Genoms ihre Position wechseln **(transpositionale Rekombination).**

Zufallsselektion (Gendrift)

Je kleiner eine Population, desto größer ist der Einfluss zufälliger Ereignisse bei der Verteilung der Gene auf die Tochterpopulation. Die Größen natürlicher Populationen sind größten Schwankungen ausgesetzt. Oft überwintern zum Beispiel nur wenige Individuen, die dann im nächsten Jahr die neue Population aufbauen. Die Auswahl dieser „Stammväter" ist meistens mehr von Zufällen als von Anpassungsselektion abhängig.
Auch die große Menge von Keimzellen, die vor allem im männlichen Geschlecht gebildet werden, führt dazu, dass vorwiegend zufallsbedingt bestimmte Keimzellen zur Zygotenbildung beitragen.

Mutation

Zufallsselektion

Anpassungsselektion

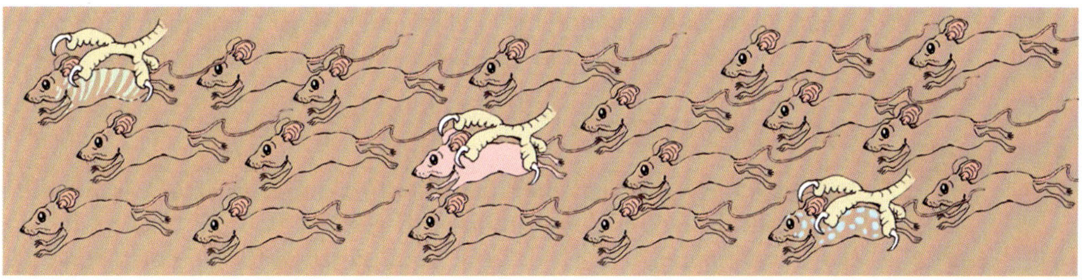

Migration

Isolation

Anpassungsselektion

Durch Kältezeiten kam es in Europa zur Ausbildung von Teilpopulationen der Rabenkrähe *(disruptive Selektion).*

Rabenkrähe

Nebelkrähe

Die **Anpassungsselektion** setzt an den Phänotypen an. Voraussetzung ist die genetisch bedingte Unterschiedlichkeit der Individuen. Die große Potenz dieser „natürlichen Selektion" wird deutlich, wenn man sich vor Augen führt, welche großen Veränderungsmöglichkeiten in der gezielten Auslese durch den Menschen, in der Tier- und Pflanzenzüchtung, stecken.
Bei konstanter Umwelt werden durch Selektion vor allem die Extreme entfernt. Dadurch wird die Variationsbreite der Phänotypen und der Genotypen vermindert **(stabilisierende Selektion).**
Ändert sich die Umwelt einer Population, so bewirkt Selektion eine Verschiebung der Phänotypen- und Genotypenhäufigkeiten **(gerichtete Selektion).** Dies kann bei ganz unterschiedlichen Verwandtschaftsgruppen zu ähnlichen Organausbildungen führen **(Konvergenz).**
Die spaltende **(disruptive) Selektion** schließlich führt zur Aufgliederung einer Population. Bestimmte Varianten, die in der Stammpopulation keine Chance bekommen, können in Teilräumen des Populationsareals einen Selektionsvorteil haben. Die spaltende Selektion leitet zur Isolation über.

Migration (Genfluss)

Durch Zu- oder Abwanderung von Individuen einer Population kann deren Genfrequenz und damit die genetische Vielfalt verändert werden.

Isolation und Artbildung

Bei einer räumlichen Auftrennung einer Ausgangspopulation spricht man von **allopatrischer Artbildung.** Erfolgt die Unterbrechung des Genaustausches innerhalb des Verbreitungsgebietes einer Ausgangsart, nennt man dies **sympatrische Artbildung.** Darwinfinken liefern Beispiele für beide Formen der Artbildung.

Während die bisher genannten Evolutionsfaktoren zu einer Veränderung innerhalb der Populationen führen, ist die Isolation die Ursache für die Auftrennung der Arten und damit Voraussetzung für die Entstehung der Formenvielfalt.
Bei der **geografischen Isolation** kann der Genaustausch zwischen den Teilpopulationen durch geografische Ereignisse wie z. B. Gebirgsbildungen oder Inselbildungen unterbrochen werden. Gute Beispiele sind Inselpopulationen, wie die Darwinfinken auf Galapagos (↗ Abb.). Allerdings spielt bei der Artbildung innerhalb einer Insel auch die ökologische Isolation eine Rolle. Die **ökologische Isolation** kann durch disruptive Selektion eingeleitet werden. Es entstehen Populationen aus mehreren Phänotypen (polymorphe Populationen) mit Anpassungen an unterschiedliche ökologische Nischen. Bei Parasiten kann z. B. die Artbildung bei ihren Wirten zur Ausbildung einer genetischen Schranke führen. Schließlich kann auch die erfolgreiche Paarung zwischen Individuen einer Population, aber verschiedenen Wirten, eingeschränkt werden (fortpflanzungsbiologische Isolation), z. B. durch Veränderung von Kontaktstoffen, Balzverhalten, Paarungszeiten oder durch genetische Unverträglichkeit.

> Mutation, Rekombination, Selektion, Migration und Isolation sind die Faktoren, die die Evolution ausmachen.

Genhäufigkeit in Populationen

Ähnlich wie die Verteilung der Gene in der Tochtergeneration von den Genen der Eltern abhängt, hängt auch die Verteilung der Gene der ganzen Tochterpopulation von den Genen der gesamten Elternpopulation ab. Allerdings wird hier nicht ein bestimmtes Gen vererbt, sondern es werden **Genhäufigkeiten** (oder **Allelhäufigkeiten**) vererbt.

Der englische Mathematiker SIR GODFREY HAROLD HARDY (1877–1947) und der deutsche Frauenarzt WILHELM WEINBERG (1862–1937) fanden im Jahr 1908 unabhängig voneinander die Gesetzmäßigkeiten, nach denen die Genhäufigkeiten von Generation zu Generation weitergegeben werden. Sie gingen dabei von einem Modell, einer „idealen Population", aus, für die folgende Voraussetzungen gelten:

1. Es treten keine Mutationen auf.
2. Die Reproduktionsrate aller Individuen ist gleich groß.
3. Die Population besteht aus unendlich vielen Individuen.
4. Es findet keine Einkreuzung aus fremden Populationen statt.
5. Die Paarungschance ist für jedes mögliche Paar gleich groß.

Für ein Gen, das nur in zwei Allelen A und a auftritt, gilt dann:
p = Häufigkeit von A in der Population
q = Häufigkeit von a in der Population

Da das Gen entweder als A oder a vorliegen muss, gilt: $p + q = 1$ (a)

Nehmen wir an, das Allel A habe die Häufigkeit $p = 0{,}9$, dann hat das Allel a die Häufigkeit $q = 0{,}1$. Das heißt: 90 % der Gameten tragen das Allel A und 10 % das Allel a. Die Häufigkeiten der Genotypen AA, Aa und aa ergeben sich durch Multiplikation:

AA: $0{,}9 \cdot 0{,}9 = 0{,}81$
Aa: $0{,}9 \cdot 0{,}1 = 0{,}09$
aA: $0{,}1 \cdot 0{,}9 = 0{,}09$
aa: $0{,}1 \cdot 0{,}1 = 0{,}01$

Allgemein ergibt sich folgende Häufigkeitsverteilung, die als **Hardy-Weinberg-Regel** bekannt ist:

AA: Aa : aa wie $p^2 : 2pq : q^2$ (b)

Mithilfe der Hardy-Weinberg-Regel lässt sich in einer Population auch bei einem dominant-rezessiven Erbgang die Verteilung der Genotypen berechnen, wenn die Häufigkeit der homozygoten, rezessiven Individuen bekannt ist. Nach (a) ist:

$p = 1 - q$ (c)

Durch Einsetzen von (c) in (b) erhält man:

AA : Aa : aa wie $(1-q)^2 : 2 \cdot (1-q) \cdot q : q^2$

Aus der Hardy-Weinberg-Regel lässt sich weiter ableiten, dass die Allelhäufigkeit von Generation zu Generation gleich bleibt, wenn die Voraussetzungen der „idealen Population" gegeben sind. Im Umkehrschluss lassen sich daraus die Faktoren für Veränderung der Genfrequenzen und damit für Evolution ableiten:

1. Es treten **Mutationen** auf.
2. Die Reproduktionsraten sind unterschiedlich **(Selektion).**
3. Die Population besteht aus einer endlichen Zahl von Individuen **(Zufall, Gendrift).**
4. Es findet Einkreuzung aus fremden Populationen statt **(Migration).**
5. Die Paarungschancen für verschiedene mögliche Paare sind unterschiedlich **(Isolation).**

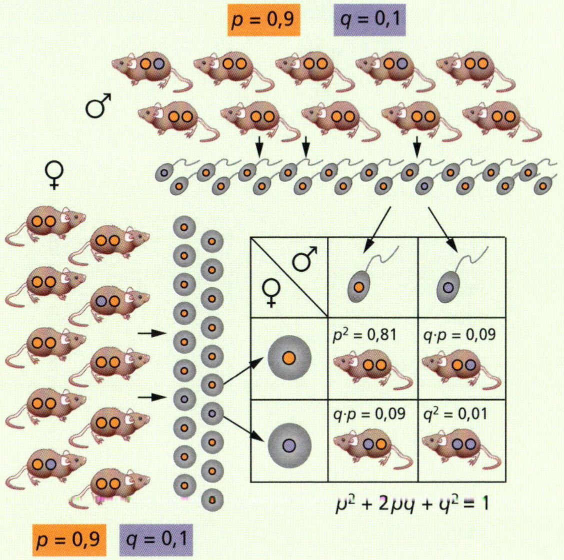

1 Hardy-Weinberg-Regel

Praktikum: Das Selektionsspiel

Grundlage dieses Spiels ist die Räuber-Beute-Beziehung. Das „Fressen und Gefressenwerden" in der Natur ist ein wichtiger Ansatzpunkt für die Anpassungsselektion und dies wird durch das Spiel simuliert.
Viele Beutetiere sind zum Schutz vor ihren Räubern mehr oder weniger gut getarnt, z. B. durch farbliche Anpassung an die Umgebung, Tarnmuster oder kryptische Formen.
Solche Anpassungen, die dem Räuber das Auffinden der Beute erschweren, sind eine Folge der Selektion.
Beispiele sind die vorwiegend grünen Farben vieler an Blättern fressender Raupen oder die gesprenkelte Eifärbung bei bodenbrütenden Vögeln.
Ein viel zitiertes Beispiel, das die Herausbildung einer solchen Anpassung in geschichtlicher Zeit zeigt, ist der „Industriemelanismus" von Birkenspannern *(Biston betularia)*, der sich in bestimmten Industriegebieten, z. B. um Manchester, zeigte. Innerhalb eines Jahrhunderts wechselte die Färbung der Tiere von überwiegend Weiß zu überwiegend Schwarz. Die schwarzen Falter haben an flechtenlosen, oft auch noch dunkel berußten Borken in Industriegebieten – wie dies *Kettlewell* 1956 experimentell zeigen konnte – eine deutlich höhere Fitness als die hellen.

Aufgabe:
Überlegen Sie, wie sich mit dem Spiel folgende Evolutionsvorgänge bzw. -faktoren simulieren lassen:
- unterschiedliche Veränderung der gleichen Ausgangspopulationen in verschiedenen Biotopen,
- Wirkungen der Zufallsselektion (Gendrift) und ihre Abhängigkeit von der Populationsgröße,
- Zusammenspiel von Mutation (Rekombination) und Selektion,
- Migration (Genfluss),
- Warnfärbung und Mimikry.

Vorbereitung:
- Spielmarken (je 50 Marken von 20 verschiedenen Farben oder Mustern; sie werden aus verschiedenfarbigen Plakatkartons oder aus Pappkartons, die mit gemusterten Tapeten beklebt worden sind, ausgeschnitten; Größe ca. 1 cm^2
- Spielflächen („Biotope"): DIN-A1-Kartons, die mit verschieden gemusterten Tapeten bezogen oder mit Farben bemalt werden (z. B. ein Biotop mit vorwiegend grünlichem Muster, ein Karton mit vorwiegend bräunlichem Muster, ein Karton mit kräftigen Kontrasten, ein Karton einfarbig)
- große Becher; Tapetenkleister; Klebestift; Protokollbögen (↗ Tab.)

Protokollbogen										
Farbe										
Startpopulation	10	10	10	10	10	10	10	10	10	10
Selektionsphase	1	4	5	2	2	2	2	1	6	
Vermehrung	3	12	15	6	6	6	6	3	18	
F_1	4	16	20	8	8	8	8	4	24	
Selektionsphase		1	4	3	1	2	2		12	
Vermehrung		3	12	9	3	6	6		36	
F_2		4	16	12	4	8	8		48	
Selektionsphase			7	2	1		2		13	
Vermehrung			21	6	3		6		39	
F_3			28	8	4		8		52	

Durchführung:
Im Selektionsspiel sind die Spieler die Räuber, die Beutetiere werden durch verschiedenfarbige Spielmarken symbolisiert. Das Spiel läuft nun nach folgendem Grundmuster ab:

Je nach Größe des Biotop-Kartons setzen sich drei bis sechs Spieler so um den Tisch mit dem Spielfeld, dass sie ohne große Mühe alle Punkte der Spielfläche mit der Hand erreichen können.

Vor Beginn des Spiels werden vom Spielleiter 100 (200) Spielmarken verschiedener Farben – am besten gleich viele von jeder Farbe – beliebig auf der Spielfläche verteilt. Während dieser Verteilung – wie auch während des ganzen Spiels – wenden die Spieler der Spielfläche den Rücken zu, sodass sie die Verteilung der Marken nicht beobachten können.

1. **Selektionsphase**
   Nun ruft der Spielleiter nacheinander die Namen der Spieler auf, der aufgerufene Spieler dreht sich um und nimmt schnellstmöglich eine Spielmarke auf, danach wendet er sich sofort wieder ab und legt die „gefressene" Spielmarke in ein Sammelgefäß.
   Diese Auslesephase wird so lange gespielt, bis die Hälfte (oder 2/3, 3/4) der Beutetiere den Beutegreifern zum Opfer gefallen sind.

2. **Vermehrungsphase**
   Die übrig gebliebenen Spielmarken (= Beutetiere) werden nun nach Farben getrennt ausgezählt.
   In der anschließenden Vermehrungsphase wird jede übrige Marke um so viele gleichfarbige Marken vermehrt, dass die Gesamtzahl wieder der Ausgangszahl (z.B. 100) entspricht (bei einer Auslese auf 25 müssen also für jede Restmarke drei neue aufgenommen werden).
   Diese F_2-Generation wird nun vom Spielleiter wieder beliebig über das Spielfeld verteilt und die zweite Selektionsphase kann beginnen.

Tipp: Wichtig ist, dass die aufgerufenen Spieler sehr schnell reagieren: Sie sollen ihre Beute nicht lange suchen und auswählen, andererseits soll das Beutetier auf alle Fälle visuell und nicht durch Ertasten gefunden werden.

Auswertung:
1. Tragen Sie die Ergebnisse jedes Durchgangs in einen vorbereiteten Protokollbogen ein (↗Tab. S. 100).
   Werden jeweils drei Viertel der Population „gefressen", reichen schon wenige Runden aus, um signifikante Ergebnisse zu erhalten.
2. Stellen Sie das Endresultat – für jedes Biotop getrennt – in einem Säulendiagramm dar (↗Abb. 1).
3. Erproben Sie mindestens drei Spielvarianten.

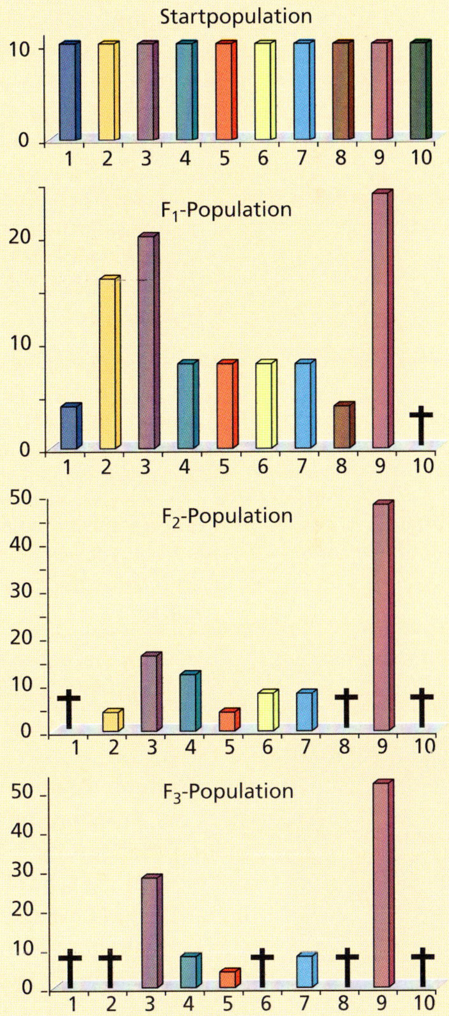

1 Säulendiagramm zur Auswertung

Weiterentwicklung der synthetischen Theorie und alternative Theorien

Mit der Formulierung der synthetischen Theorie war die Erforschung der Evolutionsfaktoren nicht abgeschlossen. Ergänzungen bzw. Erweiterungen sind vor allem in folgenden Bereichen zu erwarten:
- Die **Kooperation** und die Evolution durch Symbiose **(Symbiogenese)** dürfte eine genauso wichtige Rolle im Evolutionsgeschehen spielen wie die **Konkurrenz.**
- Lebewesen werden nicht nur an Umwelten angepasst, sie verändern diese auch aktiv (**„Nischenbildung"**, *niche construction*).
- Die Möglichkeit der Tiere, aufgrund von Wahrnehmungsapparat und Bewegungsfähigkeit aktiv bestimmte Umwelten auszuwählen, hat Rückwirkungen auf ihre genetische Substanz und damit auf ihre Evolution. In besonders starkem Maße gilt dies für den Menschen („Kulturevolution", ↗S. 126).
- Die Evolution ist ein dynamischer Prozess. Es geht nicht darum, dass sich ein Gleichgewicht zwischen Population und Umwelt einstellt, sondern darum, dass **ständig wechselnde Bedingungen** stetigen Wandel verursachen.

Neutralitätstheorie der Evolution	Zufallsselektion (Gendrift) spielt in vielen Fällen eine größere Rolle als Anpassungsselektion. MOTOO KIMURA (1924–1994) entwickelte 1983 ein auf Diffusionsgesetzen beruhendes Modell der Ausbreitung selektiv neutraler Mutationen in natürlichen Populationen.
Soziobiologie und eigennützige Gene	Nicht die Individuen oder die Populationen, sondern die einzelnen Gene sind die Einheiten der Evolution. Diese Sichtweise von 1976, die auf RICHARD DAWKINS (geb. 1941) zurückgeht, kann allerdings zu keinem besseren Verständnis der Entstehung und Weitergabe von Merkmalen führen, die auf Wechselwirkungen zwischen Genen beruhen.
Kritische Evolutionstheorie	Lebewesen werden als funktionierende Konstruktionen verstanden, denen aufgrund des Zusammenspiels ihrer Strukturen nur ganz bestimmte evolutive Veränderungen möglich sind (G. GUTMANN und die „Frankfurter Schule", seit 1987).
Genomtheorien	Theorien, bei denen die Wechselwirkungen der Gene untereinander besonders beachtet werden

Illustration zur biblischen Schöpfungsgeschichte

In scharfem Gegensatz zur naturwissenschaftlichen Evolutionsbiologie steht der **Kreationismus.** Dieser mit wissenschaftlichen Argumenten untermauerte Schöpfungsglaube, der v. a. in den USA viele Anhänger hat, gründet sich auf die **Schöpfungsgeschichte der Bibel.** Eine Variante ist die **Intelligent-Design-Bewegung (ID).** Ihre Anhänger nehmen lediglich an, dass es sich bei dem gesamten Ablauf der kosmischen und irdischen Entwicklung um eine „gelenkte Evolution" handelt, hinter der eine übernatürliche Intelligenz steht, die das „Design" des Evolutionsgeschehens vorgibt und auch steuernd in den Evolutionsablauf eingreifen kann.

Evolutionsfaktoren und ihre Wirkung

Darwin hat die Grundlagen für das Verständnis der Evolutionsmechanismen geschaffen. Die grundlegenden Elemente seiner Theorie (Überproduktion von Nachkommen, Variabilität und Selektion) sind bis heute gültige Erklärungen für das Evolutionsgeschehen. Aufbauend auf diesen Grundlagen hat die **synthetische Theorie** die Erkenntnisse aus verschiedenen Wissensgebieten, wie Paläontologie, Ökologie und Genetik, insbesondere Populationsgenetik, aufgegriffen. Bei der Erklärung des Evolutionsablaufes betrachtet die synthetische Theorie den Genpool einer Population und seine Veränderungen.

Als **Evolutionsfaktoren** bezeichnet man die Ursachen, die für die Veränderung des Genpools einer Population verantwortlich sind.

- Durch **Mutation** und **Rekombination** wird eine Vielzahl von unterschiedlichen Genotypen und Phänotypen geschaffen, die dann den Einwirkungen anderer Evolutionsfaktoren ausgesetzt ist.

- Die **Anpassungsselektion** bewirkt, dass Individuen mit einer besseren Eignung mehr Nachkommen haben als andere. Diese unterschiedliche Fitness kann sich z. B. beim Nahrungserwerb, beim Wettbewerb um einen Geschlechtspartner, bei der Flucht vor Fressfeinden oder der Resistenz gegenüber Krankheiten auswirken.

- **Zufallsselektion (Gendrift)** bewirkt die Veränderung von Genhäufigkeiten durch zufällige Auswahl. Rein zufällig überleben bestimmte Individuen Naturkatastrophen, wie z. B. Waldbrände, Überschwemmungen oder Erdbeben. Auch bei der Neubesiedelung eines Gebietes, z. B. einer neu entstandenen Insel, bestehen die Gründerpopulationen aus einer zufälligen Genotypkombination.

- **Migration (Genfluss)** beschreibt die Veränderungen der Genfrequenzen in einer Population, die durch Zuwanderung oder Abwanderung von Individuen bewirkt werden.

- Unter **Isolation** versteht man die Trennung einer Population in Teilpopulationen, zwischen denen der Genaustausch eingeschränkt oder ganz unterbunden wird. Isolation ist die Voraussetzung für **Artbildung.**

Mutation

Anpassungsselektion

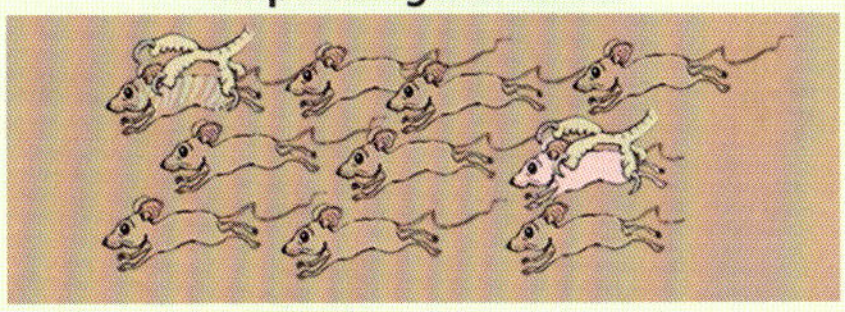

Zufallsselektion

Migration

Isolation

4.2 Vom Wasser aufs Land

Pflanzen erobern das Land

Schildalgen *(Coleochaete*, Abt. Grüne Algen) gelten als die Vorläufer der Landpflanzen.

Grünalge *Parka* aus dem Silur vor 416 bis 444 Mio. Jahren

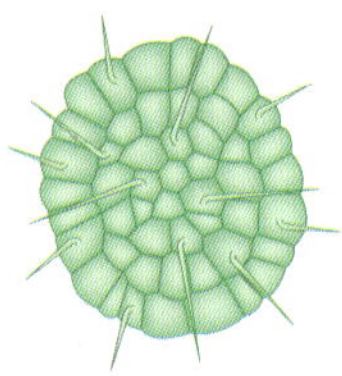

Heute lebende Grünalge – Schildalge *(Coleochaete orbicularis)*

Am Beginn der **Entwicklung von Algen zu Landpflanzen** vor mehr als 420 Millionen Jahren standen vermutlich krustige Formen, die in feuchten Übergangszonen vorkamen und ähnlich organisiert waren wie bestimmte Lebermoose. Bei der weiteren Anpassung an das Landleben mussten vor allem Folgendes erworben werden:

1. **Leitgewebe für Wasser- und Assimilatetransport** und damit verbunden die Arbeitsteilung zwischen wasseraufnehmenden Organen (Wurzeln mit Wurzelhaaren) und den der Assimilation dienenden Organen (beblätterte Sprosse);
2. **Festigungsgewebe** für die Stabilisierung der **Luftsprosse,** vor allem zur Erhöhung ihrer Biegungsstabilität. Wichtiges biochemisches Merkmal in diesem Zusammenhang: Bildung des Lignins und die damit verbundene Einlagerung in den Zellwänden;
3. **Schutzeinrichtung** gegen übermäßigen Wasserverlust bzw. Regulationseinrichtungen für die **Transpiration** und den **Gasaustausch** (geschlossene Außenhaut mit möglichst dicht schließendem Überzug aus Kutin sowie mit Spaltöffnungen, die die Durchlässigkeit regulieren);
4. **Behälter für Keimzellen und Sporen,** die gut gegen Austrocknung geschützt sind, mit Schutzhüllen aus unfruchtbaren Zellen sowie besonders austrocknungsresistente Sporenhüllen;
5. **Embryonen** (= vor Austrocknung durch besondere Strukturen geschützte junge Sporophyten);
6. **Pilzwurzel** (Mykorrhizza): Symbiose mit Pilzen, wodurch die Aufnahme von Mineralstoffen und Wasser aus dem Boden erleichtert wird.

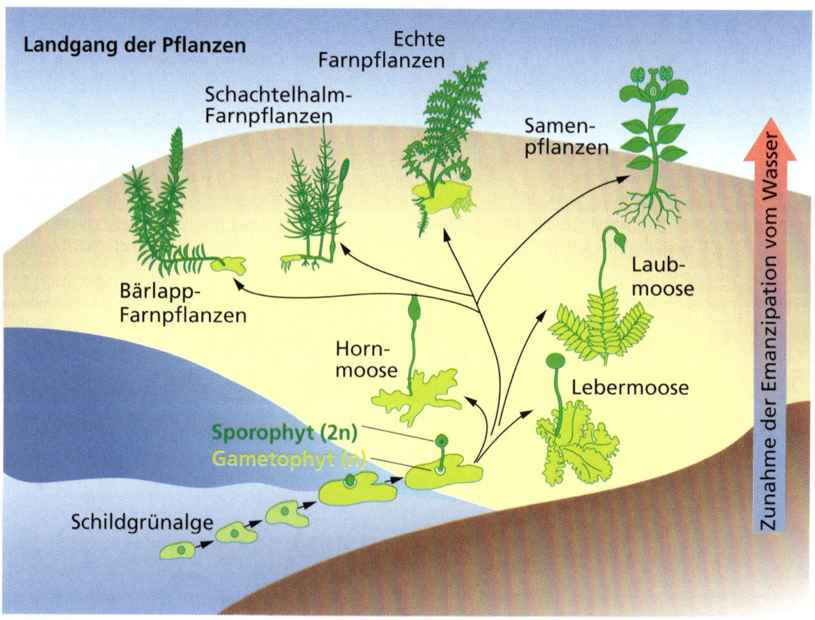

Die ursprünglichsten Landpflanzen

Die Moose (**Abteilung Moospflanzen** – *Bryophyta*) sind die am einfachsten organisierten Landpflanzen. Die drei Gruppen sind – vermutlich parallel oder mit einer kurzen gemeinsamen Entwicklung – schon sehr früh aus Algenvorfahren entstanden.

Gametophyten und Sporophyten lösen sich im Generationswechsel ab (↗ S. 106).

Klasse Hornmoose *(Anthocerotopsida)*: Ihr Gametophyt besteht aus am Boden kriechenden Lappen, aus der Zygote entwickelt sich ein aufrechter Sporophyt aus Stiel und Sporenkapsel. Die lange, schotenförmige Kapsel wird von einer sterilen Gewebesäule *(Columella)* durchzogen. An Sporophyt und Gametophyt können Spaltöffnungen auftreten.

Klasse Lebermoose *(Marchantiopsida)*: Lebermoose können unbeblätterte, thallose und beblätterte, sprossähnliche Wuchsformen hervorbringen. Die zweizeilig stehenden Blättchen sind nur eine Zellschicht dick. Sie besitzen keine Mittelrippe und sind oft abgerundet oder mehrzipfelig. Der Sporophyt besteht nur aus einer Sporenkapsel, ihr durchsichtiger Stiel wird vom Gametophyten gebildet. Leitgewebe fehlen ebenso wie Spaltöffnungen.

Thallus (griech.: *thallos* = Trieb) ist eine nicht in Spross, Blatt und Wurzel gegliederte Wuchsform.

Beblättertes Lebermoos *(Plagiochila asplenoides)*

Thalloses Lebermoos
Brunnenlebermoos
(Marchantia polymorpha)

Klasse Laubmoose *(Bryopsida)*: Die Gametophyten bestehen aus Achsen mit meist spiralig gestellten, oft zugespitzten Blättchen und einer mehrzellschichtigen Mittelrippe. Sowohl im Sporophyten als auch im Gametophyten treten einfache Leitgewebe auf. Am Sporophyten können Spaltöffnungen ausgebildet sein.
Man unterscheidet die Unterklassen Torfmoose *(Sphagnidae)*, Klaffmoose *(Andreaeidae)* und – als artenreichste Gruppe – Birnmoose *(Bryidae)*.

Sporophyt (griech.: *sporos* = Samen und *phyton* = Pflanze) ist die aus der befruchteten Eizelle entstandene Generation, die unter Meiose haploide Sporen ausbildet.

Gametophyt (griech.: *gametes* = Gatte, Keimzelle und *phyton* = Pflanze) ist die aus Sporen entstandene Generation. Sie bringt männliche und weibliche Keimzellen hervor.

Gipfelfrüchtiges Birnmoos
Gewöhnliches Haarmützenmoos
(Polytrichum commune)

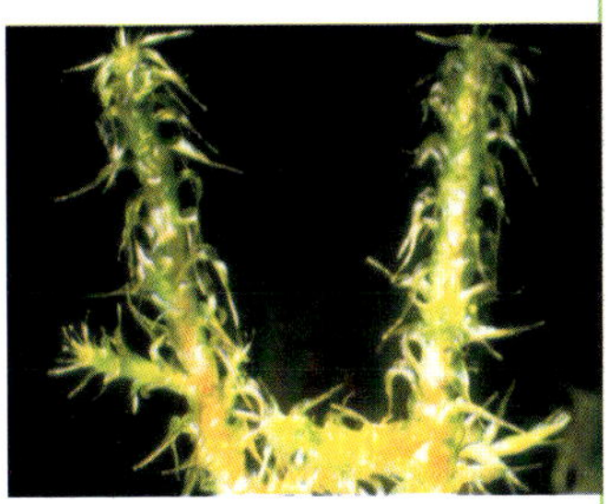

Seitenfrüchtiges Birnmoos
Sparriges Kranzmoos
(Rhytidiadelphus squarrosus)

Der Generationswechsel der Pflanzen – angepasst an das Leben auf dem Land

Seit die Pflanzen vor mehr als 420 Millionen Jahren im Silur entstanden sind, zeichnen sie sich durch den regelmäßigen Wechsel von zwei unterschiedlichen Generationen aus (↗ Abb. 1). Dabei sind die Zellen der **Sporophytengeneration** diploid. Sie bilden unter Meiose haploide Sporen. Diese Sporen keimen aus und bilden über mitotische Teilungen die haploide **Gametophytengeneration.** Auf dem Gametophyten entstehen durch mitotische Teilungen weibliche Eizellen und männliche Keimzellen (Spermien). Sie bilden durch Befruchtung eine diploide Zygote, aus der wieder ein Sporophyt hervorgeht.

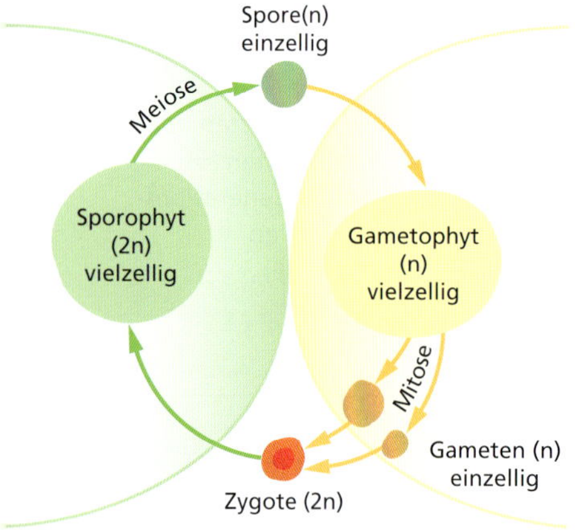

1 Generationswechsel bei Pflanzen

Bei den **Moospflanzen** (↗ Abb. 2) dominiert die Gametophytengeneration. Der Sporophyt ist klein und bleibt mit dem Gametophyten verbunden.

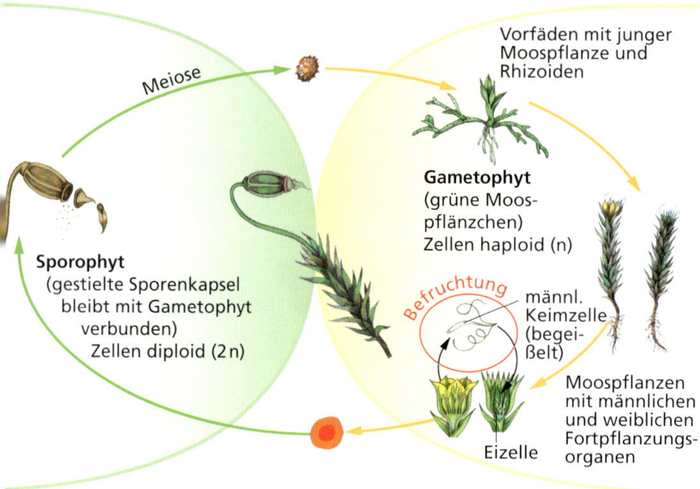

2 Generationswechsel bei Moospflanzen

Bei den **Farnpflanzen** (↗ Abb. 3) ist der Gametophyt klein. Der Sporophyt bleibt nur kurzzeitig mit dem Gametophyten verbunden und entwickelt sich dann selbstständig. Der unscheinbare kleine Gametophyt wird auch Vorkeim (Prothallium) genannt.

Fast alle Anpassungen an das Landleben – wie Verdunstungsschutz, Wasser- und Assimilateleitung, Festigungsgewebe – entwickelt nur der Sporophyt, die eigentliche Farnpflanze.

Diese Entwicklung setzt sich bei den vor ca. 360 Millionen Jahren (Devon/Karbon) entstandenen **Samenpflanzen** fort. Hier bleibt der weibliche Gametophyt im Samen, der neuen Verbreitungseinheit, eingeschlossen. Dort finden die Befruchtung und die erste Entwicklung des Sporophyten statt.

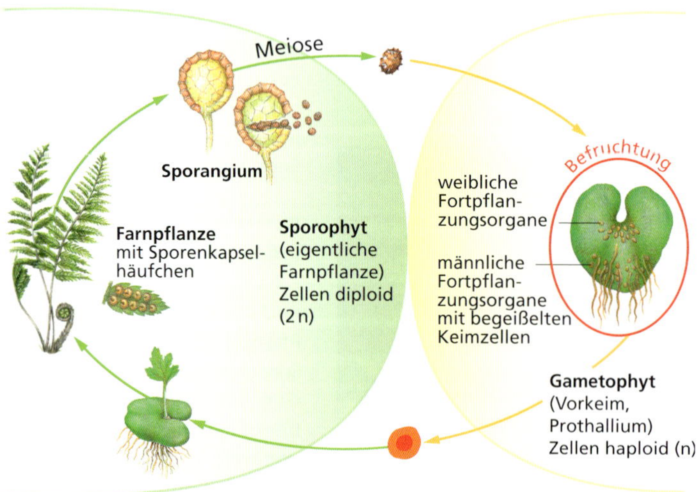

3 Generationswechsel bei Farnpflanzen

> Die Rückbildung des Gametophyten kann man als weitergehende Anpassung an das Landleben ansehen, denn sie macht die Pflanzen auch während der geschlechtlichen Fortpflanzung vom Wasser unabhängig.

Die Evolution von Leit- und Festigungsgewebe

Die anfänglich krustigen, bodennahen Pflanzen entwickelten in Konkurrenz um das Licht allmählich höhere, gabelige Sprosssysteme.
Anders als im Wasser können lange aufrechte Pflanzenteile im Luftraum leicht abknicken. Sie benötigen deshalb **Festigungsgewebe** aus Zellen mit dicken Zellwänden. Die notwendige Biegungsstabilität wird durch das Festigungsgewebe umso wirkungsvoller, je weiter außen es in der Sprossachse liegt. Bei Wasserpflanzen ist demgegenüber die Biegungsstabilität eher hinderlich. Dafür müssen lange Sprossteile eine hohe Reißfestigkeit aufweisen. Dies wird erreicht, wenn die Festigungselemente möglichst zentral angeordnet sind.

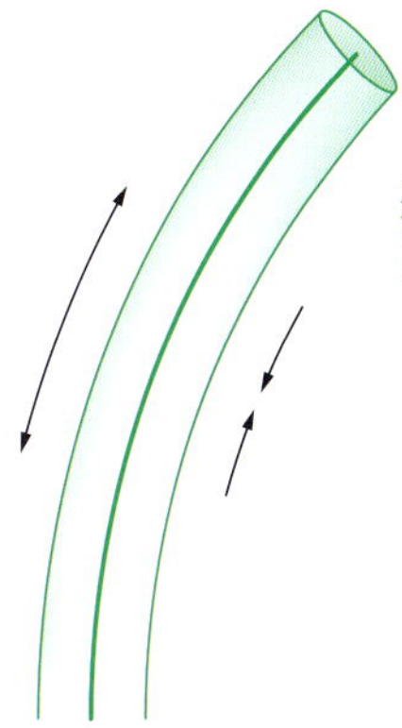

Wird ein Stab verbogen, werden die vom Zentrum am weitesten entfernten Teile am stärksten deformiert. Ein Rohr ist deshalb biegungsstabiler als ein gleich schwerer massiver Stab.

Die Entwicklung von Leit- und Fertigungsgewebe ist eine weitere Anpassung der Pflanzen an das Landleben.

Leitgewebe und Festigungsgewebe haben sich bei Pflanzen in der Regel nicht unabhängig entwickelt. Die hohen Stabilitätsanforderungen an die Leitgewebe führten dazu, dass sie gleichzeitig auch Festigungsaufgaben übernahmen. Dabei half ein von den Pflanzen neu „erfundener" Stoff, das **Lignin.** Lignin und Zellulose bildeten in Zellwänden eine Verbundstruktur, die bei geringem Gewicht höchste Biegungsstabilität und Bruchfestigkeit gewährt (↗ Abb. 1). Je höher Pflanzen wurden, desto wichtiger wurden Gewebe mit verholzten, d.h. aus Zellulose und Lignin bestehenden Zellwänden.
Diese Verbundstruktur nennt man Holz. Die Zellwände der Moose enthalten kein Lignin, aber bei allen anderen Pflanzengruppen kommt Lignin als Wandbestandteil vor.

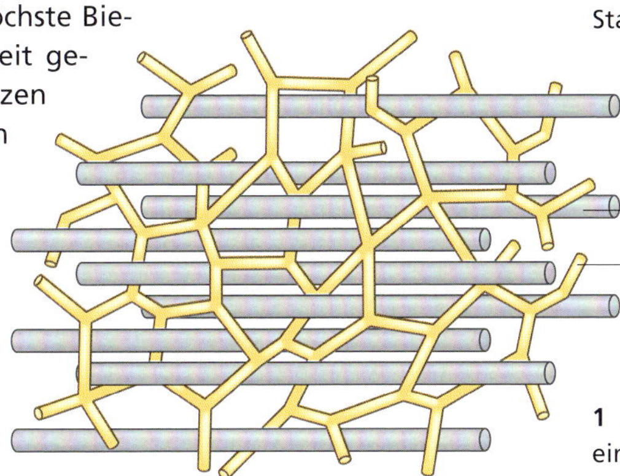

1 Ausschnitt aus einer verholzten Zellwand

Leitbündel – Anordnung und Aufbau

Aus Versteinerungen ist bekannt, dass bei den „Urfarnpflanzen" ein zentrales Leitbündel in der Sprossmitte angeordnet war. Heute noch findet man eine solche Anordnung bei Moosfarnen (Gattung *Selaginella,* ↗ S. 111), einigen Echten Farnen und – sofern sie überhaupt Leitgewebe haben – bei Moosen.
Bei den meisten Pflanzen kommen mehrere Leitbündel in der Sprossachse vor, die unterschiedlich geformt und über den Querschnitt verteilt sind. Neben den stabilen Leitbündeln können bei vielen Pflanzen weitere Festigungsgewebe auftreten (Kollenchyme oder Sklerenchyme). Bei Gehölzen schließlich, zu denen Bäume und Sträucher gehören, sind fast alle Zellen der Sprossachse verholzt.

tangential = parallel zum Umfang
zentripetal = zum Mittelpunkt hin, von außen nach innen

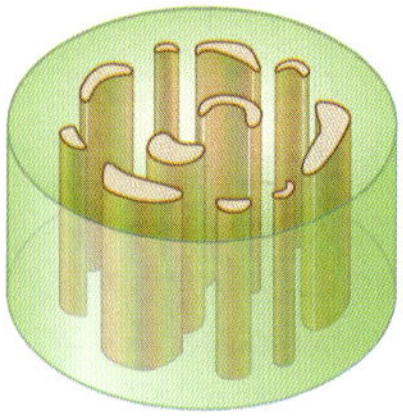

1 Sprossquerschnitt Echter Farn

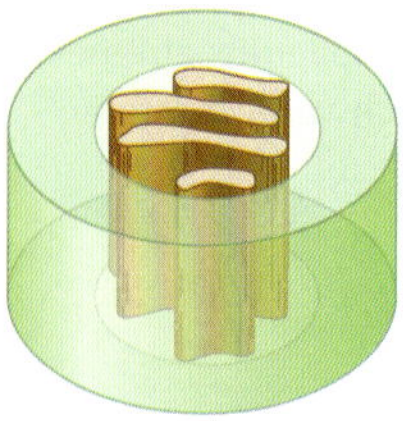

2 Sprossquerschnitt Bärlapp

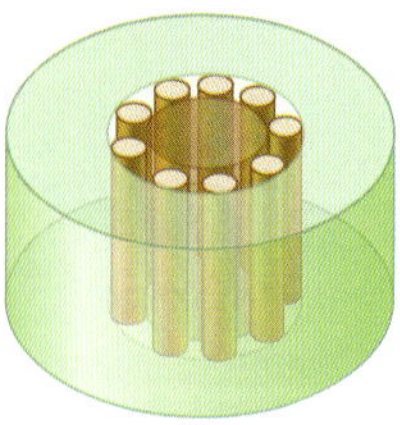

3 Sprossquerschnitt Schachtelhalm

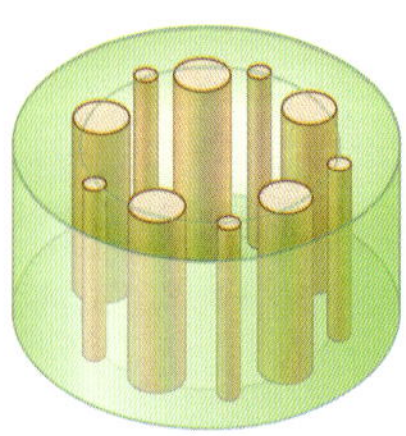

4 Sprossquerschnitt zweikeimblättriger Bedecktsamer

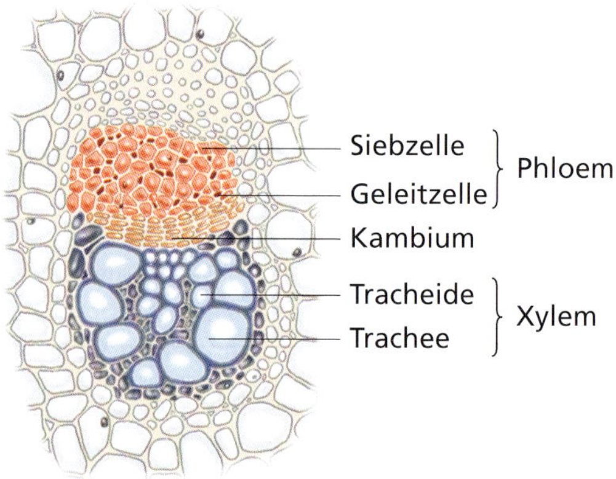

Leitbündel bestehen aus Leitungsbahnen für Wasser und Assimilate. Die Gesamtheit der **Wasserleitungsbahnen** wird **Xylem** oder **Holzteil** genannt, weil ihre Zellen mehr oder weniger stark verholzte Zellwände haben. Für die Wasserleitung sind die Tracheiden und Tracheen des Holzteils zuständig. Diese lang gestreckten röhrenförmigen Zellen sterben ab, wenn sie ausdifferenziert sind. Erst die abgestorbenen Zellen dienen der Wasserleitung. Sie stehen über Tüpfel miteinander in Verbindung. Bei den Tracheen sind – im Gegensatz zu den Tracheiden – die Querwände weitgehend aufgelöst (↗ Abb. oben).

Die **Leitungsbahnen der Assimilate** werden **Phloem** oder **Siebteil** genannt. Bei Gehölzen spricht man auch vom Bastteil. Die röhrenförmigen Zellen haben siebartig durchbrochene Querwände und werden daher auch als Siebzellen oder Siebröhren bezeichnet.

Die großen Gruppen der Pflanzen unterscheiden sich im Aufbau ihrer Leitbündel (↗ Abb. 1–4):

- **Echte Farnpflanzen** haben konzentrisch gebaute Leitbündel. Das an der Sprossspitze angelegte Xylem entwickelt sich in alle Richtungen, oft vor allem in die tangentiale Richtung, sodass breitbandförmige Leitbündel entstehen.
- Bei **Bärlapp-Farnpflanzen** entwickelt sich das Xylem vor allem in zentripetale Richtung, aus zerstreuten Leitbündeln entwickeln sich so im Querschnitt sternförmige oder bänderartige Strukturen.
- Bei **Schachtelhalm-Farnpflanzen** sind die Leitbündel ringförmig relativ weit außen angeordnet. Typisch sind große Interzellularräume. Sie dienten vermutlich der Durchlüftung der nur mit sehr kleinen Blättchen versehenen assimilierenden Sprosssysteme. Diese Pflanzen standen häufig auf sumpfigen Böden oder im seichten Wasser, daher mussten ihre Kriechsprosse auf diesem Wege mit Luftsauerstoff versorgt werden.
- Bei den ursprünglichen **Samenpflanzen,** den **Nacktsamern,** ist die ganze Sprossachse verholzt. Von einem Ring teilungsfähiger Zellen, dem Kambium, werden ständig nach innen Holzzellen, nach außen Bastzellen abgegeben. Dies gilt auch für die Gehölze unter den **Bedecktsamern.** Ihre krautigen Vertreter haben Leitbündel, die nach innen Xylem, nach außen Phloem ausgebildet haben (kollaterale Leitbündel). Bei den Zweikeimblättrigen sind sie ringformig zwischen Mark und Rinde angeordnet, bei den Einkeimblättrigen über den Sprossachsenquerschnitt verteilt.

Leitungsbahnen fürs Wasser

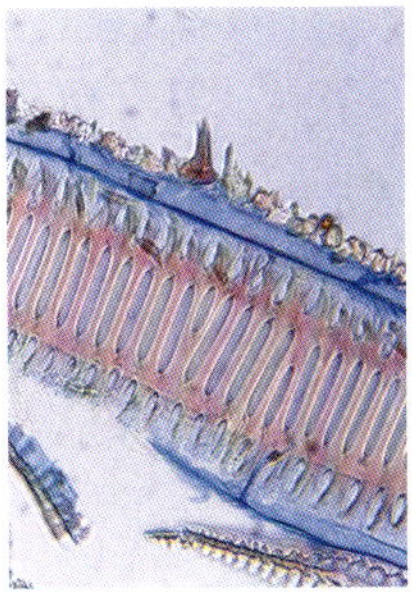

Die ursprünglichen Wasserleitungsbahnen sind lang gestreckte Zellen, die verstärkte Zellwände aufweisen. Diese Verstärkungen sind notwendig, da die Saugspannung der Atmosphäre zu Unterdruck führt. Dünnwandige Zellen würden kollabieren – ähnlich, wie ein zu dünner Trinkhalm kollabiert, wenn man zu stark daran saugt. Als Verdickungen kommen Ringe, eine oder mehrere Schrauben, verbundene Schrauben (↗ Abb.) und schließlich Zellen mit dicken nur durch Tüpfeln unterbrochenen Wänden vor.
Für die Leitungsgeschwindigkeit ist der Durchmesser der Leitungsbahnen wichtig. **Tracheiden** sind nur 5 bis 10 μm dick. Bei Bedecktsamern kommen viel dickere Leitungsgefäße, sogenannte **Tracheen,** vor. Tracheen haben stark durchbrochene oder – im Endstadium der Entwicklung – ganz aufgelöste Querwände. So entstehen durchgehende Röhren von teilweise über 10 m Länge.

Pflanzen – alt wie Steinkohle

Schon im Devon (vor 416–360 Millionen Jahren) haben sich baumförmige Pflanzen entwickelt. Gewaltige Wälder gab es im Karbon (lat.: *carbo* = Kohle; vor 360–300 Millionen Jahren) an verschiedenen Stellen der Erde. Viele der heute genutzten Steinkohlelager sind aus den organischen Ablagerungen solcher Wälder entstanden. In solchen Kohlelagern sind die Pflanzenreste noch so gut erhalten, dass man sich eine genaue Vorstellung vom Aussehen der damaligen Bäume machen kann: Sie gehörten – anders als in heutigen Wäldern – fast alle zu den Farnpflanzen, den Bärlappen, Schachtelhalmen und Echten Farnen, also zu Pflanzen, die sich über Sporen verbreiten. Seltener kamen im Karbon auch schon Samenpflanzen vor. In den Tropen und Subtropen gibt es auch heute noch Baumfarne. Heutige Schachtelhalme und Bärlappe kann man als kleine Modelle ihrer baumartigen Verwandten ansehen.

Von manchen Wissenschaftlern wird die Bildung der großen Kohlenlager damit in Verbindung gebracht, dass es im Karbon noch keine oder wenige Holz zersetzende Pilze gab.

1 Baumförmige Farnpflanzen im Karbon – z. T. sind daraus die heutigen Steinkohlelager entstanden.

Methode: Herstellung der Safranin-Astrablau-Färbung

Damit unter dem Mikroskop die verholzten Pflanzenteile gut erkennbar sind, empfiehlt sich die Anfärbung dieser Gewebe. Hierfür eignet sich besonders die Safranin-Astrablau-Färbung (↗ Abb.).

Dazu benötigt man folgende **Materialien:**
- 1 %ige wässrige Safraninlösung;
- Astrablaulösung (100 ml Aqua dest., 2 g Weinsäure, 0,5 g Astrablau);
- Salzsäurealkohol (0,5–1 ml konzentrierte Salzsäure auf 100 ml 96 %iges Ethanol);
- Glyceringelatine nach Kayser;
- Ethanol 50 %ig, 70 %ig und 96 %ig;
- Rasierklingen oder Handmikrotom;
- Tropfpipette;
- Becherglas mit Leitungswasser;
- Abfallbehälter für abgesaugte Flüssigkeiten;
- Papiertaschentücher;
- Pinzette;
- Objektträger und Deckgläser;
- Pflanzensprosse bzw. Rhizome

Tipp: Am besten eignet sich Pflanzenmaterial, das in 70 %igem Ethanol eingelegt wurde. Schnitte von Frischmaterial kann man zur Aufhellung 5–10 Minuten in Chloralhydratlösung legen (acht Teile Chloralhydrat in drei Teilen dest. Wasser lösen). Danach gut mit Leitungswasser auswaschen!

Schnitt
Von den Sprossachsen bzw. Rhizomen werden möglichst dünne Querschnitte angefertigt (Rasierklinge oder Handmikrotom). Vollständige Querschnitte des gesamten Achsenorgans sind dabei nicht unbedingt notwendig. Es reichen Ausschnitte. Sind die Achsen zu dünn, werden sie zum Schneiden zwischen Styroporblöckchen geklemmt.

Anfärben
Die Schnitte werden dann wie folgt weiterbehandelt:
1. mit Leitungswasser spülen,
2. 5 min in Astrablaulösung legen,
3. mit Leitungswasser auswaschen,
4. 5 min in Safraninlösung,
5. 5 min in 70%igem Ethanol,
6. in Salzsäurealkohol legen, bis alle Zellulosewände rein blau und die verholzten Zellwände rot erscheinen,
7. gründlich mit 50%igem Ethanol auswaschen (zwei- bis dreimal spülen).

Den Wechsel der verschiedenen Substanzen kann man mithilfe einer Tropfpipette, einem Papiertaschentuch und einer Abfallschale direkt auf einem Objektträger vornehmen, indem man die Lösungen mit einem Papiertaschentuch aufsaugt und mit einer Tropfpipette durch neue Lösungen ersetzt (↗ Abb.).

1 Querschnitt durch ein mit Safranin-Astrablau angefärbtes Leitbündel des Brut-Streifenfarns

Haltbarmachen
Um die Präparate haltbar zu machen, werden die Schnitte in Glyceringelatine eingelegt. Dazu wird ein Objektträger vorsichtig mithilfe einer Tiegelzange über einer offenen Flamme erwärmt. Ein kleines Stück Glyceringelatine wird nun mittels Pinzette auf den warmen Objektträger getupft. Auf diese Art und Weise kann man einen blasenfreien, flüssigen Glyceringelatine-Tropfen auf dem Objektträger erhalten. In diesen wird das Präparat eingelegt und mit einem erwärmten Deckglas vorsichtig von einer Seite her abgedeckt.

Praktikum: Mikroskopieren pflanzlicher Gewebe

Leiten und festigen

S Experiment 1

Aufgabe:
Interpretieren Sie Anordnung und Aufbau der Leitgewebe in den Sprossachsen verschiedener Pflanzenarten.

Vorbereitung:
(1) Moosfarn *(Selaginella-Art)*,
(2) Bärlapp-Art z. B. Keulen-Bärlapp *(Lycopodium clavatum)*, Dauerpräparat verwenden!
(3) Gemeiner Tüpfelfarn *(Polypodium vulgare)* oder Adlerfarn *(Pteridium aquilinum)*,
(4) Schachtelhalm-Art, z. B. Wald-Schachtelhalm *(Equisetum sylvaticum)*,
(5) Jungpflanze der Sonnenblume,
(6) Jungpflanze vom Mais,
Mikroskop und Zubehör

Durchführung:
Fertigen Sie Querschnitte von den fünf Pflanzensprossen an und färben Sie diese mit Safranin-Astrablau. Mikroskopieren Sie die verschiedenen Gewebearten, besonders die Leitelemente und Festigungsgewebe.

Auswertung:
1. Verschaffen Sie sich jeweils einen Überblick von einem Querschnitt. Fertigen Sie eine Überblickskizze an, auf der die verschiedenen Gewebe gegeneinander abgegrenzt sind.

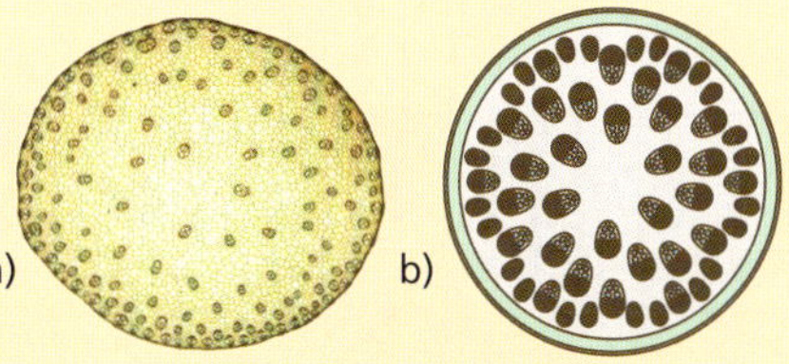
a) b)

1 Querschnitt durch einen Maisstängel
a) mikroskopisches Bild, b) Zeichnung

2. Zeichnen Sie nun zelluläre Details aus dem Aufbau des Leitbündels einer Pflanze. Vergleichen Sie die Querschnitte der verschiedenen Pflanzen.
3. Interpretieren Sie die Anordnung und den Aufbau der Leitgewebe. Geben Sie dazu sowohl eine evolutionsbiologische (phylogenetische) als auch eine ökologische Erklärung.

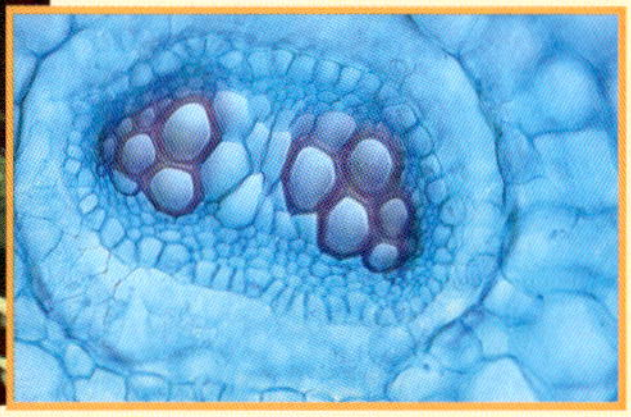

2 Moosfarn (1)
zentrales Leitbündel (LB)

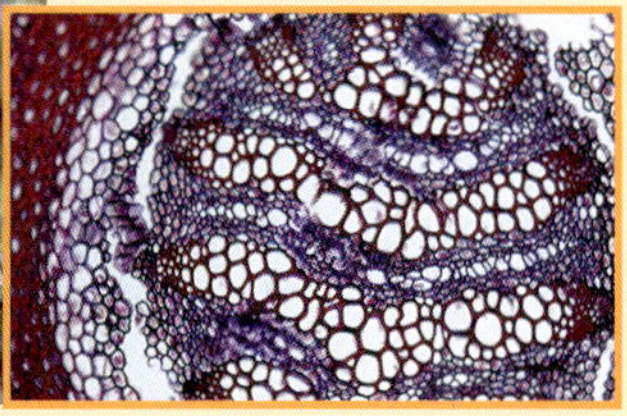

3 Keulen-Bärlapp (2)
zentrale Leitbündel

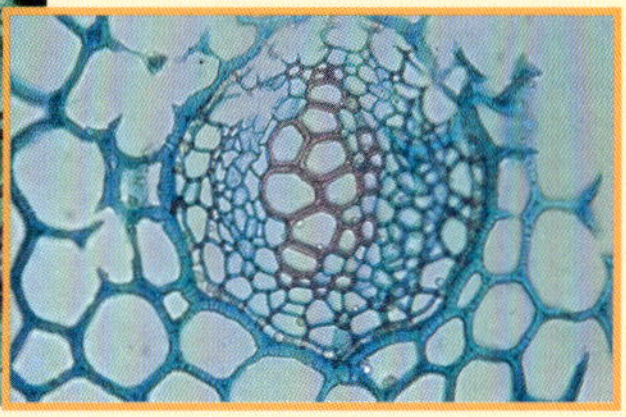

4 Gemeiner Tüpfelfarn (3)
einzelnes Leitbündel

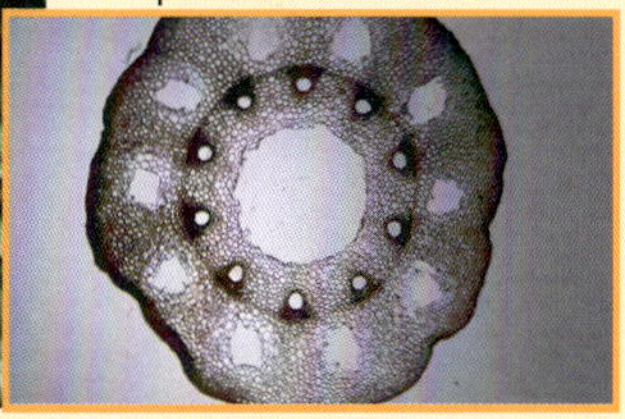

5 Wald-Schachtelhalm (4)
Sprossachse mit zehn LB

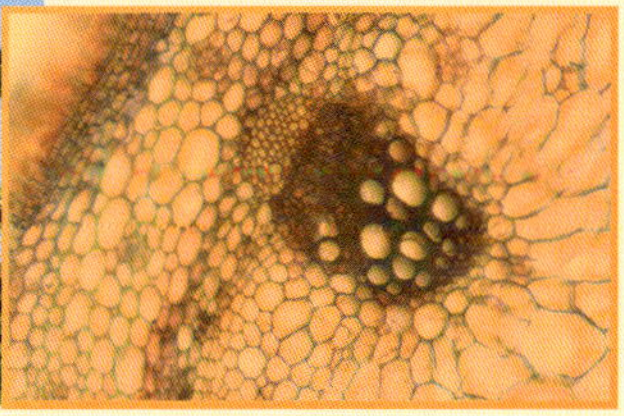

6 Sonnenblume (5)
einzelnes Leitbündel

S Experiment 2

Aufgabe: Untersuchen Sie den mikroskopischen Aufbau von Holz

Vorbereitung:
1–2 cm lange Aststückchen von verschiedenen Laub- und Nadelhölzern, Mikroskop

Tipp: Die Äste sollten mindestens drei Jahre alt sein. Wenn die Aststücke wenigstens eine Woche vorher in Ethanol-Glycerol (96 %iges Ethanol und Glycerol im Verhältnis 1 : 1) eingelegt wurden, werden die Zellwände weich und lassen sich besser schneiden.

Durchführung:
Fertigen Sie Querschnitte von mindestens einem Laub- und einem Nadelgehölz (z. B. Berg-Kiefer: *Pinus mugo*, ↗ Abb. 1) an und färben diese mit Safranin-Astrablau. Untersuchen Sie bei starker Vergrößerung einmal die Zone des Kambiums, zum anderen die Elemente des Holzkörpers an einer Jahresgrenze.

Auswertung:
1. Fertigen Sie eine beschriftete Zeichnung von einem Ausschnitt an, der vom Kambium bis über die erste Jahrringgrenze hinwegreicht (↗ Abb. 1).
2. Geben Sie eine tabellarische Übersicht über die verschiedenen Bestandteile des Holzkörpers und ihre Funktionen.

Bestandteil	Funktion

3. Informieren Sie sich darüber, was beim sekundären Dickenwachstum mit den außerhalb des Kambiumzylinders liegenden Schichten geschieht und was man unter „Borkenbildung" versteht.

Um die morphologischen Merkmale eines Holzkörpers vollständig zu erfassen, werden im Allgemeinen Schnitte in drei Ebenen angelegt: quer, tangential und radial. Die Ebenen für Querschnitte und Tangentialschnitte lassen sich relativ einfach herstellen. Die Ebenen für Radialschnitte erfordern eine exakte Spaltung des Holzkörpers durch den Mittelpunkt, was nicht immer gelingt.

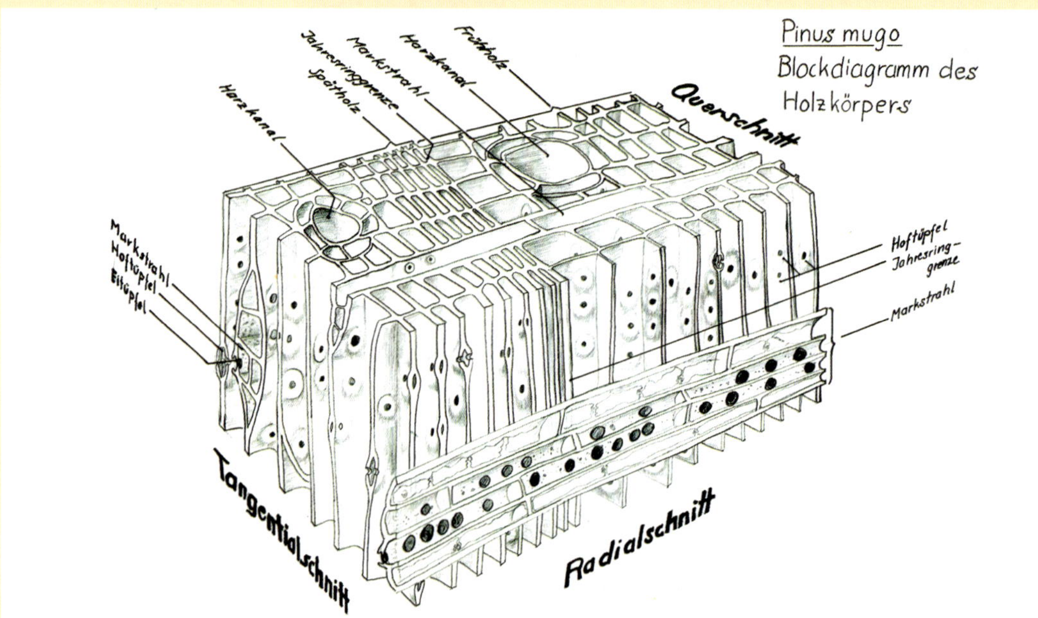

1 Blockdiagramm des Holzkörpers der Berg-Kiefer (*Pinus mugo*)

Pflanzen erobern das Land

Die ersten Pflanzen sind im Silur, vor mehr als 420 Millionen Jahren, aus krustigen Grünalgen entstanden. In der weiteren **Anpassung an das Landleben** wurden vor allem folgende Einrichtungen erworben:

1. Leitgewebe für den Wasser- und Assimilatetransport,
2. Festigungsgewebe für die Stabilisierung des Sprosssystems im Luftraum,
3. Schutzeinrichtungen gegen Wasserverlust und zur Regulation des Gasaustauschs: Epidermis mit Kutikula und Spaltöffnungen,
4. geschützte Behälter für Sporen und Keimzellen,
5. Schutz der Embryonen,
6. Pilzwurzel: Symbiose mit Pilzen zur besseren Nutzung von Wasser und Mineralstoffen des Bodens.

Die ursprünglichsten Pflanzen sind die **Moospflanzen** (Lebermoose, Hornmoose, Laubmoose). Ebenso wie die **Farnpflanzen** (Bärlappe, Schachtelhalme, Echte Farne) gehören sie zu den Sporenpflanzen. Typisch ist der regelmäßige Wechsel von zwei Generationswechsel: Die diploide **Sporophytengeneration** bildet unter Meiose haploide Sporen, aus diesen entsteht die haploide **Gametophytengeneration.** Diese bildet weibliche Eizellen und männliche Keimzellen, die bei der Befruchtung zur diploiden Zygote verschmelzen. Aus ihr bildet sich durch mitotische Teilungen wieder ein Sporophyt.

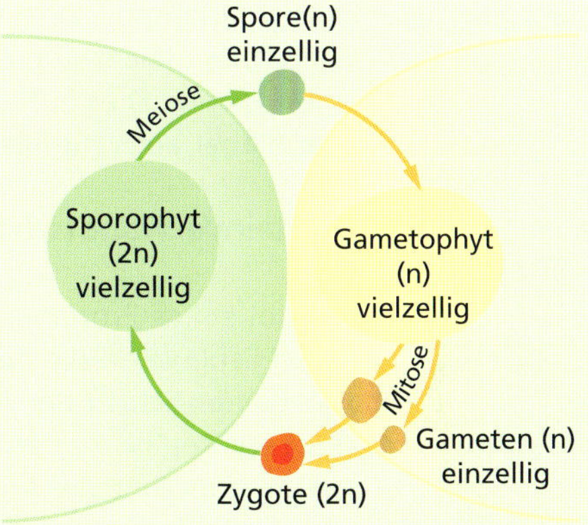

Mit der Entwicklung von höheren Sprosssystemen wurde die Ausbildung von **Leitungsgewebe** immer wichtiger. Wasser muss vorwiegend vom Boden in die Blätter gelangen, Assimilate müssen von Blättern zu Speicherorganen und Verbrauchsorten transportiert werden. Für die **Wasserleitung** ist das **Xylem,** für die **Assimilateleitung** das **Phloem** verantwortlich. Diese Gewebe der Leitbündel differenzierten sich erst bei den Farnpflanzen stärker aus und erreichten bei den Bedecktsamern die höchste Entwicklungsstufe.

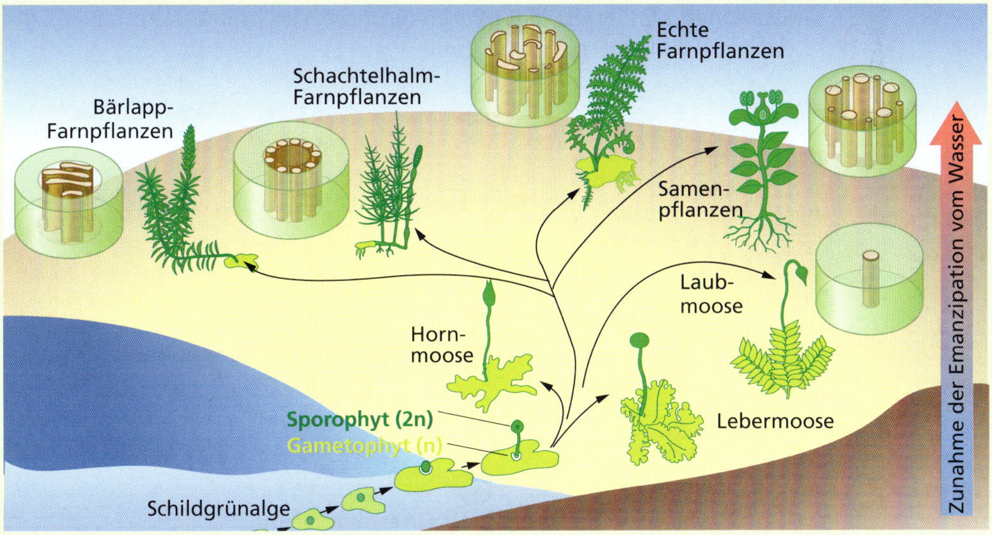

1 Landgang der Pflanzen

4.3 Molekularbiologische Belege für die Evolution der Organismen

Die allgemeine Verständlichkeit der Gensprache rechtfertigt die Annahme, dass sie nur ein Mal erfunden wurde. Daraus kann man folgern, dass alle Lebewesen von einem gemeinsamen Vorfahren abstammen.

Wenn alle Lebewesen von einem Vorfahren abstammen, wie dies die Evolutionstheorie beschreibt, dann sind die Erbanlagen, also die **Gesamtheit der Nucleinsäuren,** auch ein Dokument für ihre Evolutionsgeschichte. Denn die Gene werden von Generation zu Generation weitergegeben. Dabei kommt es immer wieder zu kleinen Änderungen und Neukombinationen. So ist im Laufe von Milliarden Jahren die Vielfalt der Lebensformen entstanden, der eine Vielfalt der **Genome** zugrunde liegt.
Verwandtschaft von Lebewesen muss sich deshalb auch auf molekularer Ebene erkennen lassen. Lässt sich eine solche Verwandtschaft erkennen, so ist dies gleichzeitig ein sehr starkes Indiz für die Richtigkeit der Abstammungslehre. Dies gilt einmal für die Erbanlagen selbst, die Nucleinsäuren, dann aber auch für ihre ersten Produkte, die **Proteine.**

Proteinverwandtschaften

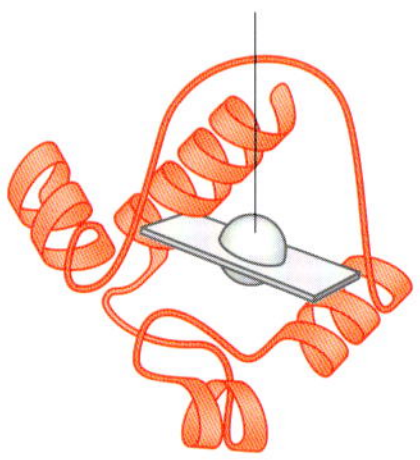

Cytochrom c ist ein essenzielles Protein für die Redoxreaktionen aerober Organismen.

Es gibt einige Proteine, die in fast allen Lebewesen vorkommen und die bei allen Lebewesen die gleiche Funktion haben. Das Cytochrom c z. B. katalysiert einen Schritt der Atmungskette, einen Stoffwechselweg, der von den Prokaryoten bis zu den Säugetieren verbreitet ist. Trotzdem variiert die Zusammensetzung der Aminosäuren in der Polypeptidkette dieses Enzyms bei den verschiedenen Arten von Lebewesen erheblich. Die Unterschiede sind umso geringer, je näher sich die entsprechenden Organismen im System stehen, umso größer, je weiter sie im System voneinander entfernt sind. Bei allen untersuchten Tieren besteht die Polypeptidkette des Cytochrom c aus 104, bei allen untersuchten Pflanzen aus 112 Aminosäureresten. Dies lässt sich sehr gut mit einer genetischen Verwandtschaft erklären: Je länger die Abstammungslinien getrennt verlaufen, umso mehr verändernde Mutationen können zu einer Veränderung in der Aminosäuresequenz des Cytochrommoleküls geführt haben.

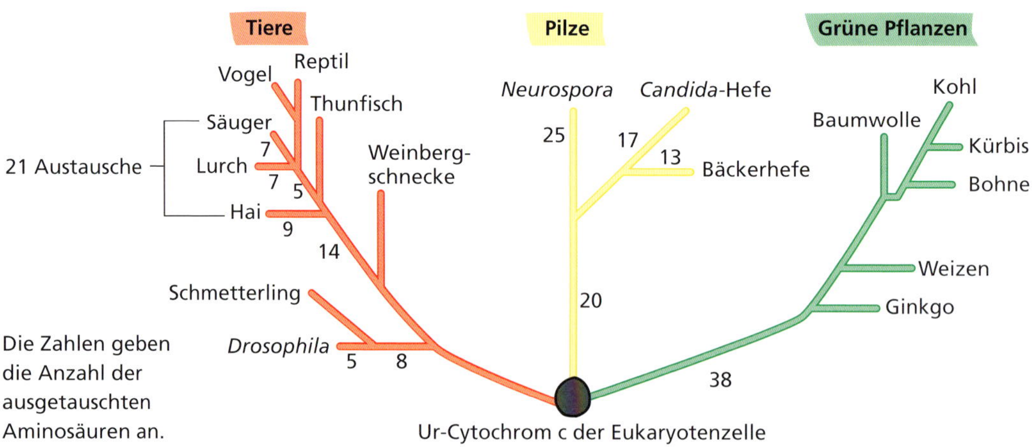

Die Zahlen geben die Anzahl der ausgetauschten Aminosäuren an.

1 Stammbaum der Eukaryoten nach Sequenzanalyse des Cytochrom c

Die exakte Sequenzierung eines Polypeptids ist auch heute noch relativ aufwendig. Deshalb hat man verschiedene Nährungsverfahren zur Ermittlung von Proteinverwandtschaften entwickelt.
Die **serologische Methode** arbeitet nach dem Schlüssel-Schloss-Prinzip, wobei die Oberflächenstrukturen von Proteinen verglichen werden. Ein Antikörper, der gegen Protein A gebildet wurde, wird mit einem Protein B nur dann reagieren, wenn beide ähnliche antigene Molekülstrukturen an ihren Oberflächen tragen.

Eine weitere Möglichkeit, die auf den unterschiedlichen elektrischen Ladungen von Proteinen beruht, ist die Unterscheidung durch **Gelelektrophorese** (↗ Abb. 1). Dabei trennt man unterschiedlich geladene und unterschiedlich große Makromoleküle, indem man sie durch ein Gel wandern lässt, an das eine elektrische Spannung angelegt wird.

Nucleinsäureverwandtschaften

Der Ähnlichkeit der Proteine der verschiedenen Arten liegt eine entsprechende Ähnlichkeit der zugehörigen Gene bzw. ihrer Nucleotidsequenzen zugrunde. Um solche Ähnlichkeiten zu ermitteln, gibt es außer der vollständigen Sequenzierung noch andere Möglichkeiten:

Restriktions-Fragment-Längenpolymorphismus (RFLP, restriction fragment length polymorphism): Diese Vergleichsmethode von Nucleotidsequenzen wurde durch die Entdeckung von Restriktionsendonucleasen durch Werner Arber (geb. 1929) im Jahre 1962 möglich. Mithilfe dieser Endonucleasen können DNA-Moleküle in Abschnitte definierter Länge zerschnitten werden, da diese Enzyme spezifische Sequenzabschnitte erkennen können. Je ähnlicher die zugrunde liegende DNA, desto ähnlicher sind diese Schnittstücke. Man vergleicht die Bandenmuster, die man bei Gelelektrophorese erhält.

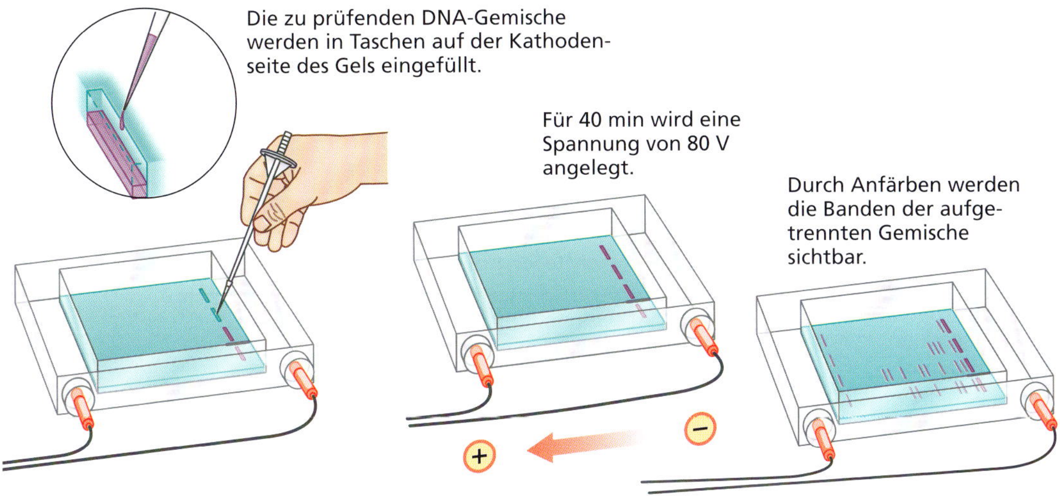

1 Gelelektrophorese zur Auftrennung von Polynucleotidgemischen

Die Methode der DNA-DNA-Hybridisierung wurde 1966 von R. J. BRITTEN und D. E. KOHNE entwickelt.

DNA-DNA-Hybridisierung: Bei dieser Methode vereinigt (hybridisiert) man komplementäre Einzelstränge (single-copy-DNA) von zwei verschiedenen Organismen. Nun wird festgestellt, wie sich die Schmelztemperatur der Hybrid-DNA gegenüber der reinen DNA eines Organismus verändert. Eine Verringerung der Schmelztemperatur um 1 °C entspricht in etwa einem Unterschied von 1 %, d. h. dem Austausch eines Nucleotids von 100 Nucleotiden. Es zeigt sich, dass die DNA systematisch nahestehender Arten sich stärker ähnelt als die systematisch entfernter stehender Arten.

Die Analyse von Nucleotid-Sequenzen zeigt sehr klar eine abgestufte Ähnlichkeit der Arten, die sich gut mit ihrer unterschiedlich engen Verwandtschaft erklären lässt. Für die molekulare Evolutionsforschung und für die Rekonstruktion von Stammbäumen ist sie deshalb besonders gut geeignet.

Analyse von Nucleotid-Sequenzen einzelner Markergene: Da jede Position eines Nucleotids als ein unabhängiges Einzelmerkmal gewertet werden kann, erhält man bei der Sequenzierung nur eines Markergens bereits 1 000 und mehr Merkmale als Resultat. Jedes Nucleotid lässt sich einem bestimmten Ort auf dem Gen zuordnen, was wichtig für Homologieüberlegungen ist. Man kann für den Vergleich auch systematisch entferntere Lebewesen nutzen, da homologe Gene direkt erkennbar sind und – wie moderne Forschungen zeigen – oft in weiten Bereichen unterschiedlichster Verwandtschaftsgruppen vorkommen.

Bei dem Verfahren wählt man aus dem Gesamtgenom einen DNA-Abschnitt aus, dessen Homologie bei den verschiedenen zu untersuchenden Gruppen eindeutig feststeht. Dabei sind für Untersuchungen der großen verwandtschaftlichen Zusammenhänge sehr konservative Gene, z.B. Gene, die für die RNA der Ribosomen verantwortlich sind, aber auch Genomabschnitte aus den Mitochondrien (Tiere) oder Chloroplasten (Pflanzen) besonders geeignet.

Markergene sind molekulare Marker. Diese Gene sind eindeutig identifizierbar, ihr Ort im Genom ist bekannt. Man kann Markergene auch gentechnisch einbauen, z. B. um damit einen erfolgreichen Gentransfer nachzuweisen.

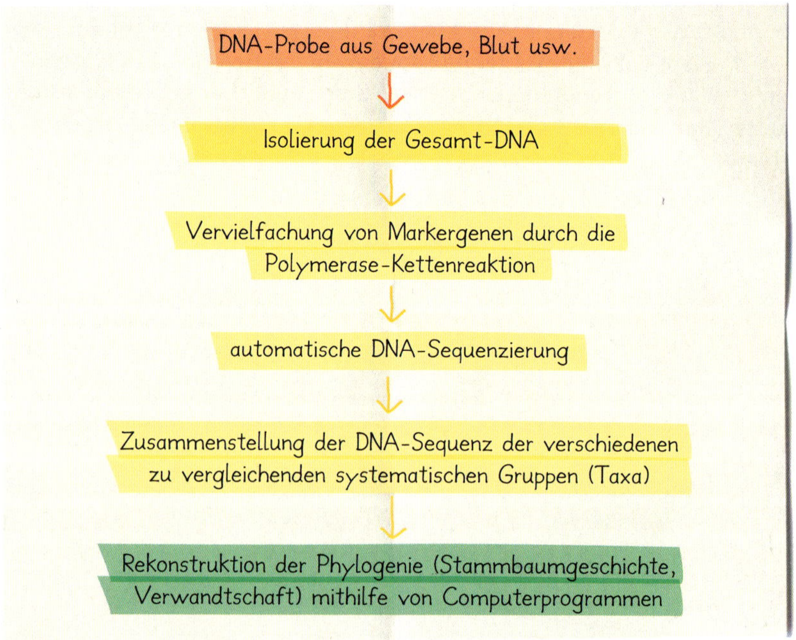

1 Arbeitsschritte der Stammbaumrekonstruktion durch Markergen-Sequenzvergleich

Vergleich gesamter Genome

Größe der Genome: In der Grafik ist erkennbar, dass die minimale Genomgröße von den Prokaryoten über Pilze, Einzeller, Pflanzen und niedere Tiere bis zu den Wirbeltieren zunimmt, also im Wesentlichen parallel zu der Organisationshöhe verläuft. Höher differenzierte Organismen sind nach der Evolutionstheorie später entstanden als einfach organisierte. Höhere Differenzierung setzt auch differenziertere Genome voraus. Sie könnten z. B. durch Genverdoppelung und anschließende Differenzierung der Gene entstanden sein.

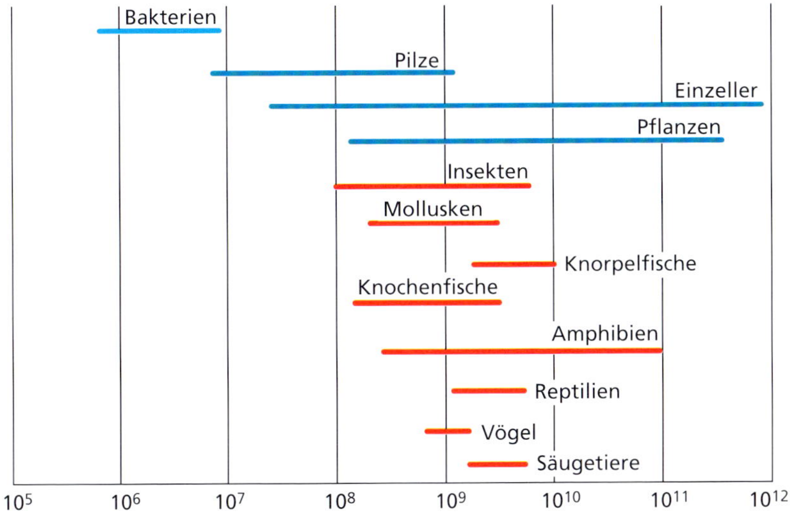

1 Größen (Anzahl der Nucleotide) der haploiden Genome verschiedener Organismengruppen (logarithmische X-Achse)

Genomvergleich: Bis zum Jahr 2009 wurden bereits weit über 1 000 Genome vollständig sequenziert und ihre Anzahl nimmt rasch zu. Es sind bereits Stammbäume für das gesamte Organismenreich erstellt worden, die auf einem Vergleich solcher Gesamtgenome beruhen. Die Tatsache, dass dies ohne Widersprüche möglich ist, ist ein sehr klarer Beweis für die Richtigkeit der Abstammungslehre.

Genfamilien: Aufgrund von Sequenzübereinstimmungen kann man Gene in Genfamilien einteilen. Genfamilien sind im Laufe der Evolution durch Genverdoppelungen, Verdoppelungen größerer Genomabschnitte oder ganzer Genome entstanden. Für Genstammbäume gilt – wie auch für Stammbäume aufgrund von morphologischen Merkmalen – dass die Homologie der beteiligten Gene klar sein muss.

Beim Vergleich von Genen verschiedener Organismen bzw. Arten ist es deshalb wichtig, zunächst die **serielle Homologie** (Wiederholung) solcher duplizierter Gene innerhalb eines Genoms zu erkennen. Gene, die durch Genverdoppelung und anschließende mutagene Veränderung entstanden sind, werden **paralog** genannt. Sie sind typisch für eine Abstammungslinie.

griech.: *para* = bei, neben

griech.: *orthos* = richtig, aufrecht

Orthologe Gene nennt man demgegenüber Gene zweier oder mehrerer Arten, die auf dasselbe Gen im letzten gemeinsamen Vorfahr zurückzuführen sind.

Allerdings gilt es dabei ein **Problem** zu bedenken: Bei Prokaryoten und in gewissem Umfange auch bei Eukaryoten, insbesondere bei Einzellern, kommt sogenannter „horizontaler Gentransfer" vor, das heißt, es können Gene zwischen Lebewesen einer Generation ausgetauscht werden. Diese Genübertragung kann sogar zwischen Vertretern unterschiedlicher Arten stattfinden. Für **Stammbaumanalysen** dürfen deshalb nur solche Gene verwendet werden, bei denen horizontaler Genaustausch ausgeschlossen werden kann.
Für den in der Abbildung dargestellten Stammbaum von über 191 verschiedenen Arten waren dies nach genauer Analyse 31 orthologe Gene.

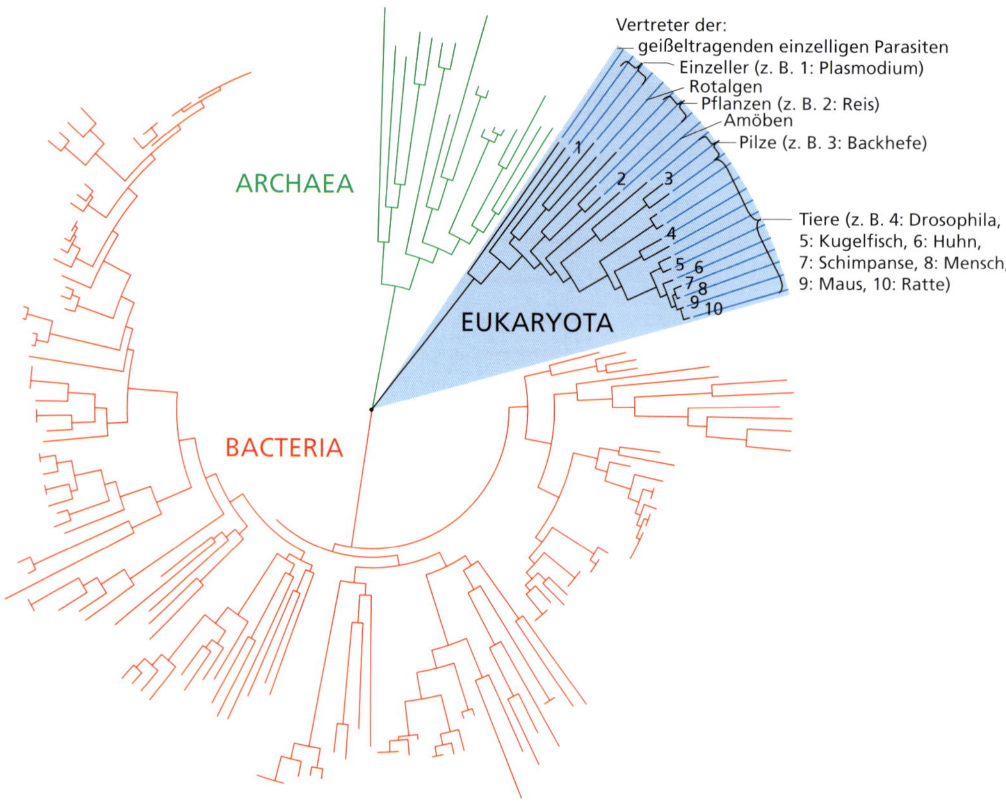

1 Stammbaum aller Lebewesen, der 2006 auf der Grundlage des Genomvergleichs von 191 Organismenarten erstellt wurde.

Die Erkenntnisse der Molekulargenetik liefern sehr gute Belege für die Evolutionstheorie und helfen bei der Stammbaumanalyse.

Der genetische Fingerabdruck

Seit 1996 sind in Deutschland Gentests bei schweren Straftaten mit richterlicher Genehmigung erlaubt. Im Jahre 1998 hat das Bundeskriminalamt eine Datenbank gegründet, in der genetische Fingerabdrücke von verurteilten Straftätern und aus Tatortspuren gesammelt werden. In der forensischen Medizin dient das **DNA-Fingerprinting** unter anderem der Identifizierung von Lebenden und Toten oder der Klärung fraglicher Vaterschaften.

Prinzipiell wird dabei DNA einer unbekannten Probe mit der DNA verglichen, die eindeutig einer Person zuzuordnen sind. Letztere bekommt man gewöhnlich aus einem Haar oder einem Mundabstrich. Durch diese molekulargenetische Analysetechnik werden Tatortspuren (Blut, Sperma, Haare, Speichel oder Hautpartikel) zu Visitenkarten eines Täters.

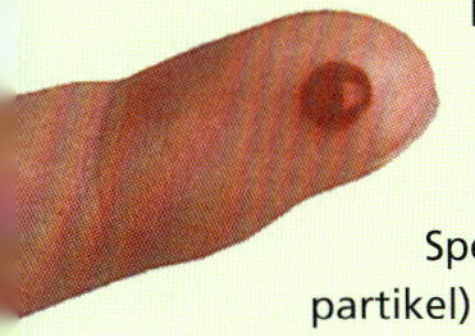

Eine signifikante Zuordnung eines Genotypus zu einer entsprechenden Person ist nur dann möglich, wenn sogenannte **Polymorphismen** untersucht werden, also genetische Sequenzen mit außerordentlich hoher Variabilität. Die codierenden Bereiche der DNA erfüllen diese Voraussetzung nicht ausreichend. Ihre Variabilität innerhalb von Populationen ist für eine individuelle Identifizierung zu gering.

Die individuellen Unterschiede der DNA kommen v. a durch **nicht codierende Bereiche** zustande, die außerhalb der Gene, also außerhalb von Exons und Introns, liegen. Sie machen 35–40% des menschlichen Genoms aus. Das besondere dieser DNA-Abschnitte ohne bekannte Funktion ist, dass sie aus sich wiederholenden kurzen oder längeren Nucleotidsequenzen bestehen. Auch die Anzahl der Wiederholungen solcher repetitiver Sequenzen unterscheidet sich sehr stark (von wenigen bis zu einer Million). Für den „genetischen Fingerabdruck" sind diese DNA-Abschnitte besonders wichtig, weil sie sich von Person zu Person unterscheiden. Die Unterschiede kommen durch den Austausch einzelner Nucleotide, vor allem aber durch eine individuell unterschiedliche Anzahl repetitiver Sequenzen zustande.
Für die Gewinnung eines „genetischen Fingerabdrucks" muss die zu untersuchende DNA zunächst gereinigt werden. Dann wird sie mit Restriktionsenzymen aufgespaltet. Steht genügend DNA-Material zur Verfügung, können nun die DNA-Stücke durch Gelelektrophorese (↗S. 115) aufgetrennt werden. Dabei erhält man unter Verwendung der gesamten DNA zunächst keine scharfe Trennung der sehr vielen unterschiedlichen DNA-Stücke.
Mithilfe von DNA-Sonden kann man nun die Abschnitte auswählen, die sich individuell stark unterscheiden können (repetitive Sequenzen). Hierzu wird die DNA auf dem Gel zunächst durch Laugenbehandlung einsträngig gemacht, dann auf eine Nylonmembran übertragen und dort mit den Sonden, spezifischen, einsträngigen DNA-Stücken behandelt, die mit Fluoreszenzfarbstoffen oder radioaktiv markiert sind. Nach Auswaschen der nicht gebundenen Sonden erhält man so für verschiedene Proben spezifische Banden, die man vergleichen kann.
Bei geringen DNA-Mengen führt man mit dem durch Restriktionsenzyme gewonnenen Gemisch von DNA-Abschnitten einer Probe eine Vervielfältigung mit PCR durch. Dabei werden durch die Auswahl entsprechender Primer gezielt nur ganze bestimmte DNA-Abschnitte vervielfältigt. Diese können dann durch Gelelektrophorese getrennt werden.

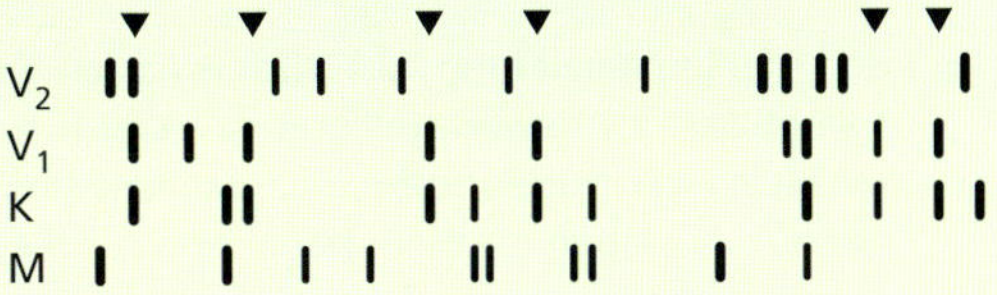

1 Vaterschaftstest mittels Gelelektrophorese

An den Markierungen wird die Vaterschaft von V1 deutlich, denn er verfügt über mehrere gemeinsame Banden mit dem Kind, die bei der Mutter und V2 nicht vorhanden sind. Der genetische Fingerabdruck ist also ein spezifisches gelelektrophoretisches Bandenmuster mit einer hohen forensischen Beweiskraft, da es sehr unwahrscheinlich ist, dass zwei Individuen dieselben Restriktionsfragmente besitzen. Die exakte Auswertung der Befunde nach statistischen Prinzipien ist Voraussetzung für gerichtsmedizinische Anwendungen. Die Verlässlichkeit einer Aussage ist abhängig von der Größe des DNA-Bereichs, der im Restriktionsmuster erfasst wurde.

Bei den in der Juristik verwendeten Methoden liegt die Wahrscheinlichleit zwischen $1 : 10^5$ und $1 : 10^7$ und ist bei angemessen kritischer Gewichtung, neben anderen Indizien, im Urteil zu berücksichtigen.

Molekularbiologische Belege für die Evolution der Organismen

Wenn alle Lebewesen von einem gemeinsamen Vorfahren abstammen, sind die Erbanlagen, also die Gesamtheit der Nucleinsäuren, auch ein Dokument für ihre Evolutionsgeschichte. Verwandtschaften von Lebewesen spiegeln sich dann in den Übereinstimmungen und Unterschieden der Nucleotidsequenzen ihrer Genome wider.
Indirekt lässt sich dies über den Vergleich der ersten Genprodukte, der **Proteine,** überprüfen. Enzyme grundlegender Stoffwechselvorgänge, die von den Prokaryoten bis zu den Säugetieren verbreitet sind, wie das Cytochrom c der Atmungskette, lassen sich bezüglich der Sequenz ihrer Aminosäuren vergleichen.

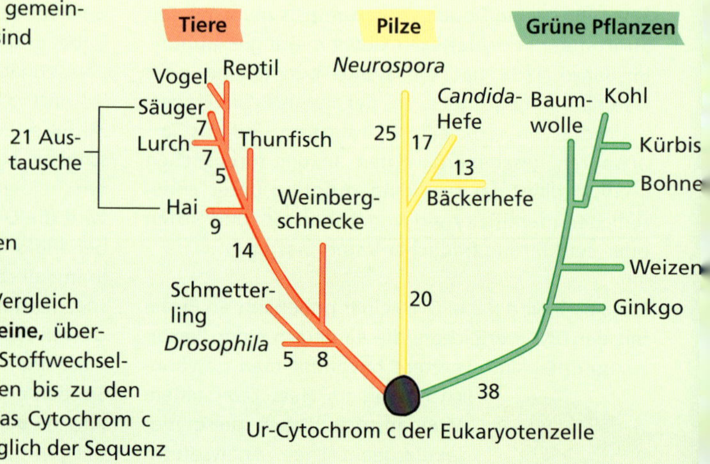

Direkt kann man auch die **Ähnlichkeit von Genen** oder bestimmten Genombereichen vergleichen. Wenn man homologe Genomabschnitte verschiedener Organismen mit Restriktionsendonucleasen zerschneidet und die Bruchstücke durch Gelelektrophorese auftrennt, erhält man unterschiedliche Bandenmuster, die direkt etwas über die Ähnlichkeit der geschnittenen DNA-Abschnitte aussagen (Restriktions-Fragment-Längenpolymorphismus, RFLP).

Seit die **Sequenzierung von Nucleinsäuren** durch weitgehende Automatisierung sehr schnell und unkompliziert zu bewerkstelligen ist, nimmt sie an Bedeutung als Forschungsmethode zu. Durch den Vergleich der Nucleotidsequenz ganzer Markergene lassen sich statistisch sehr gut abgesicherte und genaue Aussagen machen. Dabei sind für die Untersuchung der großen verwandtschaftlichen Zusammenhänge sehr konservative Gene, z. B. Gene, die für die RNA der Ribosomen verantwortlich sind, besonders geeignet.

2008 wurden die Gesamtgenome von mehr als 800 Arten von Lebewesen entschlüsselt und etwa 1 800 bearbeitet. Diese Anzahl nimmt rasch zu. Auf der Basis des Genomvergleichs wurden schon erste Stammbäume des gesamten Organismenreiches erstellt.

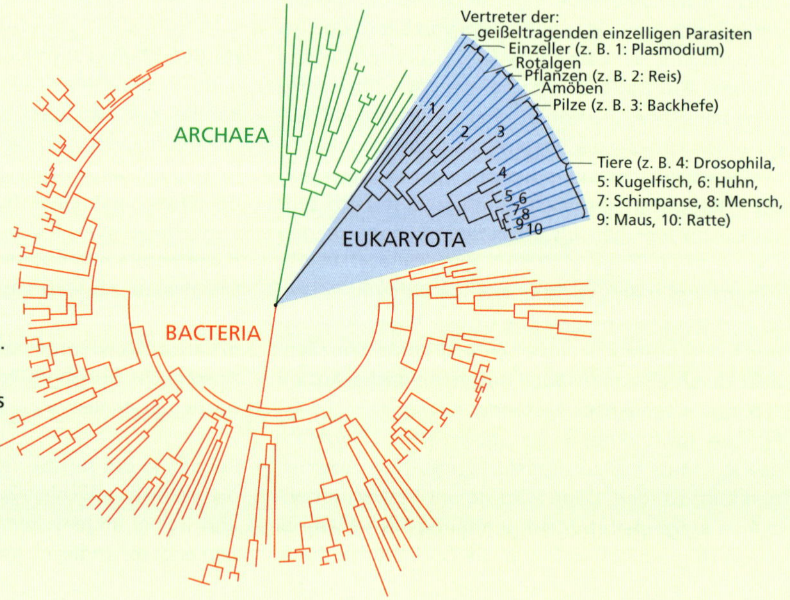

4.4 Evolution des Menschen und die Zukunft des Lebens

Verwandtschaft der Primaten

Die Stellung des Menschen im natürlichen System

Der schwedische Naturforscher Carl von Linné vereinigte bereits im Jahr 1735 in seinem *„Systema naturae"* den Menschen erstmals aufgrund morphologischer Merkmale mit Affen und Halbaffen zur Säugetierordnung der Herrentiere oder Primaten, auch „Menschengestaltige" genannt.
Als aber Charles Darwin 1859 behauptete, dass der Mensch und die Affen gemeinsame Vorfahren haben und dies in seinem Werk *„Entstehung der Arten"* mit einem einzigen Satz veröffentlichte, breitete sich Entsetzen und Empörung unter den gläubigen Christen aus. Erst im Jahr 1871, also zwölf Jahre später, behandelte er das heikle Thema in der *„Abstammung des Menschen"* ausführlicher. Die Zugehörigkeit des Menschen zu den Primaten ist heute unumstritten, allerdings wird seine genaue systematische Stellung auch heute noch sehr kontrovers diskutiert.

Die Ordnung der **Primaten** umfasst je nach Gewichtung anatomischer und biochemischer Merkmale 10 bis 12 Familien, ca. 60 Gattungen und etwa 190 bis 200 Arten. Lemuren, Loris, Galagos und Koboldmakis werden als sogenannte **Halbaffen** oder *Prosimiae* den **Echten Affen** oder *Simiae* bzw. ***Anthropoidea*** gegenübergestellt: Man unterscheidet fünf natürliche Verwandtschaftsgruppen:

1. die **Lemuren** Madagaskars (Überfamilie *Lemuroidea*) mit den Lemuren im engeren Sinn, dem Fingertier, den Indris und Sifakas, den Wieselmakis und den Maus- und Katzenmakis,
2. die **Loris** und **Galagos,** auf dem afrikanischen Kontinent und in Süd- bzw. Südostasien beheimatet (Überfamilie *Lorisoidea*),
3. die **Koboldmakis** Südostasiens (Überfamilie *Tarsioidea*),
4. die **Neuweltaffen** oder **Breitnasenaffen** aus Mittel- und Südamerika (Überfamilie *Ceboidea*) mit den Greifschwanz- oder Klammeraffen (z. B. Kapuzineraffen) und den Krallenaffen,
5. die in Afrika, Süd- und Südostasien verbreiteten **Altweltaffen** oder **Schmalnasenaffen**, mit den Überfamilien Hundsaffen *(Cercopithecoidea)* und Menschenaffen *(Hominoidea)*. Zu den **Hundsaffen** gehören Meerkatzen, Makaken, Paviane, Mangaben, asiatische Languren und afrikanische Stummelaffen, zu den **Menschenaffen** die Kleinen Menschenaffen (Gibbon und Siamang), die asiatischen Menschenaffen (Orang-Utan) und die afrikanischen Menschenaffen einschließlich des Menschen (Schimpanse, Bonobo, Mensch).

Morphologische und anatomische Merkmale belegen die systematische Zugehörigkeit des Menschen zu den Primaten.

Die Verbreitung der nicht menschlichen Primaten reicht von den Halbaffen Madagaskars bis hin zum Orang-Utan in Sumatra und Borneo. Durch die fortschreitende Zerstörung des Lebensraumes, z. B. des tropischen Regenwaldes, nimmt die Zahl der bedrohten Arten dramatisch zu. CITES und IUCN (www.cites.org/ bzw. www.iucn.org/) geben darüber Auskunft.

Die morphologische Vielfalt unter den heute lebenden Vertretern ist enorm: Sie reicht von dem kleinen ca. 30 g leichten Zwerg-Mausmaki (↗ Abb. oben) auf Madagaskar bis hin zum ca. 200 kg schweren Gorillamännchen (↗ Abb. unten) auf dem afrikanischen Kontinent.

Evolution der Menschenaffen

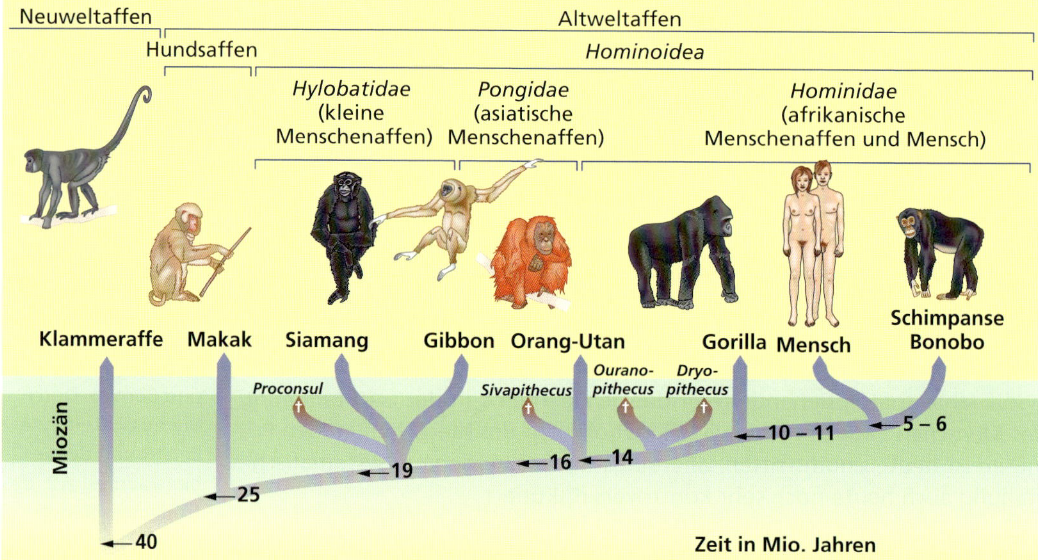

Nasenspiegel

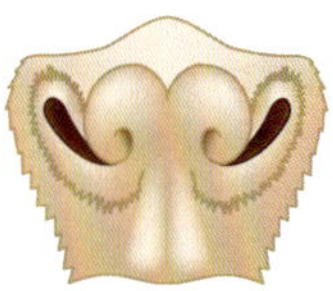

Halbaffen

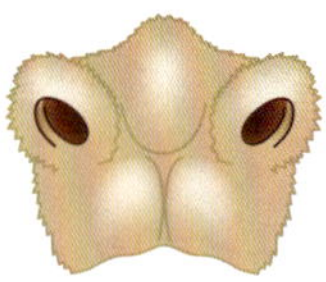

Neuweltaffen

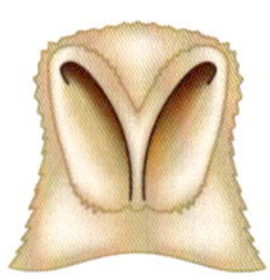

Altweltaffen/
Menschenaffen

Die Bezeichnungen **Breitnasen-** und **Schmalnasenaffen** kommen aufgrund unterschiedlicher Ausprägungen der Nasenregion zustande: Während die Nasenlöcher der Neuweltaffen weit auseinanderstehen und nach außen gerichtet sind, liegen sie bei den Altweltaffen viel enger zusammen und weisen eher nach vorn (↗ Abb. links)

Den Koboldmakis fehlt – wie den „Echten Affen" – ein feuchter Nasenspiegel, weshalb sie mit diesen auch zu den Trockennasenaffen zusammengefasst werden (Gegensatz: Feuchtnasenaffen mit Loris und Lemuren).

Die dem Menschen nächstverwandten heutigen Primaten sind die Menschenaffen Afrikas, während die entferntesten die Lemuren Madagaskars sind. Der **Ursprung der Primaten** reicht bis in die Oberkreide zurück, also etwa 70 bis 80 Mio. Jahre vor der heutigen Zeit. Es gibt Belege dafür, dass sich die ersten „äffischen Formen" aus der vielfältigen Gruppe der kreidezeitlichen Insektenfresser entwickelten. Als **Fossilien** tauchen Überreste von Primaten aber erst im frühen Tertiär auf.
Die Spaltung in die beiden großen, geografisch voneinander getrennten Gruppen **(Neu- und Altweltaffen)** muss schon im frühen oder mittleren Eozän stattgefunden haben, da Fossilien unwesentlich jüngeren Datums bereits einer der beiden Gruppen zuzuordnen sind. Es ist nicht eindeutig geklärt, auf welchem Kontinent der Alten Welt die „Echten Affen" entstanden. Der *Proconsul,* der im frühen Miozän lebte, gilt als letzter gemeinsamer Vorfahr der modernen Kleinen und Großen Menschenaffen. Während *Sivapithecus* ein möglicher Vorfahr des Orang-Utans gewesen sein könnte, kämen entweder *Dryopithecus* oder *Ouranopithecus* als Urahn für die afrikanischen Menschenaffen und den Menschen infrage (↗ Abb. oben).

Fossilgeschichte des Menschen

Für die Erforschung der menschlichen Stammesgeschichte werden in erster Linie drei unterschiedliche Untersuchungsmethoden herangezogen:

- Die Einordnung und Untersuchung gefundener Fossilreste mithilfe der **Paläoanthropologie,** wenn möglich mit absoluter **Altersdatierung der Fossilien** anhand stratigrafischer oder physikalischer Zeitbestimmungsmethoden.
- Homologe DNA-Sequenzen und Proteine von Menschenaffen und Menschen werden molekularbiologisch untersucht. Die **molekulare Uhr,** ein paläogenetisches Datierungsverfahren, berechnet den für das Zustandekommen einer Mutation in einer molekularen Struktur verstrichenen Zeitraum. Auf dieser Grundlage wird der Zeitpunkt der Trennung der betreffenden Stammlinien ermittelt. Dieses Datierungsverfahren ist sehr kritisch zu beurteilen, da ein unabhängiger Taktgeber fehlt. Andere Forschungsdisziplinen, z. B. die Paläontologie, müssen hinzugezogen werden, um die molekulare Uhr zu eichen.
- Ausgegrabene Fundstätten mit Knochen und Werkzeugansammlungen aus dem Plio- und Pleistozän werden analysiert, zusätzliche ethnologische Feldstudien an heute lebenden Jäger- und Sammlerpopulationen helfen, die Funde besser einzuordnen. Auch die vergleichende Erforschung des Sozialverhaltens unterschiedlicher nicht menschlicher Primaten verdeutlicht, dass diese vernetzten, komplexen Sozialstrukturen eine nicht unerhebliche Gehirngröße voraussetzen. Für die Evolution des Menschen war diese Präadaptation maßgeblich.

Die Paläoanthropologie ist das Teilgebiet der Paläontologie (Wissenschaft von den Lebewesen vergangener Erdzeitalter), das sich mit den ausgestorbenen Vorfahren des heutigen Menschen beschäftigt.

Ethnologie (griech.: *ethnos* = Volk) ist die Völkerkunde. Sie untersucht Populationen von Menschen nach Herkunft, Geschichte, Kultur und räumlicher Beziehung.

Die **Buschmänner** oder **San** waren vor langer Zeit Herren der Savanne und der Berglandschaften des gesamten südlichen Afrikas, wurden aber von den Weißen und den sesshaften Bantu-Völkern in die letzten unbesiedelten Gebiete der Kalahari verdrängt. Ihre traditionelle Lebensweise als einst stolze, mit der Natur in völligem Einklang lebende Jäger und Sammler gerät durch ihre Verbannung in ein unfruchtbares Stück Wildnis an der Grenze zu Botswana allmählich in Vergessenheit.

1 Buschmänner in der Kalahari

Für die gesamte Stammesgeschichte der Primaten gilt, dass jeder neue Fossilfund ein sehr großer Zufall ist, ein kleines Puzzlestück in einem kaum überschaubaren Riesenpuzzle oder die sogenannte Nadel im Heuhaufen. Es gibt noch sehr viele Lücken und man muss sich darüber im Klaren sein, dass selbst die einleuchtendste Hypothese nur so lange sinnvoll erscheint, bis ein neuer Fund sie widerlegt.

Die Geschichte des Menschen wird an ca. 3000 Funden festgemacht. Das heißt, dass ein Fossil einer Zeitspanne von jeweils etwa 2500 Jahren entspricht.

Die Hypothesen zum Ursprung der menschlichen Bipedie sind vielfältig und werden sehr kontrovers diskutiert.

Die *Dryopithecinen,* von denen 25 bis 9 Mio. Jahre alte Fossilfunde existieren, zeigen eine Mischung von Tieraffen- und Menschenaffenmerkmalen und sind daher aller Wahrscheinlichkeit nach die Stammgruppe an der Gabelung von asiatischen und afrikanischen Menschenaffen des **Hominidenstammbaumes.** Als Vormenschen gelten die Formen, die noch nicht alle Merkmale der echten Menschen aufweisen und auch noch keine aufwendigen Werkzeuge herstellten bzw. benutzten (nur einfache Knochen- oder Holzwerkzeuge). Die Gruppe der Australopithecinen sind die ältesten Hominiden, die uns zurzeit bekannt sind.

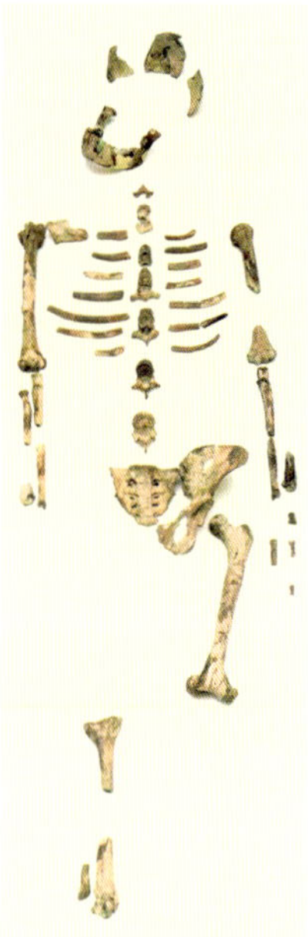

Skelett von „Lucy"

Ardipithecus ramidus hat ein relativ weit vorn positioniertes Hinterhauptsloch, was auf einen aufrechten Gang schließen lässt, er war aber auch ein guter Kletterer und lebte vor ca. 4,5 Mio. Jahren im nördlichen Äthiopien (Ostafrika).
Australopithecus afarensis ging aufrecht, was durch ein gut erhaltenes 3,18 Mio. Jahre altes weibliches Skelett (Lucy) und in vulkanischer Asche erhaltene Fußspuren sehr gut belegt werden kann, er war vor ca. 3,6 bis 2,8 Mio. Jahren in Äthiopien, Tansania und vermutlich auch in Kenia zu Hause. Sein Gehirnvolumen betrug 310 bis 485 cm^3.

Lucy
(Australopithecus afarensis)

Weitere *Australopithecinen* wie *A. anamensis, A. africanus, A. bahrelghazali, A. garhi, A. boisei, A. aethiopicus und A. robustus* gingen ebenfalls aufrecht, ihr Gehirn war vergleichbar mit dem eines heutigen Schimpansen (um die 400 bis 500 cm^3), ihre Eckzähne waren kaum größer als die übrigen Zähne und sie lebten vor ca. 4 bis etwa 1,3 Mio. Jahren in Afrika.
Der im März 2001 am Westufer des Turkana-Sees gemachte *Kenyanthropus-platyops*-Fund, der über 3,5 bis 3,2 Mio. Jahre alt war, weist sowohl Ähnlichkeiten mit *A. anamensis und A. afarensis* als auch mit dem 1,5 Mio. Jahre jüngeren *Homo rudolfensis* auf und wurde deshalb einer neu geschaffenen Gattung zugeordnet. Die ersten Vertreter der Gattung *Homo* werden auch als Frühmenschen bezeichnet. Der älteste derzeit bekannte Vertreter ist der *Homo rudolfensis* mit einem Alter von 2,4 bis 1,8 Mio. Jahren aus Kenia.
Etwa 2 bis 1,7 Mio. Jahre alt ist der *Homo habilis.* Sein Gehirnvolumen beträgt 510 bis 650 cm^3, außerdem hat er bereits scharfkantige selbst hergestellte Steinwerkzeuge zum Zerlegen von Tieren benutzt. Im Gegensatz zu den pflanzenessenden *Australopithecinen* bildeten diese Repräsentanten eine neue ökologische Nische: Sie ernährten sich u.a. von Fleisch und lebten in Äthiopien und Kenia.

Ernst Haeckel prägte für das zu seiner Zeit gesuchte *„missing link"* (das fossile Übergangsglied, welches Menschen- und Affenmerkmale in sich vereinigt und somit einen Beweis für die Abstammung des Menschen von tierischen Vorfahren liefert) den wissenschaftlichen Namen *Pithecanthropus,* zu Deutsch: Affenmensch.

Der lange Weg zum modernen Menschen

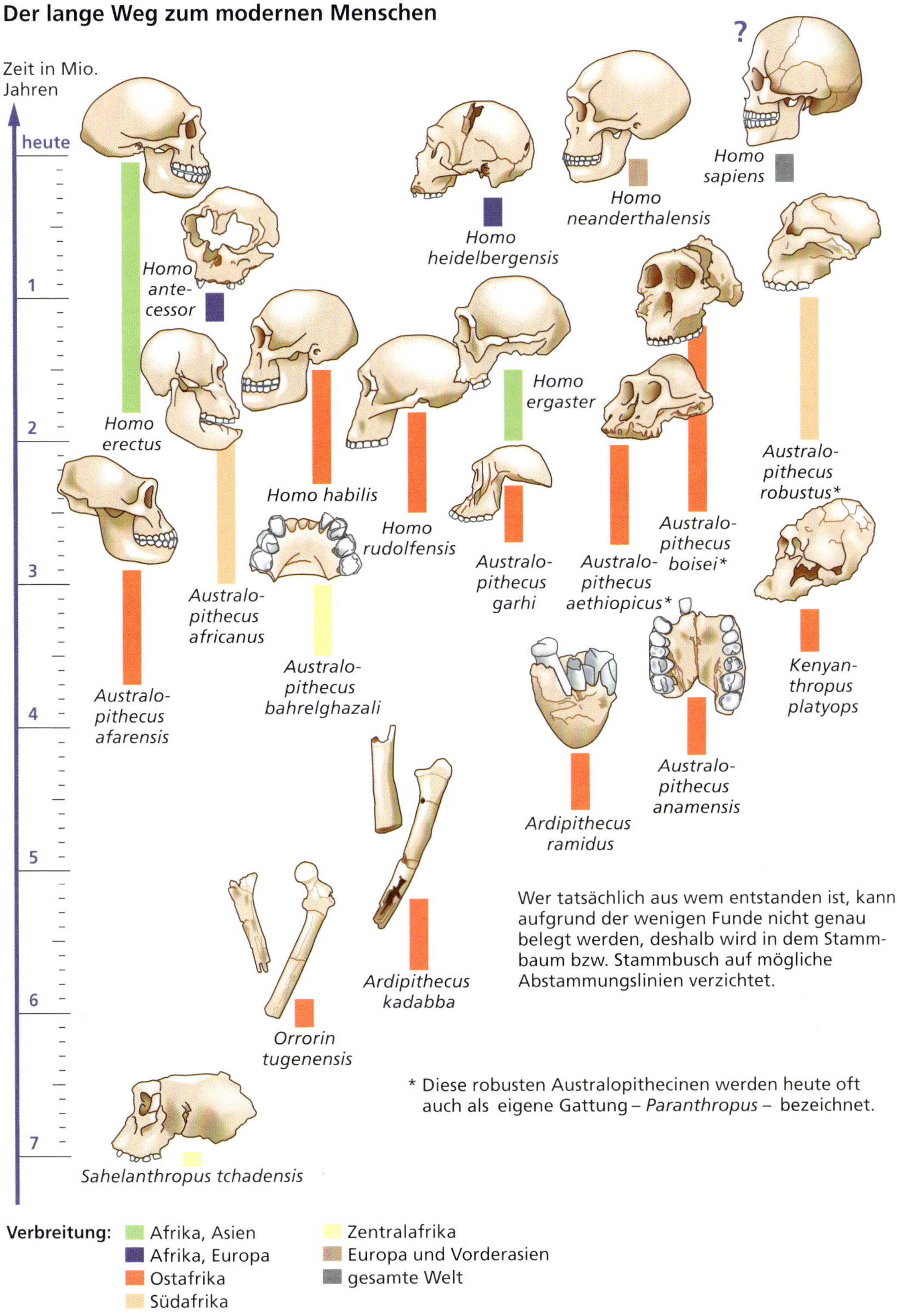

Wer tatsächlich aus wem entstanden ist, kann aufgrund der wenigen Funde nicht genau belegt werden, deshalb wird in dem Stammbaum bzw. Stammbusch auf mögliche Abstammungslinien verzichtet.

* Diese robusten Australopithecinen werden heute oft auch als eigene Gattung – *Paranthropus* – bezeichnet.

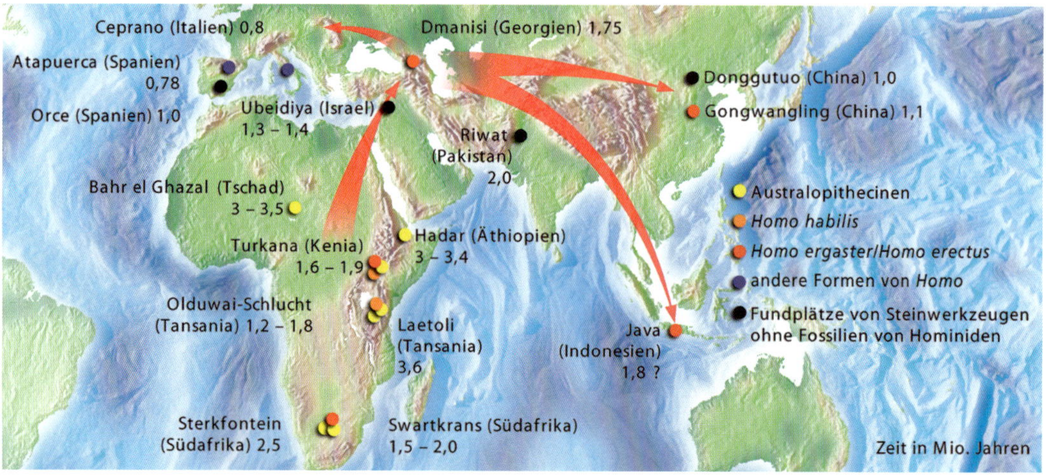

1 *Homo erectus* verlässt Afrika.

Schädelfunde aus dem Dorf Dmanisi (Georgien, an den Südausläufern des Kleinen Kaukasus gelegen) aus den Jahren 1991 bis 2001 weisen sowohl Ähnlichkeiten mit *Homo habilis* als auch mit *Homo erectus* auf.

Der vermutlich erste Mensch, der Afrika verließ, war der *Homo ergaster.* Sein Hirnvolumen beträgt zwischen 900 bis 1000 cm^3. Funde aus Äthiopien, Tansania und Südafrika weisen ein Alter von 2 Mio. Jahre auf, Funde aus Georgien 1,75 Mio. Jahre. Ob der *Homo erectus* (aufrechter Mensch mit einem deutlich größeren Hirnvolumen von 900 bis 1300 cm^3) nur in China und auf Java oder auch in Europa und Afrika vertreten war, ist strittig. Viele Paläoanthropologen ordnen die afrikanischen Funde dem *Homo ergaster* zu. Er war bereits in der Lage, unterschiedlich geformte Werkzeuge aus Feuerstein herzustellen und das Feuer für seine Zwecke zu nutzen. Er lebte vor ca. 1,8 Mio. bis 0,4 Mio. Jahren in China und ist auf Java vermutlich erst vor 40000 Jahren ausgestorben.

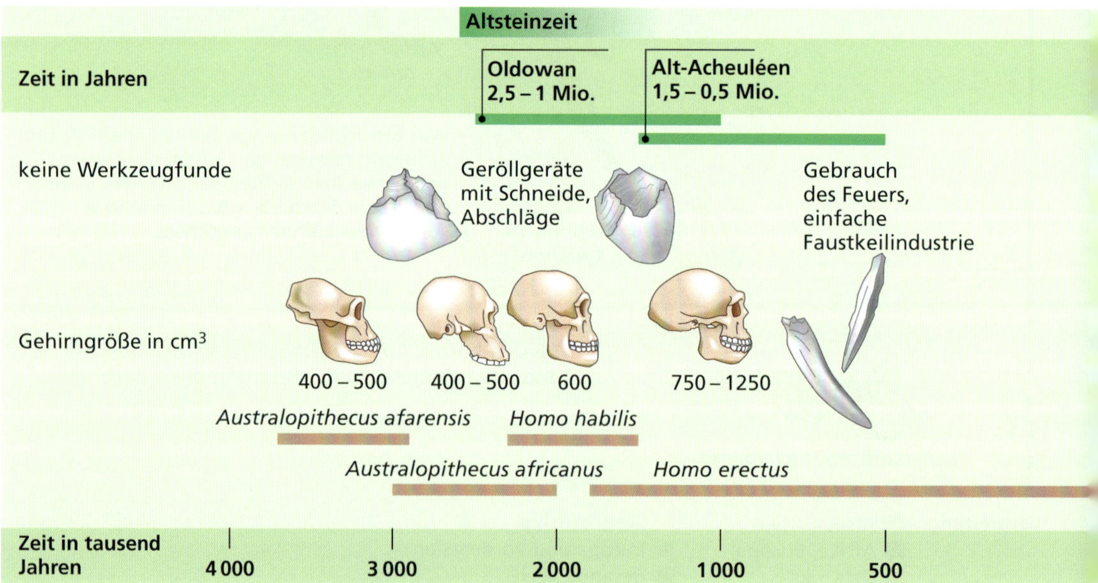

2 Biologische und kulturelle Evolution des Menschen

Der Neandertaler, *Homo sapiens neanderthalensis* (zum Teil auch als *Homo neanderthalensis* bezeichnet), hatte seine Blütezeit vor 200 000 bis 30 000 Jahren, er wurde ca. 160 cm groß und wog in etwa um die 80 kg. Erstaunlich war sein Hirnvolumen, das mit 1 200 bis 1 750 cm^3 das Hirnvolumen eines modernen Menschen übertreffen konnte.

Als mögliche Vorfahren des Neandertalers gelten die sogenannten Präneanderthaler, zu denen auch *Homo heidelbergensis* gerechnet wird. Er wurde nach einem etwa 600 000 Jahre alten Unterkieferfund in Mauer bei Heidelberg benannt.

Homo sapiens entstand vor vermutlich etwa 200 000 Jahren aus *Homo erectus* bzw. einer nahe verwandten Art in Afrika. Die ältesten Fossilien des modernen *Homo sapiens* sind ca. 195 000 Jahre alt und wurden in Äthiopien (Ostafrika) gefunden. Vor ca. 40 000 Jahren wanderte eine Teilpopulation nach Europa aus. Die ältesten europäischen modernen Menschen sind die sogenannten *Cro-Magnon-Menschen,* die nach ihrem Fundort in Frankreich benannt wurden. Dieser Jetztmensch unterschied sich anatomisch von seinen Vorgängern in folgenden Merkmalen:

- grazilerer Körperbau,
- Unterkiefer mit vorstehendem Kinn,
- hochgewölbter Hirnschädel,
- kleinere Zähne.

Die *Cro-Magnon-Menschen* waren nun bereits in der Lage, filigranere Steinwerkzeuge herzustellen, die ersten Kunstwerke wurden geschaffen, wie die **Höhlenmalereien von Lascaux.** Die Löwenfrau aus dem Elfenbein eines Mammuts, Fund aus einer Höhle in Hohenstein Stadl bei Asselfingen, im Alb-Donau-Kreis, wird mit ihren 30 000 Jahren als ältestes plastisches Kunstwerk der Menschheit angesehen (↗ Abb. rechts).

Die ersten Höhlenmalereien und Skulpturen wurden vom modernen Jetztmenschen vor ca. 30 000 Jahren angefertigt.

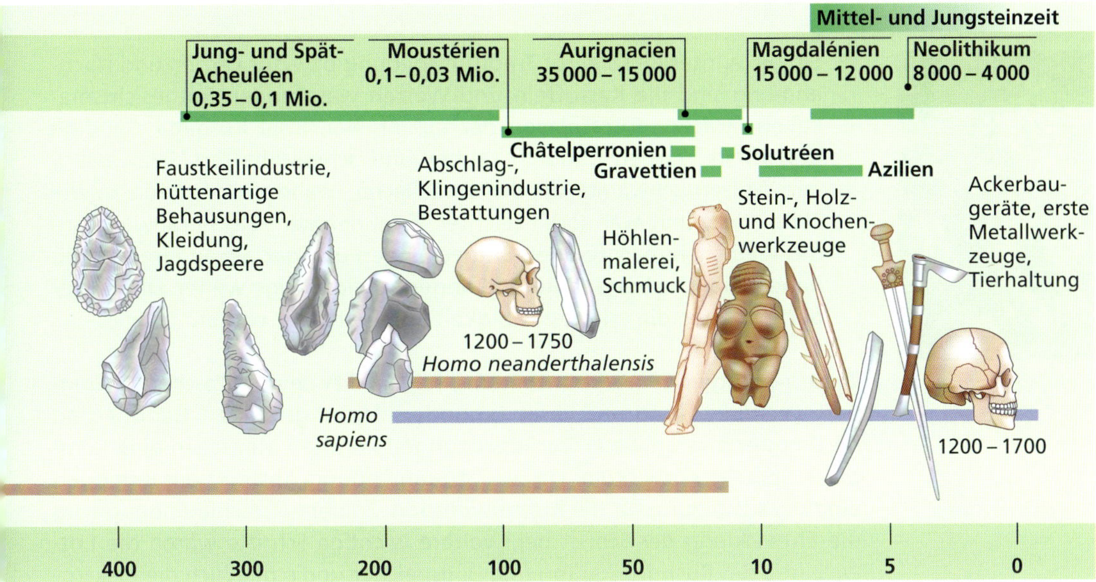

Die Sonderstellung des Menschen – eine überholte Vorstellung?

Das menschliche Sexualverhalten und die Partnerwahl bzw. die Paarungssysteme des Menschen lassen in vielen menschlichen Kulturen einen Zusammenhang zwischen Fortpflanzungserfolg und gesellschaftlicher Stellung erkennen.

Die meisten Anhänger unseres Kulturkreises sehen im Menschen ein Wesen, das sich grundlegend von den Tieren unterscheidet. Aber die angeblich menschenspezifischen geistigen Fähigkeiten, wie z. B. Vernunft, Bewusstsein, Werkzeuggebrauch, Sprache und Kultur, werden von der heutigen Verhaltensforschung in ihrer Ausschließlichkeit infrage gestellt. Vor allem nicht menschliche Primaten, aber auch andere Tiere, weisen vergleichbare Fähigkeiten auf:

- Schimpansen, Gorillas und Orang-Utans können Kategorien bilden, diesen Kategorien Begrifflichkeiten oder Gegenstände zuordnen und abstrakt denken: Um Zugang zu einer Nahrungsquelle zu bekommen, stapeln sie Kisten aufeinander oder stecken Stangen ineinander.
- Menschenaffen erkennen ihr Spiegelbild.
- Seeotter benutzen Steine, mit denen sie die harte Schale von Muscheln zertrümmern, Schimpansen stellen sogar ihr Werkzeug selbst her, indem sie Äste bearbeiten, um damit Termiten zu angeln.
- Der Gesang der Wale, das umfangreiche Lautrepertoire der Grünen Meerkatze und insbesondere die künstliche Zeichensprache des Bonobos Kanzi sind Beispiele für **Kommunikationssysteme** im Tierreich, die dem Begriff „Sprache" sehr nahekommen.

Werden Informationen durch Lernen oder Lehren innerhalb einer Population weitergegeben und erfolgreich gespeichert und werden diese Informationen an die nächste Generation weitergegeben, spricht man auch von **Traditionsbildungen.**

Traditionen sind Voraussetzung für die Entwicklung von **Kulturen**.

Ein bekanntes Beispiel für Traditionsbildung bzw. für Lernen und Nachahmung sind die Kartoffeln und Weizen waschenden Rotgesichtsmakaken *(Macaca fuscata)* von der japanischen Insel Koshima. Sandige Kartoffeln wurden dadurch sauber und schmackhafter (Salzwasser), der Weizen schwamm an der Oberfläche, während der Sand in die Tiefe sank, und war somit leichter aufzunehmen. Ein heranwachsendes Weibchen machte diese Entdeckungen und gab sie an ihre Mutter, nahe weibliche Verwandte und andere Gleichaltrige weiter. Diese wiederum gaben die erlernte Fähigkeit an ihre Kinder weiter.

Diese Anfänge der **Traditionsbildung** haben sich beim Menschen sprunghaft verstärkt. Aufgrund ihres besonders leistungsfähigen Gehirns und bestimmter anatomischer Voraussetzungen konnten Menschen eine komplexe **Sprache** entwickeln. Das war zusammen mit Abstraktionsvermögen eine Voraussetzung für die **Kulturevolution**. Zu deren Beschleunigung trug die Entwicklung der Schrift bei, weitere wichtige Schritte waren die Entwicklung des Buchdrucks, Ton und Bildspeicher und schließlich die elektronische Datenspeicherung und -verarbeitung.

Gibt es Menschenrassen?

Ursprung des modernen Menschen

Wenngleich die Methoden und Ergebnisse auf dem Forschungsfeld der **Paläoanthropologie** und **Paläogenetik** in den letzten Jahren einen enormen Zuwachs verzeichnen, so führte dieses Wissen nicht zur Lösung bestehender Fragen, sondern warf neue Fragen auf: Die Frage nach der Herkunft des modernen Menschen kann aufgrund der Lückenhaftigkeit von Fossilfunden nicht eindeutig beantwortet werden. Es scheint sicher, dass die Evolution der Hominiden in Afrika begann. Für die weitere Entwicklung zum modernen Menschen werden derzeit zwei Hypothesen sehr kontrovers diskutiert:

- Die **„Out-of-Africa-Hypothese“ („Arche-Noah-Hypothese“)** geht davon aus, dass der moderne Mensch sich in Afrika entwickelt hat, dass also alle modernen Menschen von einem frühen *Homo sapiens* aus Afrika abstammen und sich von dort aus vor ca. 100 000 Jahren in kleinen Gründerpopulationen über die Erde ausgebreitet haben.
- Nach der **„multiregionalen Hypothese“** hat sich der moderne Mensch getrennt in verschiedenen Regionen der Erde entwickelt. Alle stammen jedoch von einem ca. 1 Mio. Jahre alten Vorfahren ab. Zum Teil geht die Theorie sogar so weit, anzunehmen, dass alle modernen Menschen aus fossilen Populationen des *Homo erectus* oder *Homo ergaster* an verschiedenen Stellen unseres Planeten hervorgegangen sind.

Bei einer Gegenüberstellung der „Out-of-Africa-Hypothese“ mit der „multiregionalen Hypothese“ wird deutlich, dass beide Modelle in ihrer Argumentation Stärken und Schwächen aufweisen.

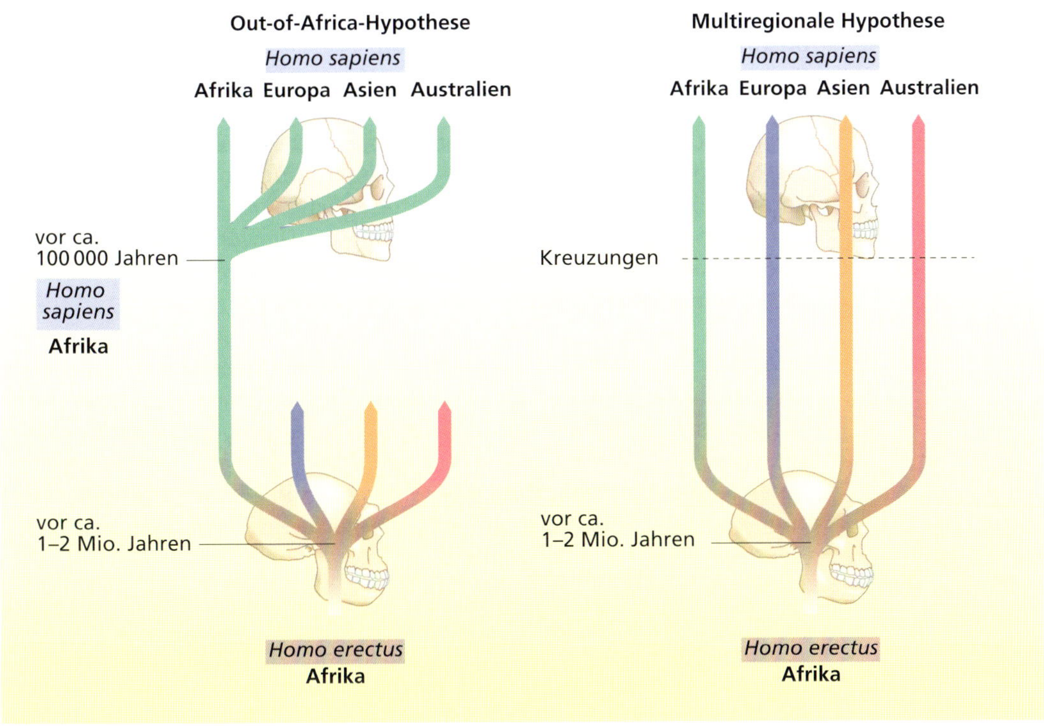

Der Genetiker LUCA CAVALLI-SFORZA (geb. 1922) hält die traditionelle Aufteilung in „Rassen" für weitgehend willkürlich, da sich auf genetischer Ebene keine klaren Abgrenzungen zwischen Menschenpopulationen aus verschiedenen Erdteilen ziehen lassen.

Beim Menschen hat man lange Zeit nur äußerlich sichtbare Merkmale, wie z. B. Hautfarbe, Haarstruktur, Augenform, Nasenbreite und Gesichtsform, zur Einteilung in verschiedene Rassen herangezogen, ohne die biologische Bedeutung zu berücksichtigen. Später versuchte man sich in einer Rasseneinteilung nach Blutgruppenmerkmalen. Anhand dieser Merkmale gliederten Wissenschaftler die Menschheit in eine Anzahl von sieben Rassen (Afrikaner, Kaukasier, Amerindianer, Südasiaten, Nordasiaten, Insulaner, Australide). Andere dagegen sprachen sich für eine Einteilung in drei Großrassen aus (Europide, Mongolide, Negride).

Durch die Analyse des menschlichen Genoms konnten genetische Unterschiede und Gemeinsamkeiten zwischen menschlichen Populationen neu bewertet werden. Die komplexe Vielfalt der Gene zwischen und innerhalb von Populationen veranlasst immer mehr Humangenetiker, aufgrund unzureichender genetischer Grundlagen die Aufteilung der Menschen in unterschiedliche Rassen (Unterarten) aufzugeben. Wenn überhaupt, sollte man von **geografischen Gruppen** bzw. typologischen Kategorien sprechen. Die **Populationsdifferenzierung** in Menschengruppen bzw. in typologische Kategorien wird als Ergebnis der Einwanderungen von Afrika aus („Out-of-Africa-Hypothese", ↗S. 129) gesehen.
Chromosomenzahl, Schwangerschaftsdauer, viele Verhaltensweisen, Bau und Funktion von Sinnesorganen, Gehirn, Skelett und Muskulatur sind bei den Menschen dieser verschiedenen geografischen Gruppen identisch.
Die Merkmale jedoch, die innerhalb dieser Gruppen variieren, wie z. B. Hautfarbe, Haarstruktur oder Augenform, haben sich vermutlich in kurzer Zeit als Anpassung an Klimabedingungen und Umweltfaktoren selektiert. Alle Unterschiede in der „Zivilisationshöhe" haben gesellschaftliche Ursachen und **entbehren jeglicher biologischer Grundlage**.

Als **Rasse** oder **Unterart** bezeichnet man **Populationen** einer **Art,** die sich in ihrem Genbestand, ihrem Aussehen sowie in physiologischen Eigenschaften und Ansprüchen an die Umwelt von anderen Populationen dieser Art unterscheiden.

Somit berechtigen die Unterschiede zwischen den Menschen verschiedener Gruppen in keiner Weise zu einer Bewertung im Sinne von „hoch- oder minderwertigen Rassen" mit ihren antihumanen Folgen. Sie sind deshalb konsequent abzulehnen und scharf zu verurteilen. Außerdem ist eine immer stärkere Durchmischung der verschiedenen Menschengruppen und ihrer Kulturen zu beobachten, sodass eine geografische Zuordnung der Menschen immer schwieriger wird.

Alle heute lebenden Menschen gehören zu einer Art und die meisten Systematiker rechnen sie auch zu einer Unterart ***(Homo sapiens sapiens).*** Andere Unterarten sind – falls es sie gab – ausgestorben.

Rassenfrage in der Humanbiologie

Der Begriff **„Rasse"** wird einmal als **„geografische Rasse"** synonym mit „Unterart" verwendet (Beispiel: Unterarten der Kohlmeise *Parus major*). Solche „Rassen" erhalten einen aus drei Wörtern zusammengesetzten wissenschaftlichen Namen *(Parus major major)*. Zum anderen verwendet man den Begriff in der Haustierzüchtung für besondere **Zuchtformen** (z.B. „Hunderassen"), die aber nicht Unterarten gleichzusetzen sind und auch keinen entsprechenden trinären Namen erhalten. In der Pflanzenzüchtung nennt man solche Zuchtformen **„Sorten"**.
Da weder der eine noch der andere Begriff auf den Menschen anzuwenden ist, ist es nicht korrekt, von „Menschenrassen" zu sprechen. Trotzdem meinen viele Biologen, am Begriff der „Menschenrassen" festhalten zu müssen. Dies hat vor allem historische Gründe, da man vor der biologischen Definition der Art auch mit den Begriffen „Unterart", „Rasse", „Varietät" oder „Form" weniger exakt umging.
Bis heute wird der Rassenbegriff außer von Haustierkundlern nur noch von Anthropologen benutzt. In einigen Schulbüchern wird der Terminus außerdem noch missverständlich in der klassischen Genetik verwendet, um die reinen Linien der mendelschen Erbgänge zu charakterisieren.

Beim Menschen handelt es sich – im Gegensatz zu den durch gezielte Auslese gezüchteten Haustierrassen – um natürliche Populationen. Wenn sich geografisch getrennte Populationen deutlich voneinander unterscheiden, können sie als Unterarten (Subspezies) bezeichnet werden, wenn es eine deutlich abgestufte Ähnlichkeit gibt. Beim Menschen ist die Vielfältigkeit innerhalb und zwischen den Populationen so klein, dass es nicht sinnvoll wäre, diese Art in Unterarten zu unterteilen. Ähnliche Beobachtungen gelten auch für bestimmte weitverbreitete Tierarten und sie haben nichts mit der Sonderstellung des Menschen zu tun.
Die Unzulänglichkeit des Menschenrassen-Konzepts wird also aus biologischen Gründen deutlich, denn es würde den Zweck, die genetische Variabilität der Menschen in ihrer geografischen und individuellen Vielfalt angemessen darzustellen, nicht erfüllen können.

Versucht man die Geschichte menschlicher Populationen molekulargenetisch zu rekonstruieren, so wird die genetische Differenzierung vor allem mit Wanderschüben und damit verbundener **Gendrift (Zufallsselektion)** und **Migration (Genfluss)** zwischen Populationen beschrieben, ohne dass man davon ausgeht, dass ein längerer Aufenthalt in isolierten Räumen stattgefunden hätte.
Alle Jetztmenschen sind vor einer erdgeschichtlich relativ kurzen Zeit aus Afrika ausgewandert, man könnte also sagen, wir *„seien alle Afrikaner"*. Es ist deshalb sinnvoll, auch in der Anthropologie nicht länger mit dem Rassenbegriff zu arbeiten.

Den derzeitigen Kenntnisstand kann man etwa folgendermaßen zusammenfassen:

1. Die Menschheit besteht nicht aus einer bestimmbaren Anzahl von Rassen, sondern aus ungefähr 6,8 Mrd. Menschen, die sich in genetischer Vielfalt und Individualität voneinander unterscheiden. Daher ist eine weitere systematische Unterteilung der Art *Homo sapiens* nicht sinnvoll.
2. Der Rassismus ist mit dem Abschied vom Menschenrassen-Konzept noch längst nicht abgeschafft. Menschenverachtende „rassistische" Überzeugungen existieren leider nach wie vor. Aber nicht die Unterschiede zwischen den Menschen sind das Problem, sondern die Ableitung pseudowissenschaftlicher Rechtfertigung für Unterdrückung und Diskriminierung.
3. Wer weiter den Terminus „Menschenrasse" als naturwissenschaftlichen Begriff benutzen will, sollte in der Lage sein, darzustellen, inwieweit diese Verwendung v.a. bezüglich der geschichtlichen Entwicklung des Konzeptes gerechtfertigt ist.

Unter der Internetadresse: *http://www.uni-oldenburg.de/biodidaktik/BioNew/Kattmann/schwerpunkte/rasse.html* findet sich u.a. auch eine Stellungnahme der wissenschaftlichen Arbeitsgruppe der internationalen UNESCO-Konferenz *„Gegen Rassismus und Diskriminierung"* aus dem Jahr 1995.

Die Zukunft des Lebens

Zukunftsdimensionen

Für einen Geologen ist die „Gegenwart" das Holozän, die „Jetztzeit", eine Zeit, die wenigstens 12 000 Jahre umfasst. Für einen Historiker umfasst die Gegenwart immerhin noch einige Jahrzehnte, für einen Neurobiologen nur einige Sekunden.

Die zeitlichen Vorstellungen, die sich mit dem Begriff „Zukunft" verbinden, hängen von dem Gesichtspunkt ab, unter dem sie betrachtet werden. Fragt man nach der **Zukunft** des Planeten und des Lebens auf der Erde, dann geht es um große zeitliche Dimensionen. Denn immerhin gibt es schon mehr als 3,5 Milliarden Jahre Leben auf unserem Planeten. Die Biosphäre hat seither viele „Katastrophen" überstanden. Es ist anzunehmen, dass sich dies auch fortsetzen wird, solange die Sonne scheint. In der erdgeschichtlich nahen Zukunft wird das Schicksal der Biosphäre eng mit der Entwicklung der Menschheit und der menschlichen Kultur verbunden sein.

Zukunftssicherung

Die Vereinten Nationen (United Nations Organization, UNO) wurden am 26. Juni 1945 gegründet. Angesichts des gerade zu Ende gehenden schrecklichen Weltkrieges sollte eine globale Institution der Friedenssicherung geschaffen werden mit hochgesteckten Zielen:
„Make poverty history, make conflicts and wars history, make environment distruction history, make human abuse history."

Heute gehören 192 Staaten der UNO an.

Seit dem UNO-Gipfel für Umwelt und Entwicklung in Rio 1992 ist der Begriff *„sustainability"* ein Schlagwort, das für eine umweltverträgliche und für die Menschheit gedeihliche Entwicklung der Biosphäre steht. Oft wird es mit **„Nachhaltigkeit"** übersetzt. Eine gute Übersetzung wäre auch „Zukunftssicherung".

Der Begriff der Nachhaltigkeit stammt ursprünglich aus der Forstwirtschaft und besagt, dass man nicht mehr abholzen soll als nachwächst.

Gemeint ist eine **Zukunftssicherung der Menschheit.** Die besonderen menschlichen Fähigkeiten machen es möglich, Ursachen und Wirkungen von Erscheinungen und Ereignissen in Verbindung zu bringen. Damit können wir nicht nur vergangene Entwicklungen erklären, sondern auch zukünftige vorhersagen. Bis heute hat die Menschheit dies v. a. dazu verwendet, die Biosphäre als Ressource zu nutzen. Das hat zu einem gewaltigen Populationswachstum geführt. Aber diese Fähigkeiten sind auch eine Verpflichtung, die heute lebende Menschen zukünftigen Generationen gegenüber haben.

Welche Zukunftsmöglichkeiten zeichnen sich ab und wie können wir durch heutiges Handeln günstige Entwicklungen bewirken?

Urwälder, insbesondere alte Regenwaldsysteme, aber auch die großen Riffsysteme in den Ozeanen entsprechen „reifen" Ökosystemen. Die Stoffbilanz dieser Ökosysteme ist in der Regel sehr ausgeglichen, Kreisläufe überwiegen. Solche Systeme könnten deshalb auch Vorbild für die „nachhaltige" Entwicklung der Menschheit und der mit ihr in enger Wechselbeziehung stehenden ganzen Biosphäre sein.

Zukünftige Entwicklungen

Computer

Durch die sich immer noch beschleunigende Entwicklung der elektronischen Datenspeicherung und -verarbeitung ist ein **Informationsverbund** entstanden, der in der Vergangenheit nichts Vergleichbares hat. Einmal stehen durch das Internet jedem Nutzer riesige Daten- und Informationsquellen zur Verfügung, zum anderen hat die Möglichkeit, große Datenmengen zu verarbeiten, den Naturwissenschaften ganz neue Wege eröffnet. Die Entschlüsselung ganzer Genome wäre ohne EDV nie möglich geworden. Um zu verstehen, was mit den Genprodukten, den Proteinen, in den Zellen passiert, müssen noch größere Datenmengen verarbeitet werden.

EDV = Elektronische Datenverarbeitung

1 „Pre-Bal-Man“ Computerkunst vor dem Postmuseum Frankfurt am Main

Minicomputer können als Messsysteme in der Umwelt oder im menschlichen Körper **kontinuierlich Daten erfassen.** Werden solche Systeme in großer Zahl eingesetzt und miteinander vernetzt, können qualitativ neue Ergebnisse erzielt werden, die auch Zukunftsprognosen ermöglichen.
In Zukunft wäre es z. B. denkbar, dass man durch die Kombination von Satelliten- und Luftbildern der Erdoberfläche und einem dichten Messsondennetz kontinuierlich Bilder über die reale geografische Verteilung des CO_2-Gehaltes der Atmosphäre, der Primärproduktion oder der Planktondichte der Weltmeere abrufen könnte.
„Intelligente“ Computer, also lernfähige Systeme, werden zunehmend zu einer Art „Roboter-Wissenschaftler“, die eine enge Verbindung von wissenschaftlichen Modellen und realen Umwelten bzw. Experimentiersituationen herstellen können. Sehr komplexe Vorgänge, zum Beispiel in den Zellen, aber auch in Ökosystemen, können damit besser erforscht und besser prognostizierbar werden.

Wie leistungsfähig die Erfassung von Umweltdaten in Kombination mit Satellitenbildern der Erdoberfläche sein kann, zeigt heute schon die Wettervorhersage.

Stammzellenforschung

Es besteht die Hoffnung, dass man in vitro aus Stammzellen (↗ S.134) Gewebe und ganze Organe „züchten“ kann, wenn man die natürlichen Differenzierungsprozesse versteht und sie bei klonierten Stammzellen einsetzt. Wenn man erst einmal die genregulatorischen Ursachen der Zelldifferenzierungsprozesse kennt, wäre es auch denkbar, dass schon ausdifferenzierte Zellen wieder zu Stammzellen umprogrammiert werden können.

Methode: Therapeutisches Klonen (Expertenmethode)

Wird es zukünftig möglich sein, unsere Organe mit genetisch „körpereigenem" Gewebe aus Stammzellen zu reparieren? Das therapeutische Klonen ist nach wie vor ein brisantes Thema.
Um sich fundiert mit einem umfangreichen Thema auseinandersetzen zu können, bietet sich die Expertenmethode an. Dazu werden Basisgruppen gebildet, die sich über spezielle Teilthemen informieren und ihr Wissen dann der gesamten Gruppe zur Verfügung stellen.

Sammeln Sie in arbeitsteiliger Basisgruppenarbeit (nach der Expertenmethode) Pro- und Kontra-Argumente aus der Sicht von Politikern, Medizinern und Ethikern. Der Projektbeginn sollte durch ein *„Brainstorming"* (↗S. 78) eingeleitet werden und das Projekt wird mit einer Abstimmung über das therapeutische Klonen abgeschlossen.

In den einzelnen Gruppen sollten Sie
- sich grundlegendes Wissen über das therapeutische Klonen erarbeiten und es Ihren Mitschülern erklären können;
- sich mit den Argumenten vertraut machen, die von verschiedenen gesellschaftlichen Gruppen für und gegen das therapeutische Klonen vorgebracht werden;
- sich einen eigenen Standpunkt zum therapeutischen Klonen erarbeiten;
- mit ihrem erworbenen Wissen eine Diskussion/Debatte führen können, in die Argumente aus verschiedenen Fachbereichen einbezogen werden;
- eine gut strukturierte und nachvollziehbare Präsentation zusammenstellen und vortragen.

Sollen menschliche Embryonen zur Heilung Schwerkranker genutzt werden?
Die Medien berichten regelmäßig über die Konflikte der Wissenschaftler hinsichtlich des richtigen Umgangs mit embryonalen Stammzellen. Im Jahr 1998, als amerikanische Wissenschaftler erstmalig menschliche embryonale Stammzellen erfolgreich kultivierten, wurde dieses Thema Schwerpunkt der öffentlichen Debatte. Seitdem diskutieren wir darüber, ob und wie diese Zellen verwendet werden dürfen. Einerseits wird die Chance, Schwerkranke mit diesen noch undifferenzierten ES-Zellen (embryonalen Stammzellen) zu heilen, angeführt, andererseits werden ethische Bedenken zu dem „Verbrauch menschlicher Embryonen" geäußert.

Der Arbeitsauftrag der gesamten Gruppe ist es, exemplarisch eine Kommission aus Politikern, Medizinern und Mitarbeitern von Ethikzentren zu bilden. Diese Kommission soll entscheiden, ob das therapeutische Klonen in Deutschland eingesetzt werden darf.
Die *erste Gruppe* hat als Arbeitsauftrag, mithilfe des Internets Gesetze und Beschlüsse, die das therapeutische Klonen betreffen, herauszustellen und diese ihren Mitschülern zu erklären.
Folgende Arbeitsaufträge dienen als Orientierung:
1. Tragen Sie die Gesetzesaussagen bezüglich des therapeutischen Klonens in Deutschland zusammen.
2. Informieren Sie sich darüber, wie in Deutschland mit Stammzellen verfahren wird.
3. Erläutern Sie das Embryonenschutzgesetz.
4. Recherchieren Sie, wie die Gesetze in anderen Ländern lauten (Schwerpunkt: Europa).

Die *zweite Gruppe* hat die Aufgabe mithilfe des Internets, das therapeutische Klonen aus der Sicht eines Mediziners darzustellen.
Mögliche Arbeitsaufträge für die Erarbeitung der Inhalte können sein:
1. Erklären Sie das Verfahren des therapeutischen Klonens (Herkunft, Gewinnung und Verwendung von Stammzellen).
2. Nennen Sie die Vor- und Nachteile, die das therapeutische Klonen mit sich bringt.
3. Schätzen Sie ab, wie realistisch die Heilungschancen sind. Nennen Sie die Krankheiten, die bekämpft werden können, und beschreiben Sie, auf welche Weise das geschieht.

Die *dritte Basisgruppe* erarbeitet mithilfe des Internets die ethischen Standpunkte des Mitarbeiters eines Ethikzentrums. Diese werden anschließend den Mitschülerinnen und Mitschülern erklärt.
Mögliche Arbeitsaufträge für die Erarbeitung der Inhalte können sein:
1. Erläutern Sie das Verfahren des therapeutischen Klonens.
2. Erklären Sie, inwieweit diese Methoden ethische Grundpositionen tangieren.
3. Diskutieren Sie, welche Verantwortung wir tragen, wenn wir mögliche Therapiechancen für schwerstkranke Menschen verhindern.
4. Erarbeiten Sie sich einen eigenen Standpunkt zu der Frage, ob menschliche Embryonen zugunsten Schwerstkranker eingesetzt werden sollen.

Gentechnik

Weniger als 30 Jahre nach der Entschlüsselung des universell gültigen genetischen Codes (ca. 1965) wurde der gezielte Eingriff in das Genom von verschiedensten Lebewesen möglich. Nach transgenen Mikroben wurden bald auch transgene Pflanzen und Tiere „produziert". Auf diese Weise hofft man, schneller und effektiver als durch herkömmliche Züchtung maßgeschneiderte Kulturpflanzen und Nutztiere zu erhalten, nicht nur für die Nahrungsmittelproduktion, sondern auch, um Grundstoffe für die Pharmaindustrie kostengünstig gewinnen zu können. Neben dieser unmittelbaren Anwendung ergeben sich aus **transgenen Organismen** aber auch ganz neue Möglichkeiten für die Grundlagenforschung. Vor allem durch das gezielte „Ausschalten" von Genen wurden bis heute schon viele entscheidende wissenschaftliche Erkenntnisse zur Wirkungsweise einzelner Enzyme in komplexen Signalketten oder zu Feinheiten des Membrantransportes gewonnen.

Neurobiologie, Neuropsychologie

Verschiedene nicht invasive, bildgebende Verfahren (z. B. Kernspintomografie, Positronen-Emissions-Tomografie) eröffnen völlig neue Möglichkeiten zur Erforschung der Hirnfunktionen. Damit wird es zunehmend gelingen, auch psychische Prozesse wie Lernen, Selbstbewusstsein und Bewertung mit neurologischen Prozessen in Verbindung zu bringen.

Erneuerbare Energiequellen

Bereits im Jahre 2004 haben Wissenschaftler die „Sonne im Glaskolben" erzeugt. Mit der sogenannten Bubble-Fusion wird die Hoffnung auf eine Revolution in der Energieversorgung geweckt.

Wenn man von **„regenerativer Energie"** spricht, meint man Energiequellen, die sich nicht erschöpfen, also solche Quellen, die direkt oder indirekt (Wasserkraft, Windenergie, Gezeitenkraftwerke) von der Sonne gespeist werden. Die Techniken sind schon weit fortgeschritten, aber durchaus verbesserungsfähig. Insbesondere bei der direkten Nutzung der Sonnenstrahlung ließen sich auch mit den derzeit möglichen Techniken bei intensiver Anwendung schon große Veränderungen erreichen.

- Bei der Ausrüstung aller Gebäudedächer mit Fotovoltaikanlagen könnte ein großer Teil der benötigten Energie bereitgestellt werden.

Die Sonne speist ihre Energie aus Kernfusionen. Möglicherweise könnte die **Kernfusion** in Zukunft eine nahezu unerschöpfliche Energiequelle sein. Möglichkeiten zur starken **Energieeinsparung** bieten Heizsysteme, die über Wärmepumpen einen Teil der zunächst nicht mehr nutzbaren Wärmeenergie der Umgebung wieder nutzbar machen. Sie funktionieren umgekehrt wie ein Kühlschrank: Der Umgebung wird Wärme entzogen, durch Verdichtung und Entspannung eines Trägermaterials kann diese Wärmeenergie genutzt werden. Schließlich dürften **Zukunftstechnologien** mit wesentlich weniger Energie auskommen als heute gebräuchliche Systeme.

Überblick

Evolution des Menschen und die Zukunft des Lebens

Die Entwicklungsgeschichte der ***Hominiden*** begann vor etwa 14 Millionen Jahren. Vor etwa sieben Millionen Jahren begannen die ersten Menschenaffen aufrecht zu gehen. Mittlerweile kennt man zahlreiche Fossilfunde, die belegen, dass sich in jener Zeit in Afrika eine ganze Reihe verschiedener Vormenschenarten mit relativ kleinem Gehirn (400–500 cm^3) entwickelte, die nebeneinander existierten. Erste Urmenschen, die schon zur ***Gattung Homo*** gestellt werden, kennt man seit etwa 2,5 Mio. Jahren. ***Homo erectus,*** der „aufrecht gehende Mensch", und nahe verwandte Arten (Gehirnvolumen 900–1 300 cm^3) begannen vor etwa 1,8 Mio. Jahren als erste Menschenarten, von Afrika ausgehend Vorderasien, Europa sowie Ost- und Südostasien zu besiedeln. Aus afrikanischen Populationen dieser Art hat sich vermutlich ***Homo sapiens*** (durchschnittliches Gehirnvolumen 1 400 cm^3) entwickelt.

Stammbaum der Primaten

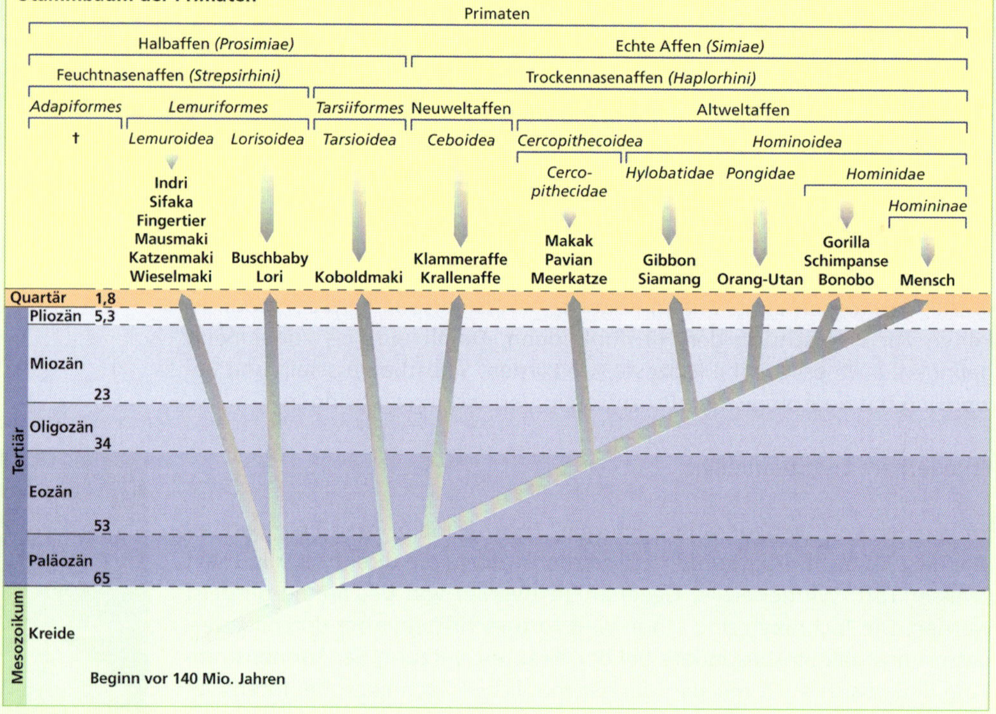

Als älteste Vertreter der modernen Menschen in Europa gelten die *Cro-Magnon-Menschen.* Sie stellten nicht nur sehr sorgfältig gearbeitete Werkzeuge, sondern auch beeindruckende Kunstwerke (Höhlenmalereien, Plastiken) und Schmuckstücke her.
Spätestens auf dieser Entwicklungsstufe begann die auf Tradition begründete **Kulturevolution** mit zunehmender Geschwindigkeit die **biologische Evolution** an Bedeutung zu übertreffen.

Die besonderen menschlichen Fähigkeiten machen es möglich, Ursachen und Wirkungen von Erscheinungen und Ereignissen in Verbindung zu bringen. Damit können wir nicht nur vergangene Entwicklungen erklären, sondern auch zukünftige vorhersagen. Aber diese Fähigkeiten sind auch eine Verpflichtung, die heute lebende Menschen zukünftigen Generationen gegenüber haben.
Die gegenwärtigen technischen Möglichkeiten und die Entwicklungen, die sich für die Zukunft abzeichnen, müssen als Chance genutzt werden, diese Verpflichtung zu erfüllen und eine **nachhaltige Entwicklung** zu ermöglichen.

Aufgaben

1. Erweitern Sie Ihr Glossar durch folgende Begriffe: Evolutionsfaktoren, Generationswechsel, Leitgewebe, Festigungsgewebe, Primaten, Homo sapiens sapiens.

Evolutionsfaktoren und ihre Wirkung

2. Erklären Sie, inwieweit die synthetische Theorie der Evolution eine Weiterentwicklung der darwinschen Evolutionstheorie ist.

3. Stellen Sie die Evolutionsfaktoren nach der „synthetischen Theorie" und deren Wirkungen auf den Genpool in einer tabellarischen Übersicht zusammen. Entscheiden Sie, ob der jeweilige Faktor für eine Verbesserung der Angepasstheit der Population an die Umweltbedingungen sorgt oder nicht.

4. In den folgenden Diagrammen werden die möglichen Wirkungsweisen der natürlichen Selektion am Beispiel einer imaginären Hirschmauspopulation (häufigste Kleinsäugerart Nordamerikas) verdeutlicht.
Benennen und erläutern Sie den jeweiligen Selektionstyp.

5. Witwenvögel sind Brutparasiten von Prachtfinken-Arten. Die meisten Witwenvogel-Arten sind dabei eng an eine Prachtfinkenart gebunden. Ihre Eier und Jungtiere gleichen sehr stark ihrer Wirtsart. Es gibt aber auch einige Witwen-Arten, die zwei oder drei sehr nah verwandte Prachtfinkenarten als Brutwirte nutzen. Geben Sie eine evolutionsbiologische Erklärung dieses Sachverhaltes.

6. In Deutschland kommen drei Hohlzahnarten in ähnlichen Lebensräumen vor:
   - Bunter Hohlzahn (*Galeopsis speciosa,* 2n = 16),
   - Stechender Hohlzahn (*Galeopsis tetrahit,* 2n = 32),
   - Weichhaariger Hohlzahn (*Galeopsis pubescens,* 2n = 16).

   Deuten Sie ihre Verwandtschaftsbeziehungen aufgrund der Chromosomenzahlen und erläutern Sie die zugrunde liegende, bei Blütenpflanzen relativ häufige Form der Artbildung.

7. Erläutern Sie die Bedeutung der Symbiose für die Artbildung am Beispiel der Flechten.

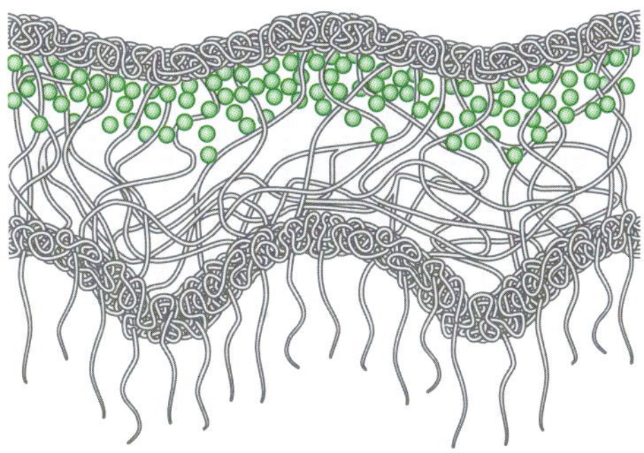

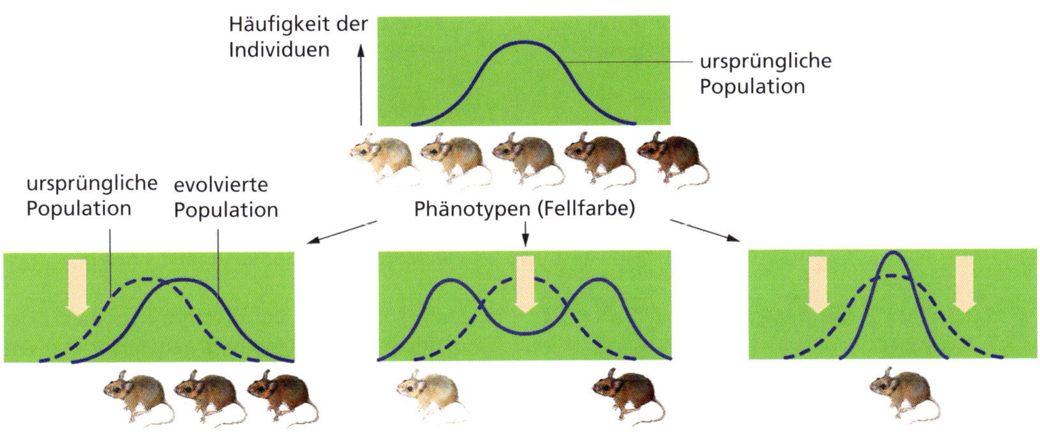

Vom Wasser aufs Land

8. Die Abbildung zeigt den Urfarn *Rhynia gwynne-vaughani,* eine Pflanze, die vor 400 Mio. Jahren lebte. Die Pflanzenreste sind durch Verkieselung ausgezeichnet erhalten und oft in Lebensstellung überliefert. Die Erhaltung ist so gut, dass an Dünnschliffen Zellwände und manchmal sogar Zellkernreste, Spermatozoiden und Eizellen untersucht werden können.
Stellen Sie zusammen, welche Merkmale die Pflanze als typische Landpflanze ausweisen. Diskutieren Sie die Stellung der Pflanze im Bezug zu den heutigen Landpflanzenabteilungen (Moospflanzen, Farnpflanzen, Samenpflanzen).

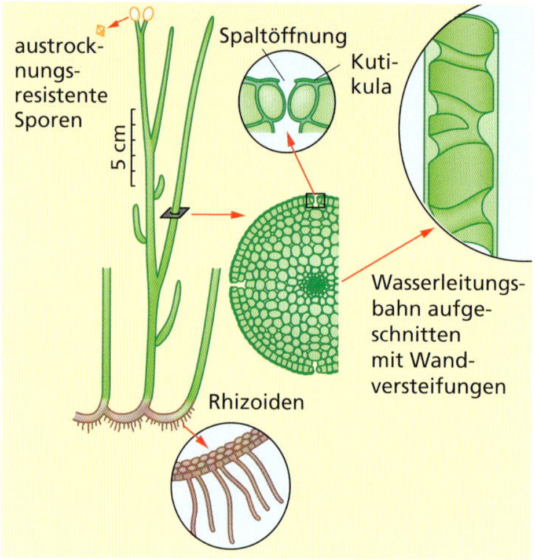

9. Von dem Urfarn *Aglaophyton major* kennt man mittlerweile Sporophyt und Gametophyt, sodass sich der Generationswechsel rekonstruieren lässt. Zeichnen Sie ein Schema für den Generationswechsel von *Aglaophyton major* entsprechend den Darstellungen auf der Seite 106 und vergleichen Sie ihn mit Moosen und Farnen.

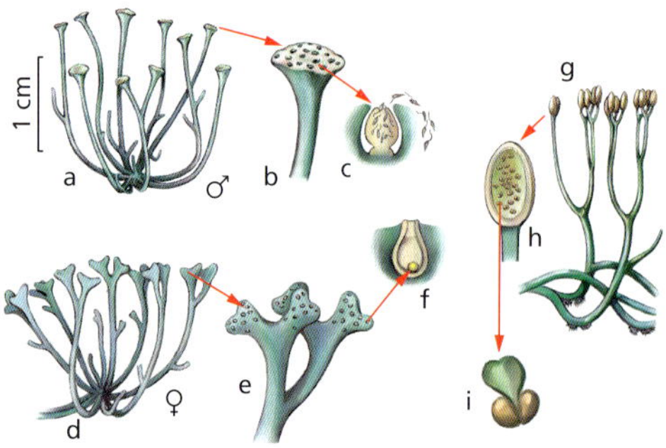

Molekularbiologische Belege für die Evolution der Organismen

10. Mithilfe von Restriktionsendonucleasen und Gelelektrophorese kann man Unterschiede in der Nucleotidsequenz von Nucleinsäuremolekülen nachweisen.
Beschreiben Sie die Vorgehensweise.

11. Der Pax6-Transkriptionsfaktor wurde zuerst als Transkriptionsfaktor entdeckt, der bei Mäusen für die Augenentwicklung wichtige Gene aktiviert. Darauf stellte man fest, dass Pax6 und das zugehörige Gen bei allen Wirbeltieren für die Augenentwicklung wichtig sind.
Ein Genomvergleich ergab, dass auch bei der Taufliege *(Drosophila)* ein entsprechendes Gen vorkommt, dessen Verlust dazu führt, dass keine Augen gebildet werden. Ziehen Sie Schlussfolgerungen für die Evolution des Sehsinnes bei den Tieren.

12. Genomanalysen kann man sowohl für die Erforschung verwandtschaftlicher Beziehungen zwischen systematisch weit entfernten Gruppen als auch zur Identifizierung von Individuen einsetzen. Dabei werden allerdings unterschiedliche Bestandteile der Genome genutzt.
Erläutern Sie dies an Beispielen.

Evolution des Menschen und die Zukunft des Lebens

13. Nennen Sie für folgende systematische Gruppen jeweils ein Merkmal, das den Menschen als Vertreter diese Gruppen charakterisiert:
Ordnung *Primates,* Klasse *Mammalia, Amniota, Gnathostomata,* Unterstamm *Vertebrata,* Stamm *Chordata, Deuterostomia,* Reich *Animalia* (Tiere), Domäne *Eukarya.* Erläutern Sie in diesem Zusammenhang und unter Zuhilfenahme der Abbildungen auf den Seiten 136 und 122 die systematische Stellung des Menschen.

14. Vergleichen Sie die anatomischen und morphologischen Unterschiede und Gemeinsamkeiten von Mensch und Gorilla in Tabellenform.

15. Stellen Sie die Out-of-Africa-Hypothese der multiregionalen Hypothese gegenüber und verdeutlichen Sie die Schwächen und Stärken beider Modelle in Ihrer Argumentation.

Erschließungsfelder

Carl von Linné erkannte bereits 1735, dass der Mensch aufgrund seiner äußeren Merkmale eine gemeinsame Säugetierordnung mit Affen und Halbaffen bildet. Im Jahre 1859 veröffentlichte Charles Darwin, dass Affen und Menschen gemeinsame Vorfahren haben. Darüber besteht heute kein Zweifel mehr. Wie die Entwicklung im Laufe der **Zeit** genau ablief, bedarf noch sehr vieler Forschungsarbeit. Mit jedem Knochenfund wird die **Vielfalt** der Fossilien immer größer. Um sie zu ordnen, müssen ihre **Strukturen** analysiert werden. Über deren **Funktionen** erschließt sich dann häufig die **Angepasstheit** der einzelnen fossilen Menschenformen. Ein Kriterium zur Einschätzung der Angepasstheit ist die **Energieeffizienz** der Individuen.

Neandertaler

Steinbrucharbeiter stießen 1856 in der Feldhofer Grotte im Neandertal bei Düsseldorf auf Knochen, die von J. C. Fuhlroth (1803–1877) als altertümliche Menschenknochen identifiziert wurden. Nach dem Erscheinen von Darwins Werk über die Entstehung der Arten erlangte dieser Knochenfund schnell große Berühmtheit, weil man darin einen ursprünglichen Vorfahren des heutigen Menschen vermutete, den „Neandertaler" (Abb. unten links).

Bis heute sind die Beziehungen der heutigen Menschen zu den mittlerweile aus vielen Fundstellen Europas und Asiens bekannt gewordenen „Neandertaler" nicht vollständig geklärt. Handelt es sich um einen wirklichen Vorfahren? Kann man ihn als Unterart von *Homo sapiens (Homo sapiens neanderthalensis)* ansehen? Oder muss man ihm den Rang einer eigenen Art *(Homo neanderthalensis)* zugestehen?

1. Zeit, Vielfalt und Angepasstheit

Setzen Sie die Funddaten von Neandertalern (Kasten) in Beziehung zur Ausbreitung des *Homo sapiens* (↗ Abb. unten rechts). Überlegen Sie, welche Ursachen zu dem Aussterben von Neandertalern vor ca. 30 000 Jahren geführt haben könnten.

Über den Zeitpunkt des ersten Auftretens von Neandertalern herrscht bis heute bei Paläoanthropologen keine Einigkeit:

- Morphologische Befunde lassen eine Entwicklung aus *Homo heidelbergensis* vor erst 150 000 - 120 000 Jahren möglich erscheinen.
- Nach Werkzeugfunden (Schaber, Steinspitzen, Steinmesser) könnten sie sich schon vor 250 000 Jahren entwickelt haben.
- Berechnungen aufgrund molekulargenetischer Befunde sprechen für eine eigene Entwicklungslinie von modernen Menschen und Neandertalern seit ca. 600 000 Jahren.
- Funde mit Gehirnvolumina zwischen 1 100 und 1 200 cm^3 und Merkmalen, die teilweise für Neandertaler sprechen, kennt man seit etwa 250 000 Jahren.
- Typische Neandertalerreste aus dem Nahen Osten sind bis 80 000 Jahre alt (Shanidar, Nordirak; Berg Karmal, Israel).
- Die meisten Funde, die sich von Spanien bis nach Usbekistan erstrecken, fallen in die Zeit vor 50 000 bis 30 000 Jahre.
- Gesicherte Funde, die jünger als 27 000 Jahre sind (Gibraltar, Kroatien), kennt man bisher nicht.

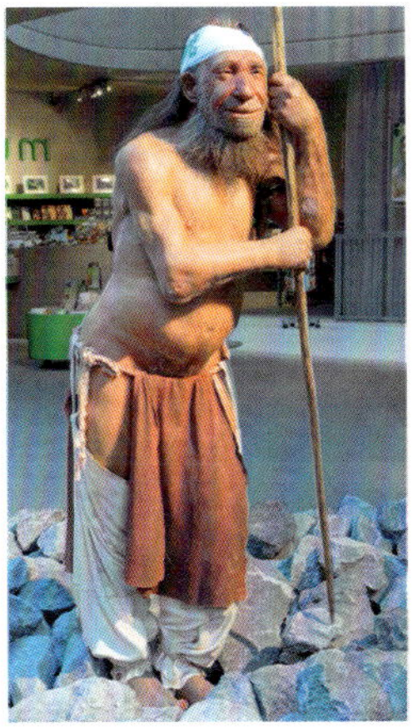

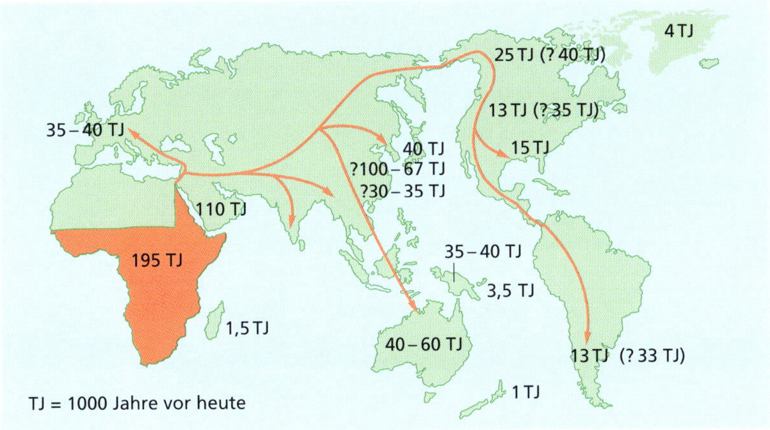

2. Struktur und Funktion, Vielfalt und Angepasstheit, Stoff und Energie

Vergleichen Sie Skelettmerkmale von Neandertaler und Jetztmensch (↗ Tab.) und ziehen Sie daraus Schlussfolgerungen über Zusammenhänge zwischen Form und Funktion.

Merkmal	Neandertaler	Jetztmensch
Schädelkapazität	1300–1750 cm^3	1250–1700 cm^3
Kiefer	sehr hoch und lang, Schneide- und Backenzähne sehr kräftig	flacher und kürzer, Schneide- und Backenzähne kleiner
Knochenbau	sehr robust	weniger robust
Körperbau	untersetzt, etwas vornüber gebeugt	schlank, vollständig aufrecht
Muskulatur	sehr kräftig	mittel
Verhältnis von Unterschenkel zu Oberschenkel	2,9 : 4	3 bis 3,5 : 4

3. Fortpflanzung, Zeit, Information

Um zu klären, wie Jetztmenschen mit Neandertalern verwandt sind, wurden Genanalysen an Fossilfunden von Neandertalern durchgeführt und mit entsprechenden Befunden von Jetztmenschen verglichen (Abb.). Dabei stützte man sich vor allem auf Vergleiche der mitochondrialen DNA.

- Begründen Sie, warum Mitochondrien als Zellorganelle von Eukaryoten eigene DNA enthalten.
- Stellen Sie die prinzipielle Vorgehensweise bei der Genomanalyse vor.
- Nehmen Sie auf der Grundlage des Kladogramms Stellung zu den in der Einleitung dargestellten Hypothesen zur Verwandtschaft von heutigen Menschen und Neandertalern.

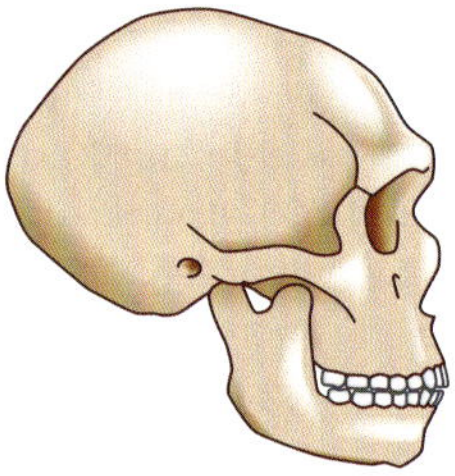

Homo neanderthalensis

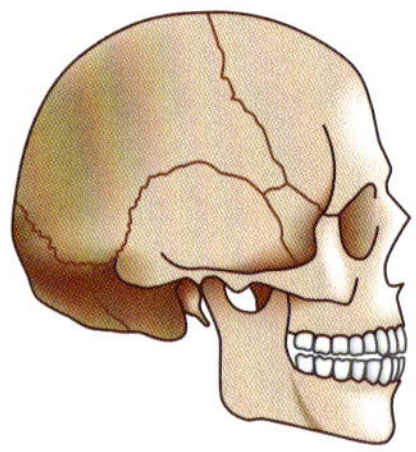

Homo sapiens

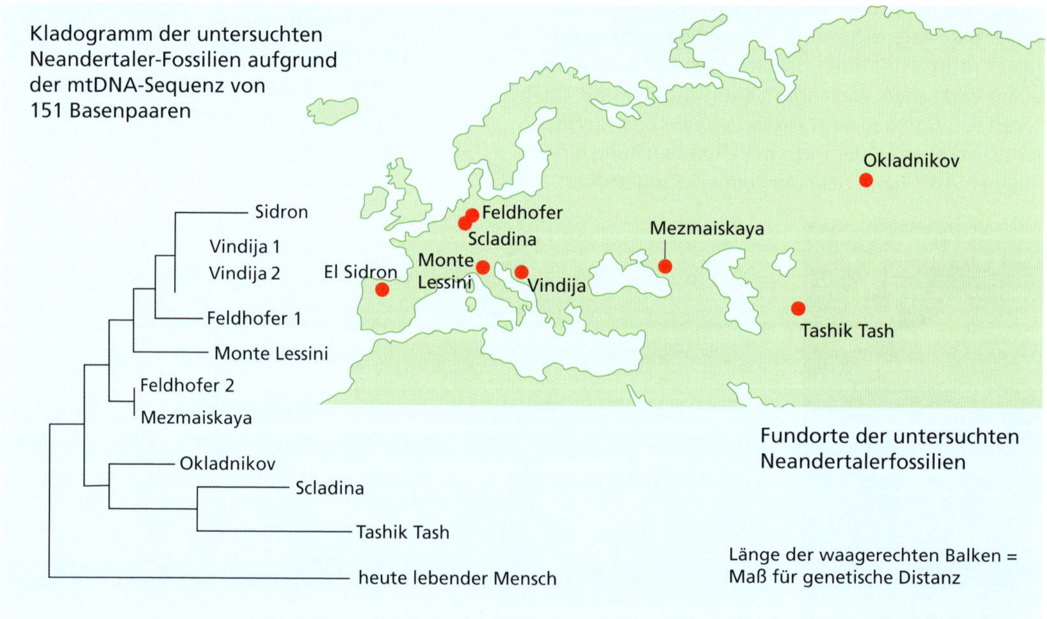

5 Wahlthema

Wahlthema: Allergien

griech.: *allos* = anders; *ergon* = Werk, Handlung

Der Begriff „Allergie“ wurde 1906 von dem österreichischen Kinderarzt Clemens von Pirquet (1874–1929) geprägt und umschreibt eine Überempfindlichkeit im Sinne einer abnormen Reaktivität des Immunsystems gegenüber einem nicht infektiösen Antigen. Derartige körperfremde Substanzen werden in diesem Zusammenhang als **Allergene** bezeichnet.

Die meisten Allergene werden schon in geringsten Dosierungen wirksam. Heute weiß man, dass potenziell jede Substanz durch Bindung an Körpereiweiß zum Antigen werden kann.

Die Krankheitsbezeichnung **Allergie** umfasst außerordentlich verschiedene Symptomkomplexe. Die Palette reicht u.a. von periodisch auftretendem Schnupfen über Kreislaufkollaps, Magenkrämpfe, Migräne, tiefrote Hautflecken, brennende Augen, starken Juckreiz bis zu platzender entzündeter Haut. Häufige lokale allergische Erscheinungen sind Heuschnupfen *(Rhinitis)*, Bronchialasthma und Nesselfieber *(Urticaria)*. Diese allergischen Erscheinungen beruhen auf unterschiedlichen immunologischen Mechanismen.

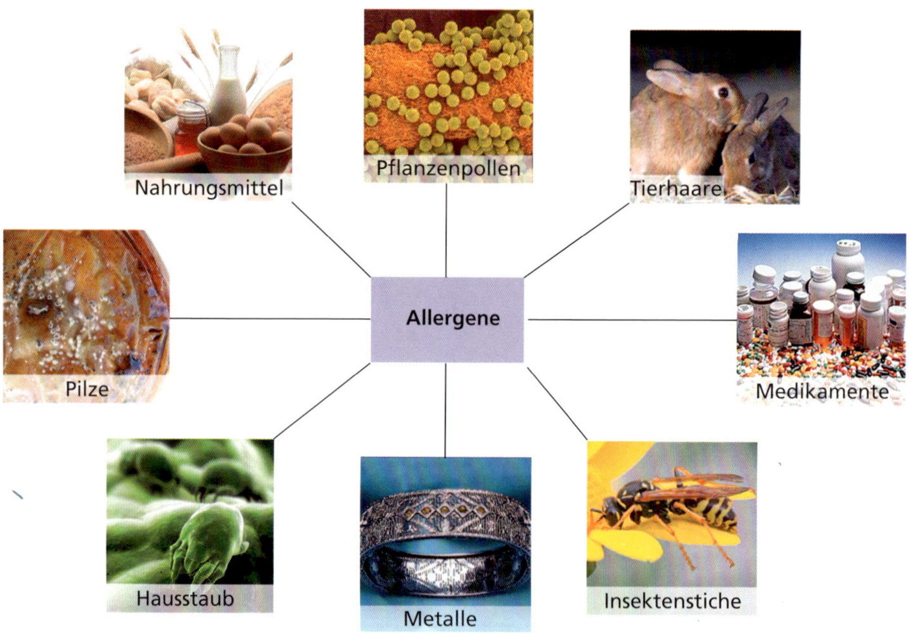

Allergieformen sind:
- Allergietyp I: Soforttyp
- Allergietyp II: cytotoxische Überempfindlichkeit
- Allergietyp III: Immunkomplexbildung
- Allergietyp IV: Kontaktekzem

Thema

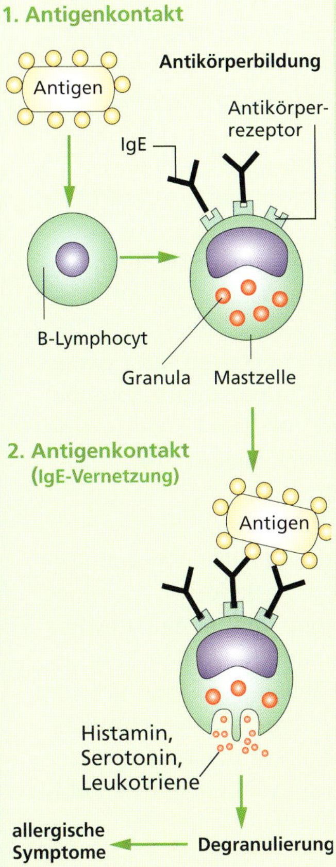

1 Entstehung einer Allergie

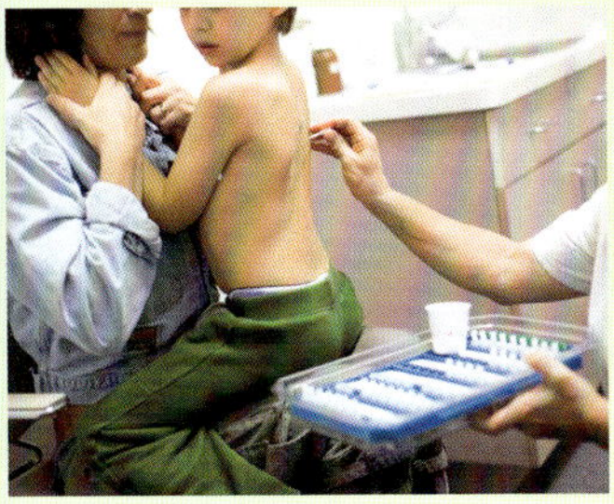

2 Allergietest

Entstehung, Symptome, Diagnose und Therapie von Allergien

Allergien gegen irgendwelche Substanzen können sich in jedem Lebensalter bilden. Sie entwickeln sich entweder ganz allmählich oder treten schlagartig auf. Die Gefahr, an einer Allergie zu erkranken, ist stark erhöht, wenn Eltern oder Geschwister ebenfalls an Allergien leiden. Zu den **genetischen Faktoren** gehören u. a. die überschießende Bildung von Immunglobulin-E (ein an Zellen des Immunsystems gebundener Antikörper) und die verminderte Aktivität von Suppressorzellen (sie unterdrücken die übertriebene Immunantwort). Ein Allergen kann bei solch einem Überschuss an Antikörpern bzw. beim Fehlen der hemmenden Steuerung des Immunsystems leicht eine Allergie auslösen.

Zu den **nicht genetischen Faktoren,** die für die Auslösung einer Allergie verantwortlich sind, gehören die intensive Allergenexposition (erzwungene Allergie), wie sie beispielsweise bei Arbeitern in Baumwollspinnereien gegen Baumwollstaub (Byssinose) auftreten kann, und die erhöhte Durchlässigkeit der Haut- oder Schleimhautbarriere, die durch Infektionen oder Chemikalien hervorgerufen worden sein kann.

Auch die **Menge an Fremdstoffen,** mit denen das Immunsystem konfrontiert wird, hat einen Einfluss auf die Bildung von Allergien. Danach sind Kinder, die in ihrer Frühentwicklung mit vielen infektiösen Stoffen in Berührung gekommen sind, weniger anfällig für Allergien (Schmuddelkinder-Hypothese). Schließlich können auch psychische Faktoren für die Auslösung von allergischen Reaktionen verantwortlich sein.

Der Erstkontakt mit dem Allergen zeigt meist keine direkten Folgen. Auf ihn folgt eine Sensibilisierungsphase, die mindestens fünf Tage und bis zu mehreren Jahren dauert. Nach der Sensibilisierung führt jeder weitere Kontakt mit dem Allergen zu einer allergischen Reaktion (↗ Abb. 1). Die **allergischen Reaktionen** treten vor allem dort auf, wo der Körper mit dem Allergen in Berührung kommt. Bei einer Pollenallergie ist das beispielsweise in der Nase, an den Augen und in den Atemwegen. Wenn aber ein Allergen ins Blut gelangt, so kann es im ganzen Körper Reaktionen hervorrufen.

... und mehr

Informieren Sie sich auch unter: *Infektionskrankheiten, Monoklonale Antikörper, Unspezifische Immunreaktion, Spezifische Immunreaktion, Autoimmunerkrankungen*

Wahlthema: Krebs und Immunsystem

Als **„Krebs"** bezeichnet man Krankheiten, die mit einer starken Vermehrung von Zellen verbunden sind. Krebszellen entziehen sich den normalen Regulationsmechanismen des Zellzyklus. Dies bedeutet, dass Zellvermehrung, -differenzierung und -sterben nicht mehr normal ablaufen. In menschlichen Zellen sind etwa 5000 von 25000 Genen für diese Regulationsmechanismen verantwortlich. Um aus gesunden Zellen eines Gewebes Krebszellen werden zu lassen, sind deshalb mehrere genetische Veränderungen notwendig:
- Prädisposition durch vererbte genetische Veränderungen,
- Einflüsse der Umwelt (radioaktive Strahlen, UV-Strahlen, bestimmte chemische Stoffe usw.),
- Onkoviren (sie tragen zur Krebsentwicklung bei, indem sie ihr genetisches Material in die DNA infizierter Zellen integrieren).

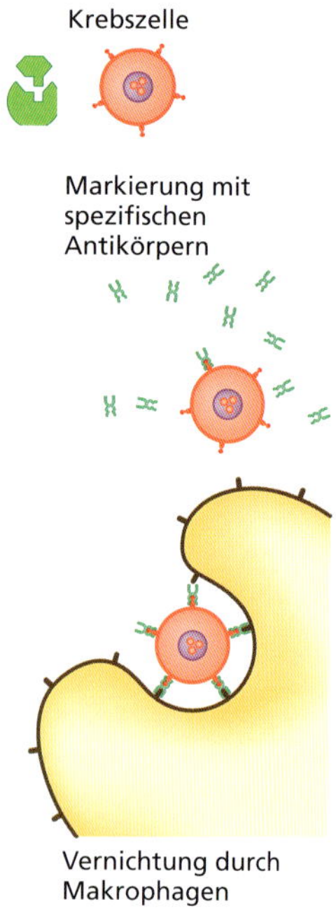

1 Spezielle Antikörper zur Krebsbekämpfung

Die **erbliche Disposition für Krebs** kann man sich so erklären, dass einige krebsfördernde Gene (**Onkogene** oder veränderte **Tumorsuppressorgene**) durch Mutation bereits bei der Geburt vorhanden sind. Das Risiko für eine umweltbedingte Krebsauslösung ist dann größer, weil weniger zusätzliche genetische Veränderungen hinzukommen müssen.

Tumorzellen sind zwar körpereigene Zellen und solche Zellen werden normalerweise vom Immunsystem nicht erkannt. Da sie jedoch gegenüber normalen Zellen deutliche Veränderungen aufzeigen, gibt es eine gewisse Wirksamkeit des eigenen Immunsystems gegenüber Krebszellen. Die Unterschiede der Krebszellen gegenüber normalen Zellen kann man sich für eine Immuntherapie zunutze machen. Wenn es gelingt, spezielle Antikörper zu produzieren, die sich spezifisch an bestimmte Krebszellen anlagern, so können diese Krebszellen vom Immunsystem, insbesondere von den **Makrophagen,** erkannt und vernichtet werden (↗ Abb. 2).

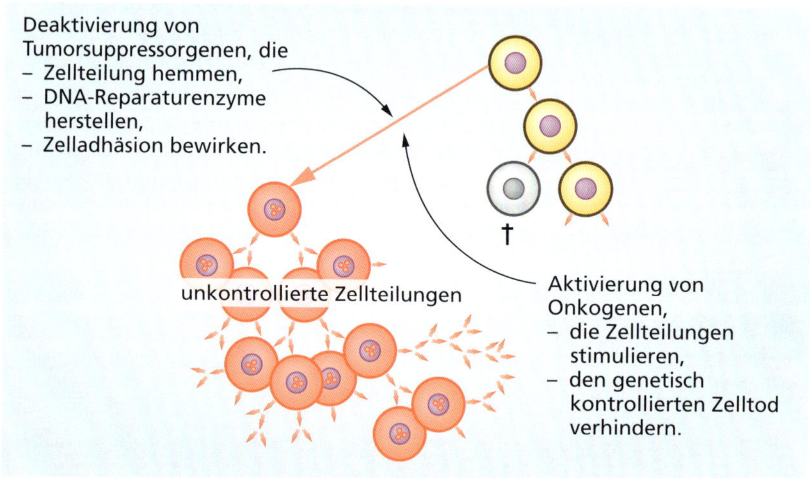

2 Ursachen von Krebs

Thema

Zellzyklus

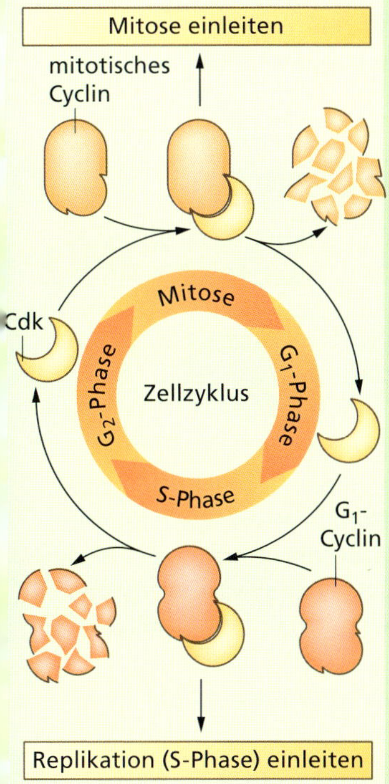

1 Kontrollsystem der cyclinabhängigen Proteinkinasen.

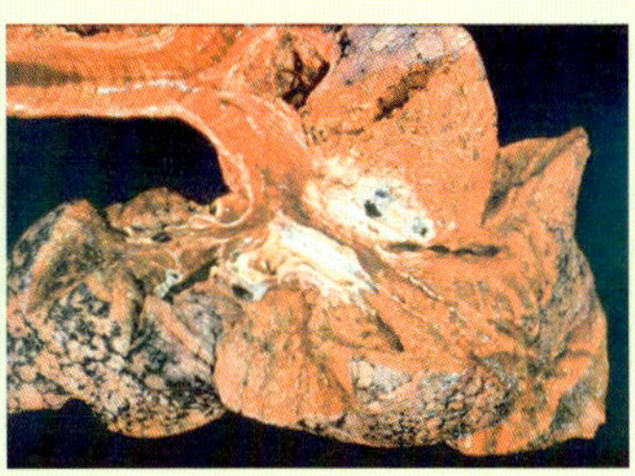

2 Raucherlunge mit Lungenkrebs

Zellteilungen mit den dahinführenden zellulären Synthese- und Wachstumsvorgängen laufen zyklisch ab. Bei der **Zellteilung** müssen einerseits die Chromosomen verdoppelt werden, andererseits auch das Plasma und die Zellorganellen. Das wesentliche Problem ist die Koordination dieser Prozesse. Den zyklisch verlaufenden Prozess vom Abschluss einer Mitose mit Tochterzellenbildung bis zum Ende einer folgenden Mitose bezeichnet man als Zellzyklus.
Für die Kontrolle des reibungslosen Ablaufs der einzelnen Prozesse im Zellzyklus sind bestimmte Gene zuständig, welche Proteine produzieren, die diese **Regulation** übernehmen. Diese Regulatorproteine wirken wiederum auf andere Proteine aktiverend, indem sie diese phosphorylieren (Proteinkinasen = Cdk). Die Proteinkinasen werden durch die Anlagerung weiterer Proteine, der Cycline, aktiviert (↗ Abb. 1).

Lange Zeit gab es keine befriedigenden Erklärungen für die Faktoren und Signale, welche die Abläufe des Zellzyklus steuern. Auch derzeit sind noch manche Fragen offen. Dennoch ist man sich heute sicher, dass die zyklischen Veränderungen der **Regulatorproteine** als Zeitgeber für den Eintritt in die folgende Phase des Zellzyklus dienen. Für den korrekten Ablauf des Zellzyklus sorgen die oben beschriebenen cyclinabhängigen Proteinkinasen, Phosphatasen und Regulatorproteine vom Typ der Cycline. Proteinkinasen und Phosphatasen wirken als **„Ein- und Ausschalter"** für die Aktivität anderer Proteine. Von den Proteinkinasen weiß man sicher, dass sie immer dann aktiviert werden, wenn sich an sie die passenden Cyclinmoleküle anlagern. In dieser aktivierten Form sorgen sie Schritt für Schritt für den geordneten Ablauf des Zyklus.

Für die Entdeckung der Cycline und ihrer Bedeutung für die Regulaton des Zellzyklus erhielten L. H. HARTWELL, R. T. HUNT und P. M. NURSE 2001 den Nobelpreis für Physiologie oder Medizin.

In der Beeinflussung des Zellzyklus sieht man eine der therapeutischen Möglichkeiten bei der Entartung von Zellen (Krebs). Erst jüngst wurde in China ein Medikament genehmigt, mit dem Patienten ein therapeutisches Virus mit einem Reparaturgen gespritzt wird. Durch Einbau des Gens in das Genom der Tumorzellen soll der Defekt behoben und die Zelle zur Rückkehr zum normalen Zyklus veranlasst werden.

... und mehr

Informieren Sie sich auch unter: *Enzyme in der Biotechnik, Helicobacter pylori, Gesundheitsgefahr durch Rauchen, Kern- und Zellteilung, Die Herbstzeitlose Colchicum autumnale und ihr Gift Colchicin*

Wahlthema: Nervensysteme

Es gibt funktionell unterschiedliche Gliazellen: Astrocyten kleiden den Blutkapillaren im Gehirn aus, Oligodendrocyten umschließen und isolieren Neuronen als Markscheide.

Das **Nervensystem** (NS) der Wirbeltiere besteht aus Neuronen und Gliazellen. Die Gliazellen isolieren, schützen und unterstützen die Neuronenfunktion. Das Nervensystem der Wirbeltiere kann unterteilt werden:

1. in das **zentrale Nervensystem** (ZNS), in dem Informationen verarbeitet werden, sowie
2. in das **periphere Nervensystem** (PNS), das Informationen von den Rezeptoren in das ZNS und zu Muskel- und Drüsenzellen sendet.

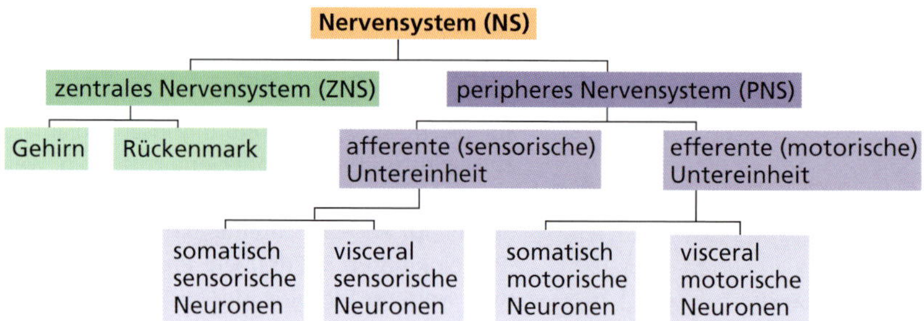

Der afferente Teil des PNS überträgt Information an das ZNS, der efferente Teil gliedert sich in das somatische NS, das die Skelettmuskulatur steuert, und das viscerale NS, das für die glatte Muskulatur, den Herzmuskel und die Organe des Verdauungs-, Hormon- und Ausscheidungssystems verantwortlich ist. Dieser Teil ist nicht willentlich beeinflussbar. Zusammen mit sensorischen und zentralnervösen Anteilen des NS, die unbewusst und unwillkürlich arbeiten, wird dieser Teil des NS als **vegetatives** oder **autonomes Nervensystem** bezeichnet.

Das **vegetative Nervensystem** (VNS) besteht aus den zwei Gegenspielern **Parasympathikus** und **Sympathikus.** Es regelt die lebensnotwendigen Körperfunktionen (z. B. Atmung, Stoffwechsel, Blutdruck) so, dass sie den Bedürfnissen des Körpers optimal entsprechen. Diese Regelung funktioniert unwillkürlich (ohne Bewusstsein). Deshalb spricht man auch vom **autonomen NS.**

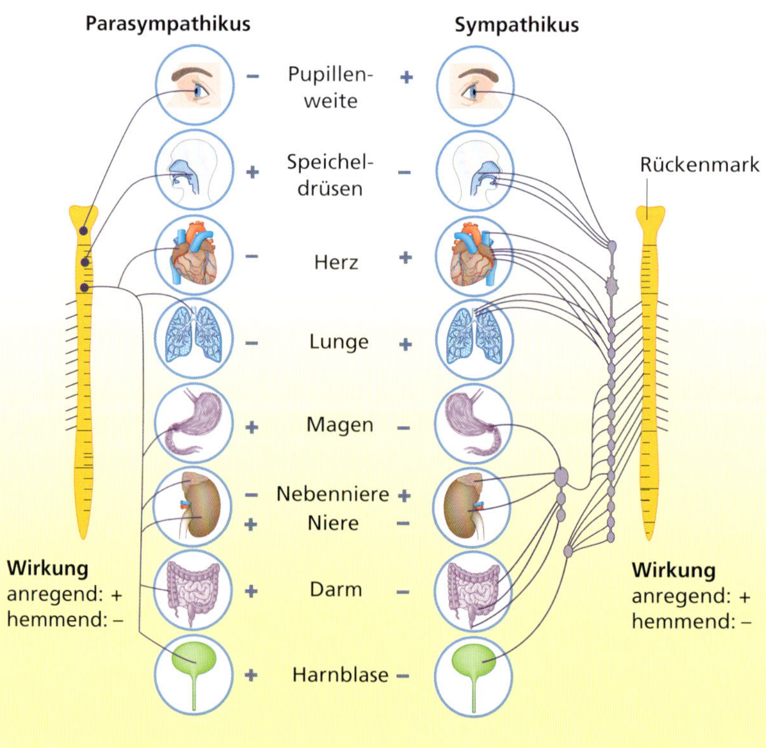

Thema

Nervensysteme wirbelloser Tiere

Mit der Entwicklung des zweiseitig (bilateral) gleichartigen (symmetrischen) Körperbaus und der damit zusammenhängenden Kopfausbildung (Cephalisation) fand eine fortschreitende **Zentralisation** des Nervensystems statt. Auch die gerichtete Fortbewegung spielt bei dieser Entwicklung eine wesentliche Rolle. An dem Körperende, welches bei der Fortbewegung als erstes mit der Umwelt in Berührung kommt, wurden vermehrt Sinnesorgane ausgebildet.

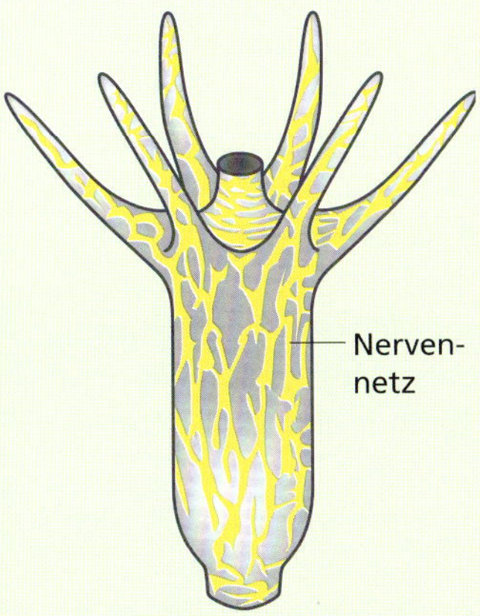

1 Netzartiges Nervensystem eines Süßwasserpolypen ohne deutliches Zentrum

Hohltiere

Den einfachsten Typ eines Nervensystems (NS) findet man innerhalb der Hohltiere bei den Nesseltieren *(Cnidarien)*. Sie besitzen ein diffuses (zerstreutes), netzartiges System von Nervenzellen, welches an der äußeren Zellschicht über den gesamten Körper verteilt ist (↗ Abb. 1). Die Informationsleitung findet an den Synapsen solcher Nervennetze in beide Richtungen statt.

Plattwürmer

Eine zunehmende Cephalisation findet man bei den Plattwürmern *(Plathelminthes)*. Zu den Plattwürmern gehören Strudelwürmer, Saugwürmer und Bandwürmer. Bei höheren Strudelwürmern kommt es zur Zentralisation des NS. Assoziations- und motorische Zellen vereinigen sich zu Längssträngen (Konnektive), die durch Querstränge (Kommissuren) miteinander verbunden sind. Plattwürmer haben bereits ein kleines **Gehirn** ausgebildet, von dem aus die Markstränge durch den Körper ziehen. Das periphere Nervensystem (PNS) besteht aus einem **Strickleiternetz.**

2 *Sepia officinalis* ist ein Vertreter der Kopffüßer.

Weichtiere

Zu den Weichtieren *(Mollusken)* gehören u. a. Schnecken, Muscheln und Tintenfische (Kopffüßer, *Cephalopoda*, ↗ Abb. 2). Den höchsten Grad der Gehirnbildung haben die Cephalopoden erreicht. Die sensorischen Zentren sind im Cerebralganglion lokalisiert. Die übrigen Ganglienpaare haben sich zu einem Unterschlundganglion zusammengeschlossen und enthalten die motorischen Zentren. Die Verbindungen zwischen den Ganglienpaaren sind zugunsten der Verschmelzung stark reduziert. Diese Organisation entspricht einem hoch entwickelten **Gehirn** und zeichnet sich zusätzlich durch **Riesenaxone** aus. Am Kopf befinden sich leistungsfähige Augen mit Linsen, welche von innen durch Knorpelgewebe umschlossen und geschützt werden. Besonders Kraken gehören zu den intelligentesten wirbellosen Tieren.

... und mehr

Informieren Sie sich auch unter: *Rückenmark, Erregungsleitung, Transmittersubstanzen sichern die Funktion chemischer Synapsen, Erregbarkeit tierischer Zellen, Von der Reizaufnahme bis zur Reaktion, Kopplung von Nervensystem und Hormonsystem*

Wahlthema: Verhaltensbiologisches Praktikum

Von der Beobachtung zum quantitativen Experiment

Als **Hypothese** bezeichnet man in sich widerspruchsfreie Aussagen, deren Gültigkeit zwar nur vermutet wird, die aber begründbar sind. Naturwissenschaftliche Hypothesen müssen plausibel und v.a. durch weitere Beobachtungen und Untersuchungen testbar sein. So kann überprüft werden, ob die zugrunde liegenden Annahmen fehlerhaft oder richtig sind.

Die Verhaltensbiologie gilt vielfach als anschauliches Fachgebiet und ist deshalb sehr populär. Denn jeder kann Tiere beobachten und zieht aus den Beobachtungen seine Schlüsse. Dabei werden jedoch häufig Realität und Interpretation vermischt. Denn es ist grundsätzlich schwierig, herauszufinden, was in einem anderen vorgeht, dies um so mehr, wenn der andere ein Tier ist.

Beobachten wir Tiere mit einem wissenschaftlichen Anspruch, müssen diese Schwierigkeiten problematisiert und einbezogen werden. Ein Schritt in diese Richtung ist es, Interpretationen als **Hypothese** zu formulieren (↗S. 72).

Da Verhalten in der Regel komplex ist, setzt sich der Mensch – häufig unter dem Einsatz von Hilfsmitteln (z. B. Video) – selbst als „Messgerät" ein. Um damit verbundene, individuelle Einflüsse auszuschalten, gibt es für Untersucher einige grundsätzliche Regeln:

- Um das beobachtete Tier möglichst wenig zu beeinflussen, verhält sich der Beobachter so zurückhaltend wie möglich.
- Die Beobachtungen werden formuliert, ohne zu interpretieren (z. B. „wedelt mit dem Schwanz" statt „freut sich").
- Da eine nachträgliche Dokumentation (v. a. bei längeren Beobachtungsepisoden) leicht zu Verfälschungen führt, wird das Beobachtete bereits in der aktuellen Situation festgehalten, z. B. mit Diktiergerät, Kamera, Computer, als Eintragung in einer vorbereiteten Liste oder als schriftliche Notiz in einem festen Protokollbuch.

Das **Ethogramm** ist eine Liste, in der Verhaltensmuster zusammengestellt und so beschrieben werden, dass diese von anderen Untersuchern erkannt und genutzt werden können. Letztendlich enthält ein Ethogramm das gesamte Verhaltensrepertoir z. B. eines Tieres oder einer Art. Zur Untersuchung spezieller Fragestellungen reicht es, als Grundlage entsprechende Teilethogramme zu erstellen.

Zur systematischen Analyse von Verhaltensmustern ist das Aufstellen eines **Ethogramms** hilfreich. Darin werden die Verhaltensmuster jeweils Funktionskreisen zugeordnet (z. B. Nahrungsaufnahme, Balz, Bewegung).

Funktionskreis	Verhaltensmuster (Benennung)	Verhaltensmuster (Beschreibung)
Ernährung	Picken	Schnabel wird zum Futter geführt, Schnabelspitze packt Nahrungspartikel
	Schlucken	Kopf wird zurückgeworfen, Kehle erweitert sich und zieht sich zusammen, ruckhafte, rückwärtige Kopfbewegung
	Trinken	Schnabel wird in Flüssigkeit getaucht, dann Kopf gehoben, der Nacken nach hinten gebogen, Körper richtet sich auf
Sozialverhalten	Hacken	Schnabel wird schnell zum Gegenüber hin- und weggeführt

Methode: Verhaltensexperimente durchführen, auswerten und dokumentieren

Verhaltensexperimente durchführen

Experimente sind im Prinzip Fragen an das zu untersuchende Objekt. Dieses „beantwortet" die Frage durch seine Reaktion (Ergebnis des Experiments).

Der Übergang von einer systematischen Beobachtung zum **quantitativen Experiment** wird am Beispiel von angeborenen Verhaltensmustern verschiedener Mäusearten (Haus-/Labormaus, Wüstenrennmaus/Gerbil, ↗S. 151) deutlich. Deren natürliche Umwelt ist völlig unterschiedlich: Für die Hausmaus ist sie hoch strukturiert und unübersichtlich, für Wüstenrennmäuse weitestgehend offen und einsehbar. Dies hat sich im Verlauf der Evolution auch im Verhalten niedergeschlagen.

Verhalten beobachten

Halten Sie Mäuse und Wüstenrennmäuse in artspezifisch eingerichteten Terrarien. Beobachten Sie die Tiere und beschreiben Sie ihre Aufenthalts- und Bewegungsabläufe. Definieren Sie charakteristische Verhaltensmuster und erstellen Sie ein Teilethogramm.

Tipp: Nähern Sie sich den Mäusen mit der Hand nicht von oben an, sondern nur von der Seite oder von unten.

Hypothese formulieren

Formulieren Sie aufgrund Ihrer vorherigen Beobachtungen einfache Hypothesen über das Verhalten der Tiere im Versuch und machen Sie Vorhersagen, die Sie im Experiment testen können.

Tipp: Es ist sinnvoller, eine Hypothese zu falsifizieren (widerlegen) als zu verifizieren (bestätigen). Denn ist sie widerlegt, muss sie nicht weiter verfolgt werden. Dagegen ist die Verifizierung kein Beweis einer Hypothese, sondern macht sie höchstens etwas wahrscheinlicher.

Um quantitative Aussagen über das Aufenthalts- und Bewegungsverhalten von Tieren zu machen, wird die von C. S. HALL 1934 entwickelte Methode des *„open fields"* angewandt. Unterschiedlich standardisiert wird sie bis heute für verschiedene Fragestellungen angewandt:

- Sie strukturiert Raum und Zeit und
- macht Verhalten quantifizierbar, indem sie eine große Zahl gleichartiger Daten produziert (↗Abb. 1).

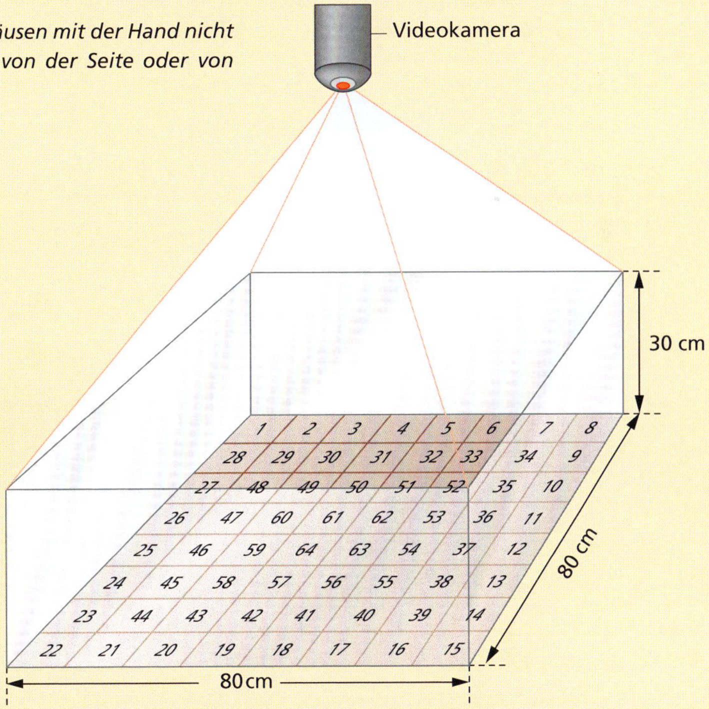

1 Das *„open field"* besteht aus einer Holzplatte (80 x 80 cm) mit einem Raster von 64 durchnummerierten Quadraten (10 x 10 cm) und 30cm hohen Außenwänden als Abgrenzung.

Verhaltensexperimente auswerten

Ziel einer quantitativen Datenaufnahme sind Datensätze, die reproduzierbar und unabhängig von persönlichem „Augenmaß“ sind. Man kann sie in verschiedene Richtungen und auch statistisch auswerten, um die Hypothesen und ihre Vorhersagen kritisch zu testen.

Quantitative Datenaufnahme
Halten Sie das Verhalten des Tieres mit einem Camcorder für genau fünf Minuten fest. Setzen sie dazu ein Tier in die Mitte der Fläche und filmen Sie von einer festen Position, wie es sich verhält.

Daten auswerten
1. Zählen Sie, wie häufig, und messen Sie, wie lange die definierten Verhaltensmuster jeweils in den fünf Minuten aufgetreten sind (vergleichend für beide Arten).
2. Notieren Sie anhand der Videoaufnahme alle zwei Sekunden die Nummer des Feldes, auf dem sich das Tier gerade aufhält (150 Werte).
   Gibt es Felder, die bevorzugt/gemieden wurden?
3. Fassen Sie die Quadrate auf der Platte jeweils in vier konzentrischen Zonen zusammen und ordnen Sie die 150 Aufenthaltsorte diesen zu.
   Welche Zonen werden bevorzugt/gemieden?

1	2	3	4	5	6	7	8
28	29	30	31	32	33	34	9
27	48	49	50	51	52	35	10
26	47	60	61	62	53	36	11
25	46	59	64	63	54	37	12
24	45	58	57	56	55	38	13
23	44	43	42	41	40	39	14
22	21	20	19	18	17	16	15

1 Das „open field“ – eingeteilt in Felder und Zonen

Daten darstellen und vergleichen
Nutzen Sie zur anschaulichen und vergleichenden Darstellung verschiedene Diagrammtypen (z. B. Histogramm oder Kreisdiagramm).
Wenden Sie angemessene statistische Methoden an, um zu testen, ob Unterschiede in den Daten signifikant sind. Interpretieren Sie Ihre Ergebnisse und formulieren Sie auf dieser Basis mögliche neue Hypothesen. Schreiben Sie ein Protokoll zu den Versuchen.

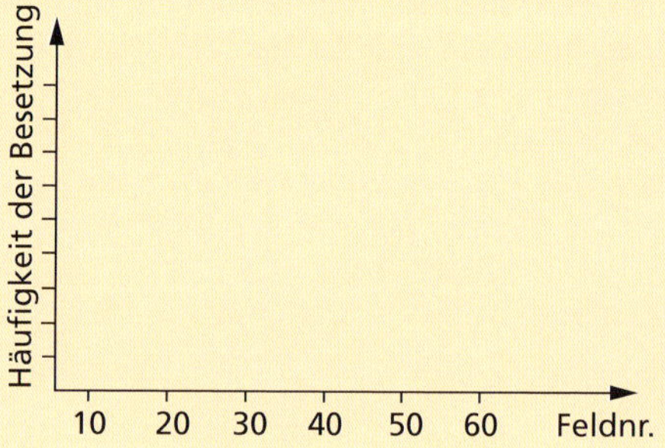

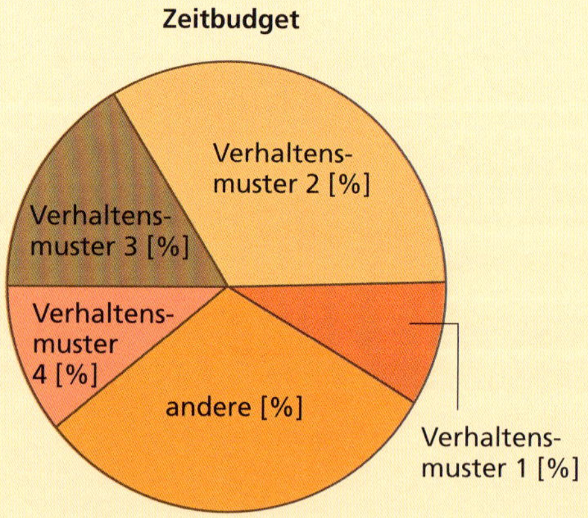

2 Grafisch zusammengefasst kann man quantitative Daten vergleichen.

Dokumentation der ermittelten Daten

Für die Darstellung von verhaltensbiologischen Experimenten und ihren Ergebnissen hat sich eine **Protokollform** bewährt, wie man sie meist in naturwissenschaftlichen Publikationen findet. Sie gliedert die Vorgehensweise und grenzt damit die inhaltlichen Teile voneinander ab, sodass sie für Autor/-in und Leser/-in deutlich unterscheidbar sind.

Gliederung einer wissenschaftlichen Arbeit:

(1) Einleitung

(2) Material und Methoden

(3) Ergebnisse

(4) Diskussion

(5) Verwendete Literatur

(6) Zusammenfassung

– Die **Einleitung** führt an das Thema der Untersuchung heran. Sie zitiert wichtige Literatur und begründet, wie die präsentierte Arbeit in dieses Umfeld eingebunden ist. Am Ende stehen Hypothesen, die durch die Untersuchung getestet werden. In einer Fußnote werden benutzte Begriffe definiert (kann auch am Ende von Material und Methoden geschehen).

– Der Teil **Material und Methoden** nennt (in Wort und ggf. Bild) Tierarten und Geräte sowie Fakten (z. B. Tageszeit, Temperaturen, Lichtbedingungen), Vorgehensweisen, technische Abläufe und Auswertungsmethoden, die zu den Ergebnissen führten. Anhand der Beschreibung muss es anderen Untersuchern möglich sein, dieselben Ergebnisse zu erhalten.

– Das Kapitel **Ergebnisse** enthält beispielhaft Originaldaten (so weit zum Verständnis notwendig) und deren – meist zusammenfassende – Auswertung.
Dabei beschreibt man in darstellendem Text die Ergebnisse und nennt die wichtigen Punkte, die in Abbildungen (z. B. Fotos, Histogrammen, Kurven, Kreisdiagrammen) und weiteren Zusammenstellungen (z. B. Tabellen) erkennbar sind.

– Der **Diskussion** sind die Interpretation und Einschätzung der im Ergebnisteil behandelten Punkte vorbehalten. Diese werden dabei auch in Bezug zu anderen (bekannten) Fakten und Interpretationen gebracht. Gegebenenfalls werden hier auch angewendete Methoden begründet oder hinterfragt.

– Zu der im Text genannten Literatur werden die bibliografischen Angaben unter **„Zitierte Literatur"** zusammengestellt.

– In der **Zusammenfassung** sind die wichtigsten Punkte der gesamten Arbeit in knappen Aussagesätzen dargestellt, sodass sich der Leser effektiv vorinformieren kann, worum es geht.

1 Gerbile oder Wüstenrennmäuse orientieren sich im offenen Raum.

2 Die Hausmaus meidet offene Flächen ihres Lebensraums.

Praktikum: Versuche zum menschlichen Verhalten

Im Gegensatz zu Versuchen mit Tieren kann man im Humanbereich mit den Versuchspersonen **verbal** kommunizieren. Da Menschen sehr direkt auf gegebene Umstände und Informationen ansprechen, besteht dabei jedoch leicht die Gefahr der Beeinflussung. Dass solche Vorerfahrungen das Verhalten von Versuchspersonen verändern und wie sensibel diese Einflussnahme ist, zeigen Untersuchungen im Zusammenhang mit Fragebögen. Danach können bereits vorhergehende Fragen und deren Beantwortung die Einschätzung der Versuchsperson für folgende Fragen beeinflussen.
Deshalb sollten Versuchspersonen vor Versuchsbeginn nur so weit in den Ablauf eingeführt werden, dass er technisch durchführbar ist. Informationen zur Zielrichtung des Experiments, zu möglichen Ergebnissen oder Interpretationen sollten immer erst nach Beendigung der Datenaufnahme gegeben werden.

Das „Milgram"-Experiment

Dort strafte in einem fingierten Lernexperiment (↗ Abb. 1) ein „Lehrmeister" (L) unter Aufsicht eines Versuchsleiters (V) den Studenten (S) mit Stromschlägen von ansteigender Stärke, wenn dieser schlecht lernte. Er wusste dabei nicht, dass der Student ein Schauspieler war, der die Reaktion auf die Stromstöße simulierte, und er selbst die Versuchsperson. Vor Beginn des Experiments erhielt der „Lehrmeister" während einer Begehung Einblick in den Versuchsaufbau, dessen Ähnlichkeit zu einem bei Exekutionen benutzten elektrischen Stuhl nicht zu übersehen war. Außerdem konnte der „Lehrmeister" am eigenen Leib erfahren, wie sich Stromschläge der geringeren Kategorien anfühlen.

Dieser Versuchsansatz wurde vom Psychologen STANLEY MILGRAM Anfang der 1960er-Jahre entwickelt und in verschiedenen Varianten in den USA durchgeführt. Hintergrund war die sozialpsychologische Auseinandersetzung mit den Verbrechen im Nationalsozialismus und der Umgang mit autoritären Strukturen (Hypothese: „Deutsche sind besonders obrigkeitshörig"). Die Ergebnisse zeigten jedoch eine erschreckend hohe Abhängigkeit aller Versuchspersonen von der Autorität des Versuchsleiters, selbst wenn ihr eigenes Gewissen widersprach. 74 % der „Lehrmeister" stritten hinterher die Verantwortung für ihr Verhalten ab: Sie hätten nur den Anweisungen des Versuchsleiters Folge geleistet. Dies gilt offensichtlich kulturübergreifend, wie Untersuchungen auch in anderen Ländern zeigen – ein Anlass, über den Umgang mit autoritären Strukturen nachzudenken.

Aufgabe:
Informieren Sie sich im Internet und berichten Sie über das „Milgram-Experiment" (↗ Abb. 1), seine Ergebnisse und deren Konsequenzen. Berücksichtigen Sie dabei auch den ethischen Aspekt von Experimenten mit Menschen. Setzen Sie sich kritisch damit auseinander.

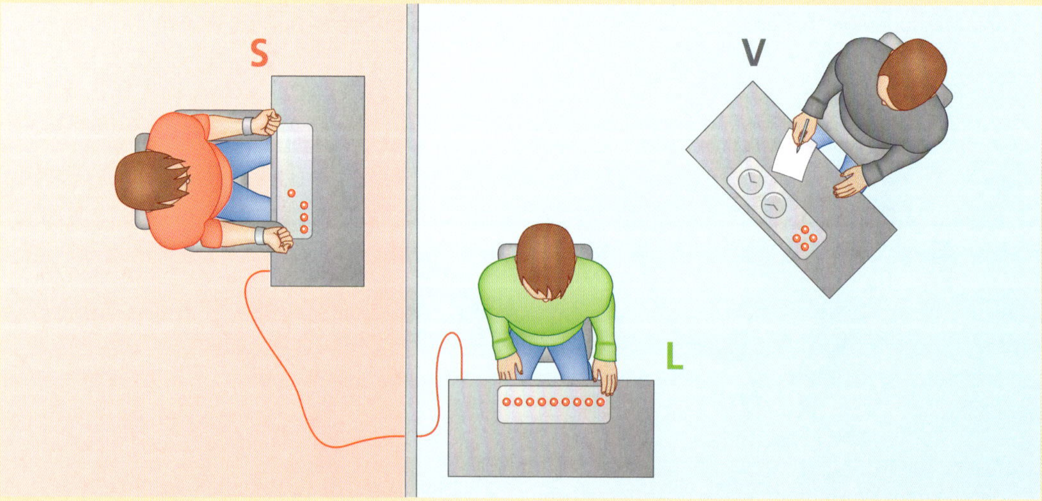

1 Das „Milgram"-Experiment ist ein fingiertes Lernexperiment.

Praktikum: Versuch zum menschlichen Distanzverhalten

Auch Menschen besitzen ein Gefühl für den Raum, der sie umgibt. Das zeigt sich z. B. auf einer Liegewiese oder am Strand (↗ Abb.), wo sich Neuankömmlinge in der Regel so platzieren, dass gewisse Freiräume erhalten bleiben. Diese individuelle Distanz, die wir zueinander einhalten, ist jedoch variabel. Sie kann sich für Männer und Frauen unterscheiden und vom kulturellen Hintergrund oder Alter abhängen. Auch persönliche Sympathie oder Abneigung wirken sich aus: Man rückt näher zusammen oder geht auf Distanz. Wird es „eng", sind auch Kompromisse möglich. Aber überschreiten andere den gewählten Abstand, ist es einem häufig unangenehm.
Gut beobachten kann man dieses menschliche „Revier"-verhalten auch im Café, in Restaurants, an Stränden (↗ Abb.) oder in öffentlichen Verkehrsmitteln.

Aufgabe:
Überprüfen Sie dieses Phänomen z. B. in einer Cafeteria oder einem Restaurant.

Vorbereitung:
Entwickeln und formulieren Sie eine Hypothese, die Sie testen können. Differenzieren Sie dabei nach unterschiedlichen Individualkriterien, z. B. Einzelindividuen, (Klein-)Gruppen, Geschlecht, Bekanntheitsgrad, allgemeine Platzbelegung, Nutzung von Hilfsmitteln wie Schultasche, Jacke.
Bereiten Sie geeignete Urlisten vor, in die Sie Ihre Daten vor Ort möglichst unkompliziert und schnell eintragen können.

Durchführung:
Zur Datenaufnahme setzen Sie sich so, dass Sie den Raum unauffällig, aber gut überblicken können.

Beim **event sampling** (Ereignis-Datenerfassung) wird jedes Auftreten des Verhaltensmusters protokolliert (eventuell mit Zeitangabe).
Beim **scan sampling** (Übersichts-Datenerfassung) werden viele Beobachtungsobjekte in regelmäßigen Abständen erfasst, indem man systematisch in einer kurzen Zeitspanne alle nacheinander kurz betrachtet und das momentane Verhaltensmuster notiert.

Tipp: Wollen Sie untersuchen, welche Sitzplatzkonstellation Einzelpersonen oder (Klein-)Gruppen aufsuchen, bietet sich als Messmethode das event sampling an. Ist Ihnen das jeweilige Besetzungsmuster an den Tischen wichtig, wird dies in geeigneten Zeitabständen (z. B. alle fünf Minuten) über das scan sampling aufgenommen.

Auswertung:
1. Werten Sie die gemessenen Sitzverteilungen in Bezug auf Ihre Hypothesen aus. Fassen Sie gleiche Konstellationen in sinnvoller Weise zusammen und stellen Sie diese in Diagrammen dar.
2. Interpretieren Sie Ihre Ergebnisse und verfassen Sie ein Protokoll dazu (↗ S.151).
3. Jeder hat zu dem Thema der individuellen Distanz persönliche Erfahrungen und Gefühle. Diskutieren Sie in der Gruppe darüber.

1 Jeder sucht den Abstand auf, der zu ihm passt.

Praktikum: Versuche zum Lernen

Im Zusammenhang mit der Gesangsprägung tritt bei einigen Vogelarten sogenanntes **serielles Lernen** auf. So lernen männliche Nachtigallen als Nestlinge in einer sensiblen Phase von ihrem Vater bis zu 250 Gesangsstrophen, die sie in den Folgejahren in charakteristischer Weise reproduzieren. Vergleichbare Befunde sind im Lernverhalten von Menschen nachweisbar, wenn ihnen Wortserien präsentiert werden, die sie sich merken und reproduzieren sollen.

Aufgabe:
Untersuchen Sie das Lernverhalten beim Menschen.

Vorbereitung:
1. Wählen Sie 15 zweisilbige Worte aus, die möglichst anschaulich sind. Kein Begriff sollte inhaltlich oder klanglich besonders auffallen.
2. Führen sie einen **Kontrollversuch** durch:
   - Lesen Sie die Wortserie in entspannter Atmosphäre möglichst mehr als 15 Versuchspersonen (VPs) langsam und mit kurzer, gleichbleibender Pause zwischen den Worten vor. Nach Beendigung und einer einminütigen Ruhepause fordern Sie die VPs auf, die Begriffe aufzuschreiben, die sie behalten haben (auch unabhängig von der vorgelesenen Reihenfolge).
   - Notieren Sie danach von allen VPs die Anzahl ihrer jeweils behaltenen Worte und zu jedem Begriff die Anzahl der VPs, die ihn erinnert haben.
   - Stellen Sie die so erhaltenen Daten in Diagrammen dar. Für die Anzahl der notierten Worte pro VP sollte sich (mehr oder weniger deutlich) eine Normal- bzw. schiefe Verteilung ergeben, für die Anzahl der Nennungen pro Wort eine U-förmige Verteilung (↗ Abb).
3. Formulieren Sie eine Hypothese zum Lernen, die durch einzelne gezielte Veränderungen im Versuchsdesign getestet werden können, z. B., wie sich Wiederholungen oder Hintergrundmusik (unterschiedlich in Stil und Lautstärke) auf die Ergebnisse auswirken.

Tipp: Um zu abgesicherten Erkenntnissen zu kommen, ist es meist notwendig, experimentelle Daten mit denen entsprechender Kontrollversuche abzugleichen. Dieser Abgleich macht es möglich, Testergebnis und Auswirkung des gewählten experimentellen Ansatzes voneinander zu trennen.

Durchführung:
1. Testen Sie Ihre Hypothese, indem Sie entsprechend dem Kontrollversuch weitere Präsentationen mit vergleichbaren Wortserien durchführen, und werten Sie die Ergebnisse in gleicher Weise aus.
2. Interpretieren Sie die Unterschiede zum Kontrollversuch und verfassen Sie ein Protokoll.

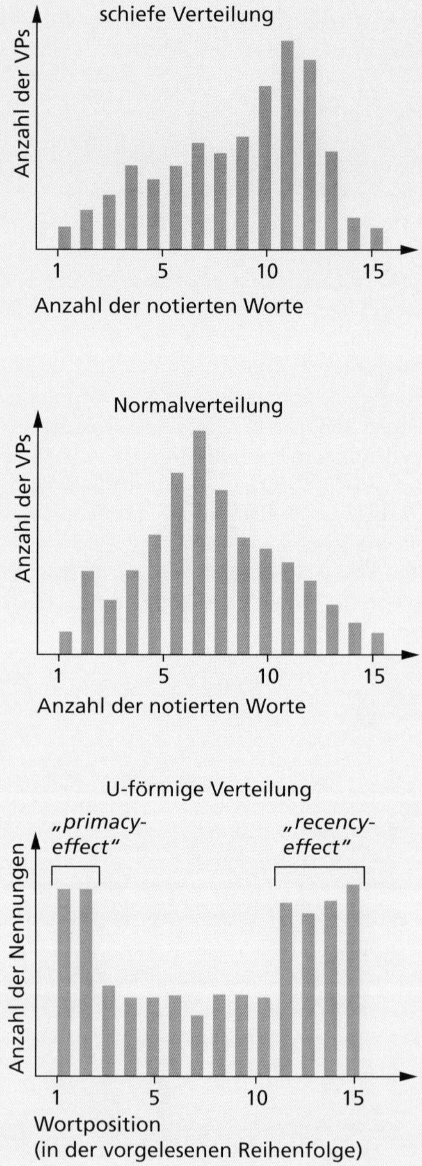

1 Messdaten variieren in unterschiedlicher Weise

6 Abiturvorbereitung – Hinweise und Aufgaben

Methode: Vorbereitung zur Abiturprüfung

Die Abiturprüfung ist eine besondere Herausforderung für jeden, da die in der Schulzeit in einem Fach erworbenen Kenntnisse bei der Lösung der Aufgaben angewendet werden müssen. Darüber hinaus hängt von den Ergebnissen der Prüfung die Gesamtbeurteilung im Fach ab. Und daran hängt nicht selten die Zulassung zum angestrebten Studienfach oder die gewünschte Lehrstelle.
Deshalb ist es wichtig, mit einem guten Gefühl in die Abiturprüfung zu gehen. Bei der Vorbereitung und bei der Beantwortung der Prüfungsfragen, empfiehlt es sich, die unten stehenden Hinweise zu beachten. Dadurch wird die längerfristige Prüfungsvorbereitung effektiv und der Stress bei der Prüfung selbst auf ein Minimum reduziert.

1. Tipps zur Prüfungsvorbereitung

- Beginnen Sie rechtzeitig mit der Vorbereitung, d.h. mindestens einen Monat vorher.
- Informieren Sie sich über die Prüfungsschwerpunkte dieses Jahres und die Hilfsmittel, die in der Prüfung verwendet werden dürfen.
- Machen Sie sich einen persönlichen Plan, in dem Sie erfassen:
  1. einen Zeitplan für die Abiturvorbereitung,
  2. dem Zeitplan zugeordnete inhaltliche Schwerpunkte, die zu wiederholen sind,
  3. die Aufgaben, die Sie trainieren wollen. Berücksichtigen Sie dabei Ihre Stärken und Schwächen.
- Arbeit im Team kann die Prüfungsvorbereitung effektiver machen. Prüfen Sie diese Möglichkeit. Auch das „Abfragen" durch Mitschüler/-innen oder Eltern kann hilfreich sein.
- Trainieren Sie mit Abiturklausuren der vergangenen Jahre. Solche Aufgaben kann Ihnen Ihr Biologielehrer zur Verfügung stellen. Übungsaufgaben finden Sie auch auf den Seiten 157–161.
- Beachten Sie beim „Trainieren" von Aufgaben, dass in der Abiturprüfung für die Bearbeitung nur ein beschränkter Zeitraum zur Verfügung steht. Versuchen Sie also, die Aufgaben in einem begrenzten Zeitraum vollständig zu lösen.

2. Beantwortung der Abituraufgaben

Es hat sich bewährt, an die Lösung der Abituraufgaben folgendermaßen heranzugehen:

- Verschaffen Sie sich zunächst einen Überblick, indem Sie alle Aufgaben einmal kurz durchlesen.
- Überlegen Sie sich anhand des Umfangs, des Schwierigkeitsgrads und der angegebenen Bewertung der Aufgaben eine Reihenfolge, in der Sie die Aufgaben abarbeiten wollen.
- Lesen Sie jede einzelne Aufgabe vor der Bearbeitung gründlich durch. Skizzieren sie für sich – falls erforderlich – den Lösungsweg. Formulieren Sie das Ergebnis der Lösung möglichst klar und eindeutig. Haken Sie die gelöste Aufgabe ab.
- Beißen Sie sich nicht an schwierigen Aufgaben fest! Lösen Sie erst andere, einfache Aufgaben.
- Versuchen Sie bei nachfolgender Bearbeitung der schwierigen Aufgaben immer, eine Lösung zu finden.
- Legen Sie kurze Pausen ein. Kontrollieren Sie dabei Ihre Zeitbilanz im Vergleich zu der zur Verfügung stehenden Gesamtzeit.
- Planen Sie Zeit ein, um Ihre Ergebnisse insgesamt noch einmal zu kontrollieren, und wenn notwendig, zu korrigieren.

Erschließungsfelder

Im Biologieunterricht werden Phänomene des Lebens betrachtet. Dabei wird unter Berücksichtigung der **Vielfalt** lebender Systeme auf allen **Ebenen** die Einheit zwischen **Struktur und Funktion** betrachtet, die letztendlich zur **Angepasstheit** führt. Die Grundlage dafür sind die **Wechselwirkungen** zwischen **Stoff- , Energie- und Informationsaustausch**. Da sich die Umwelt von Organismen ständig ändert, dienen **Regulationsprozesse** der Anpassung an Veränderungen. Vorteilhafte Veränderungen werden durch **Fortpflanzung** weitergegeben, sodass sich mit der **Zeit** Arten verändern.

Das Hormonsystem

Hormone sind Signalstoffe, die in mehrzelligen, tierischen oder pflanzlichen Organismen gebildet werden und in ihnen über größere Distanzen hinweg bestimmte spezifische Wirkungen auslösen. Das Hormonsystem dient im Verbund mit dem Nervensystem der Steuerung und Regelung grundlegender Körperfunktionen. Beim Menschen übt das Hormonsystem seine Funktion mit über dreißig verschiedenen Hormonen aus. Nach ihrer stofflichen Struktur werden neben Aminosäuren- und Peptidhormonen auch Steroidhormone unterschieden.

Als Signalstoffe werden Hormone von den Zellen wahrgenommen (↗ Abb. 2, 1–2). In den Zellen lösen sie dann verschiedene Prozesse aus (↗ Abb. 2, a–c), die zu Veränderungen im Organismus führen.

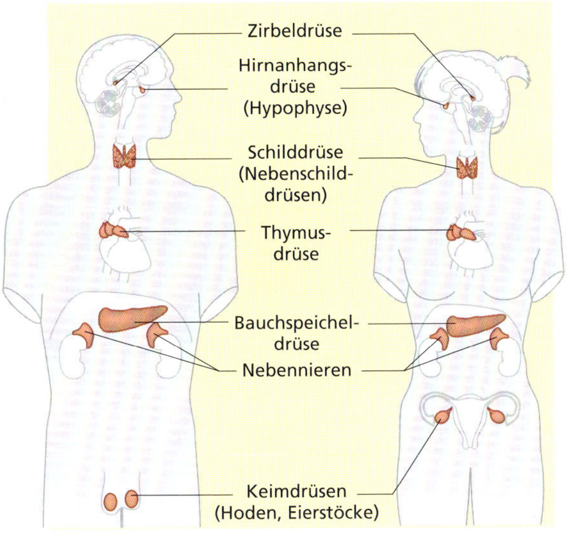

1 Hormondrüsen des Menschen

1. Struktur und Funktion, Ebene, Information

Erklären Sie mithilfe der Abbildung 2 die allgemeinen Wirkprinzipien von Hormonen auf zellulärem Niveau. Nennen Sie mögliche Auswirkungen für den Gesamtorganismus.

2. Struktur und Funktion, Wechselwirkung

a) Stellen Sie den Aufbau einer Zellmembran in einer beschrifteten, schematischen Zeichnung dar.

b) Erklären Sie mithilfe Ihrer Zeichnung mögliche Transportprozesse in eine Zelle hinein.

c) Erläutern Sie, welche Auswirkungen Permeabilitätsveränderungen der Zellmembran haben. Wie könnten Sie verursacht werden?

3. Struktur und Funktion

Membrangebundene oder freie Rezeptoren für Hormone wirken spezifisch. Erklären Sie die Aussage.

4. Struktur und Funktion, Wechselwirkung

Über intrazelluläre Signale können Hormone die Aktivität von Enzymen verändern.

a) Beschreiben Sie den Aufbau von Enzymen.

b) Erklären Sie ihre Wirkungsweise.

c) Erläutern Sie den Ablauf einer enzymatischen Reaktion an einem Beispiel.

d) Erklären Sie die Aktivierung von Enzymen durch Signalstoffe.

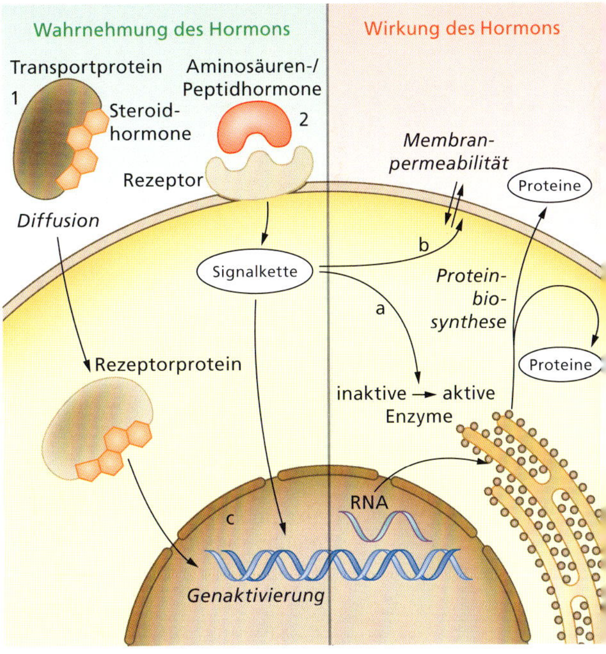

2 Prinzipien der Hormonwirkung in der Zelle

5. **Fortpflanzung, Information, Wechselwirkung**
   a) Stellen Sie den Informationsfluss von der DNA im Zellkern zum Merkmal eines Organismus in einem Fließschema dar.
   b) Erläutern Sie die Eigenschaften des genetischen Codes.
   c) Beschreiben Sie den Ablauf der Proteinbiosynthese.
   d) Nennen Sie Funktionen von Proteinen im Organismus. Erläutern Sie, wie Merkmale entstehen können.

Hormone sind an der Regulation des abbauenden und des aufbauenden Stoffwechsels beteiligt.

6. **Wechselwirkung**
   a) Fertigen Sie eine schematische Übersicht zu Stoffwechselprozessen an. Benennen und definieren Sie die Prozesse.
   b) Fügen Sie die Proteinbiosynthese ein.

7. **Struktur und Funktion**
   a) Stellen Sie ein Mitochondrium in einer beschrifteten, schematischen Zeichnung dar.
   b) Vergleichen Sie Mitochondrium und Chloroplast und äußern Sie sich bezüglich der evolutiven Entstehung beider Organelltypen.

8. **Struktur und Funktion, Stoff und Energie**
   a) Stellen Sie den Prozess der Veratmung von Glucose (Zellatmung) in einem Fließschema dar. Im Fließschema sollen Ausgangsstoffe, wesentliche Zwischenprodukte, Endprodukte und Reaktionsorte enthalten sein.
   b) Fertigen Sie eine ATP-Bilanz für die Veratmung von 1 mol Glucose an.
   c) Vergleichen Sie die einzelnen Reaktionsabschnitte der Atmung und der Fotosynthese aus stofflicher und energetischer Sicht.

Bevor Glucose in Zellen zur Energie- bzw. ATP-Gewinnung veratmet werden kann, muss sie aus dem Blut in die Zellen gelangen. Dazu ist im Blutplasma eine bestimmte Menge von Glucose erforderlich. Durch Regulationsprozesse wird die Glucosekonzentration im Blut (Blutzuckerspiegel) konstant gehalten.

9. **Regulation, Wechselwirkung, Information**
   a) Beschreiben Sie die Regulation des Blutzuckerspiegels mithilfe der Abbildung. Nutzen Sie dabei folgende Begriffe: Regelzentrum, Messglied, Regelgröße, Istwert, Sollwert, Stellglied, Störgröße.
   b) Begründen Sie die Bedeutung der Regulation des Blutzuckerspiegels für den Menschen.

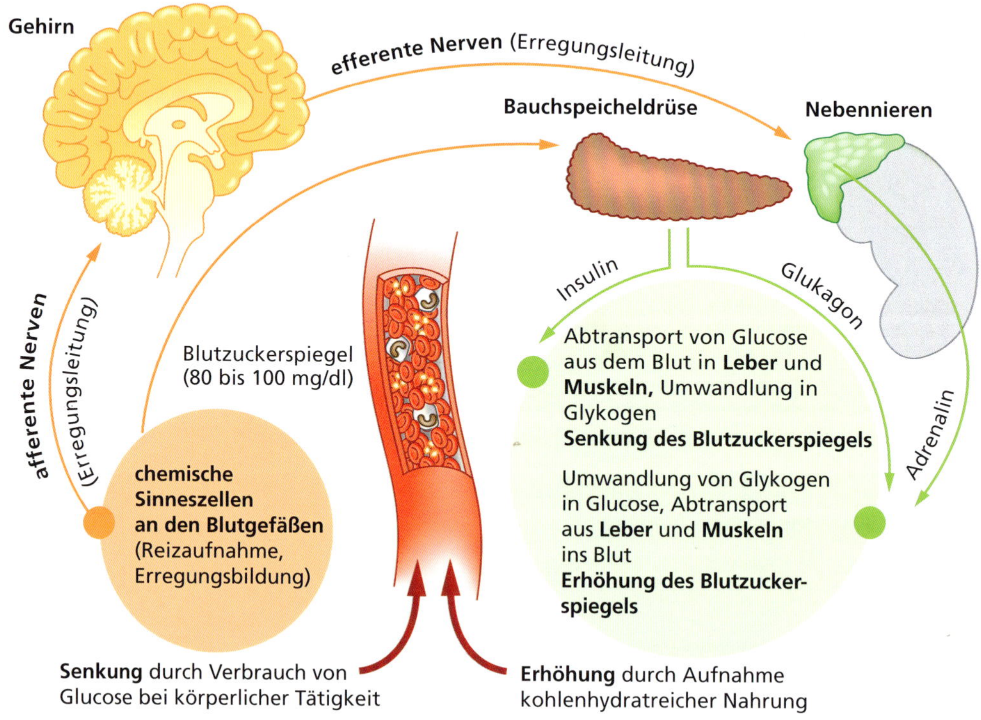

Sexualhormone gehören der Stoffgruppe der Steroide an. Sie werden im Inneren der Zellen von Rezeptoren gebunden und wirken auf die Genregulation ein. Strukturähnliche Stoffe dienen der Schwangerschaftsverhütung („Pille") oder als Dopingmittel dem Muskelaufbau (Anabolika). Diese Stoffe werden über die Nieren mit dem Urin ausgeschieden.
Verschiedene Inhaltsstoffe von Kunststoffen, in Pflanzenschutzmitteln und Sonnencremes wirken vermutlich ähnlich wie Östrogen. Organische Zinnverbindungen, insbesondere das als Antifoulinganstrich für Schiffsrümpfe verwendete Tributylzinn (TBT) wirkt androgen und hat vor allem bei Mollusken zu Geschlechtsumwandlungen geführt.
In Gewässern werden diese Stoffe von Tieren aufgenommen und über die Nahrungskette bzw. das Nahrungsnetz an die nächste Trophieebene weitergegeben und beeinflussen die Organismen. Östrogenähnliche Stoffe stören während der Individualentwicklung die Geschlechtsdifferenzierung. Der Anteil weiblicher oder intersexueller Individuen wird in den betroffenen Populationen erhöht. Es entstehen weniger männliche Individuen.

10. Struktur und Funktion, Wechselwirkung, Regulation
Begründen Sie unter Berücksichtigung des Schlüssel-Schloss-Prinzips, warum Chemikalien, die wie Sexualhormone wirken, schon in besonders kleinen Konzentrationen Einfluss auf die Umwelt haben.

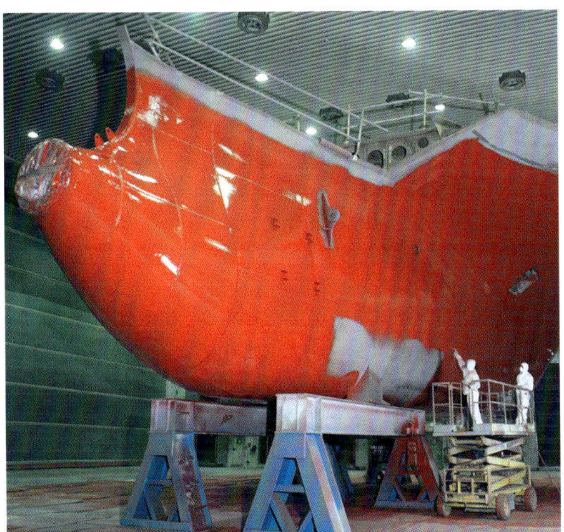

1 Seit 2008 ist die Verwendung von TBT-haltigen Antifoulinganstrichen an Schiffsrümpfen weltweit verboten.

11. Wechselwirkung, Ebene
Stellen Sie für ein weiteres aquatisches Ökosystem eine fünfgliedrige Nahrungskette auf. Begründen Sie, warum Spitzenkonsumenten durch sexualhormonähnliche Stoffe besonders gefährdet sind.

12. Wechselwirkung, Regulation
Entlang bestimmter Schifffahrtsrouten und in Hafenbecken der Nordsee sind die Arten Stumpfe Strandschnecke und Wellhornschnecke fast verschwunden. Geben Sie eine mögliche Erklärung.

13. Regulation, Wechselwirkung, Zeit
Erläutern Sie die Regulation der Populationsgröße. Berücksichtigen Sie dabei den Einfluss von dichteabhängigen und dichteunabhängigen Faktoren.

14. Regulation, Wechselwirkung
Erläutern Sie, welchen Einfluss die östrogenähnlichen Stoffe auf einzelne Fischpopulationen haben kann.

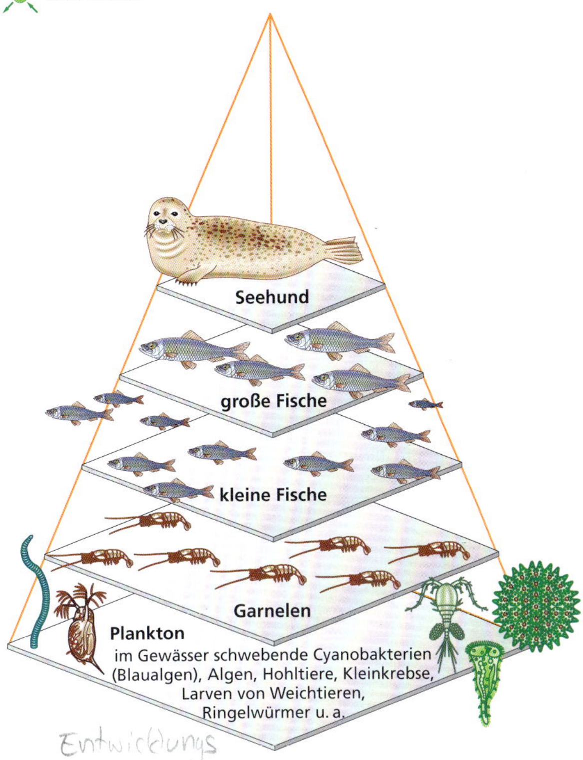

2 Die Nahrungspyramide zeigt beispielhaft die Nahrungsbeziehungen in einem aquatischen Ökosystem.

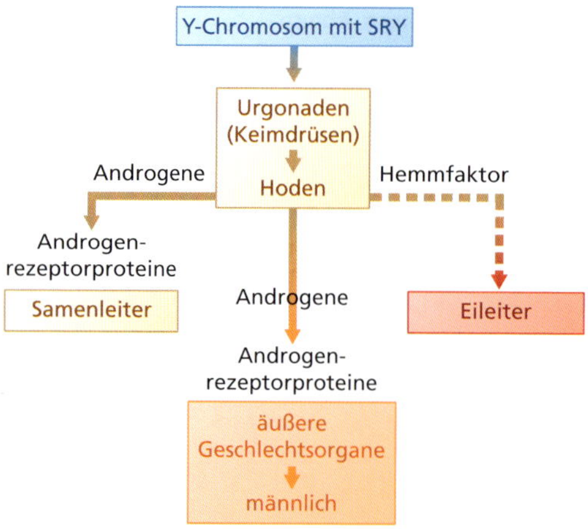

1 Einfluss der SR auf dem Y-Chromosom

Die Geschlechtsbestimmung beim Menschen erfolgt genotypisch. Kommt im Genom der Zygote ein Y-Chromosom vor, erfolgt eine männliche Differenzierung. Dazu befindet sich auf diesem Chromosom die *Sex-Determining-Region of Y* (SRY). Diese Region codiert den Testis-Determining-Factor (TDF), ein Protein. Durch den TDF differenzieren sich männliche Keimdrüsen (Hoden) während der Embryonalentwicklung. Die entstandenen Hoden geben als Hormon das Androgen Testosteron ab, wodurch eine männliche Differenzierung ausgelöst wird. Ohne den SRY, den TDF und Testosteron entsteht ein weiblicher Embryo.

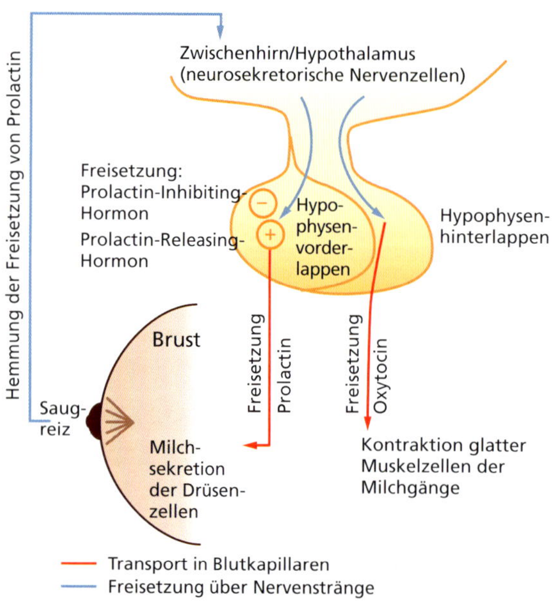

2 Regulation der Milchproduktion beim Stillen

Bei einem von etwa 20 000 Kindern führt eine Mutation an den Genen der Testosteronrezeptoren zu einem Defekt. Die Rezeptoren können Testosteron nicht mehr wahrnehmen.

15. Information, Wechselwirkung

Stellen Sie vergleichend die Geschlechtsdifferenzierung je eines Embryos mit und ohne Mutation an den Testosteronrezeptoren in Fließschemata dar. Schlussfolgern Sie mögliche Symptome.

16. Wechselwirkung

Analysieren Sie den Stammbaum und begründen Sie die Vererbung der Testosteronrezeptormutation.

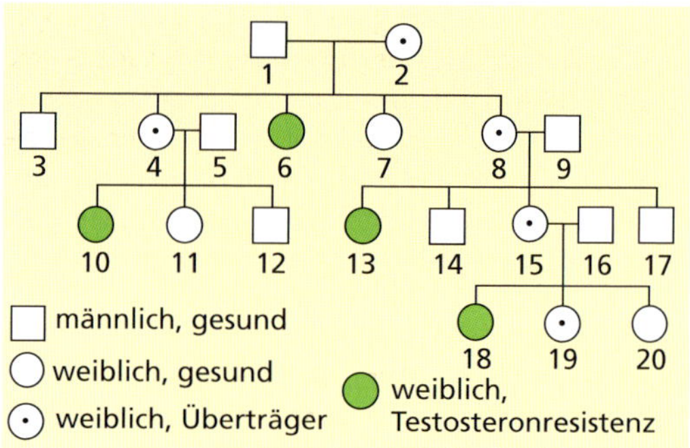

17. Wechselwirkung, Information

Mit einer Häufigkeit von etwa 1 : 10 000 wird eine Translokations-Mutation des SRY an einem X-Chromosom beobachtet.

Erläutern Sie mögliche Folgen der Mutation.

Spezielle neurosekretorische Nervenzellen können statt Transmittern auch Hormone abgeben. In der Hirnanhangsdrüse (Hypophyse) bilden solche Nervenzellen somit die „Schnittstelle" zwischen Nerven- und Hormonsystem.
Beim Stillen eines Säuglings werden die Milchsekretion (Abgabe der Milch aus den Milchdrüsenzellen durch Prolactin) und der Milchtransport in den Milchgängen (Kontraktion glatter Muskelzellen durch Oxytocin) durch den Saugreiz an der Brustwarze ausgelöst.

18. Regulation, Information

Erläutern Sie den in der Abbildung 2 dargestellten Regulationsprozess beim Stillen eines Säuglings.

19. Struktur und Funktion, Information

Vergleichen Sie die synaptische Erregungsübertragung mit der Funktionsweise einer neurosekretorischen Nervenzelle.

Hormonähnliche Stoffe können auch bei Landtieren Veränderungen hervorrufen. Die Stoffe gelangen beispielsweise durch Klärschlamm in den Boden. Große wirbellose Tiere wie Würmer oder Insekten reichern sie in sich an. Diese Tiere bilden die wichtigste Nahrungsgrundlage für viele Singvogelarten.

Östrogene und östrogenähnliche Substanzen sind an der Entwicklung und Reifung der weiblichen Geschlechtsorgane bei Wirbeltieren beteiligt. Zusätzlich steuern Sie bei männlichen Singvögeln die Entwicklung des Gesangkontrollzentrums. Bei Experimenten mit Staren *(Sturnus vulgaris)* konnte gezeigt werden, dass sich der für den Gesang zuständige Hirnbereich um rund 20 % vergrößert, wenn die Vögel Futter mit den hormonähnlichen Substanzen aufnehmen. Dadurch wurden die Strophen ihres Gesanges länger und vielfältiger. Die gesungene Strophenanzahl pro Stunde vervierfachte sich. Die Komplexität des Gesanges ist bei Staren das wichtigste Kriterium für die Partnerwahl.

In weiteren Versuchen wurde aber auch gezeigt, dass Östrogene das Immunsystem schwächen können.

20. Wechselwirkung, Angepasstheit, Zeit

Erörtern Sie die Auswirkungen östrogenartiger Substanzen in der Umwelt auf die Entwicklung von Starpopulationen aus ökologischer, verhaltensbiologischer und evolutionsbiologischer Sicht.

Die Informationsübertragung über Neurone kann durch Nervengifte verändert werden. Verschiedene marine einzelligen Algen (Dinoflagellaten) bilden das Nervengift Saxitoxin. Saxitoxin blockiert die Natriumkanäle der Nervenzellmembranen. Diese Algen können sich in manchen Meeresteilen massenhaft vermehren (Algenblüten). Filtrierer, insbesondere Muscheln, nehmen das Gift mit den Algen auf. An Sand-Klaffmuscheln der nordamerikanischen Atlantikküste konnte eine Saxitoxinresistenz beobachtet werden.

Aufgrund einer veränderten Aminosäure im Protein des Natriumkanals kann das Saxitoxin bei den resistenten Muscheln nicht an den Natrumkanal binden. Kanadische Wissenschaftler konnten nachweisen, dass die Resistenz nur bei Muschelpopulationen solcher Orte auftritt, an denen es regelmäßig zu Algenblüten kommt (↗ Abb. 2).

21. Vielfalt und Angepasstheit, Zeit

a) Stellen Sie den evolutionsbiologischen Ablauf dar, der zu der Resistenzbildung bei den Muscheln führt.

b) Begründen Sie, warum eine solche Resistenzbildung in relativ kurzer Zeit erfolgen kann.

c) Überlegen Sie, ob die Resistenzbildung bei den Muscheln außer einer Vermeidung von Lähmungserscheinungen noch weitere evolutionsbiologische Vorteile haben könnte.

1 Der Star *(Sturnus vulgaris)* gilt als sehr lernfähiger Vogel.

2 Gebiete (▬) mit regelmäßigen Blüten saxotinhaltiger Algen

Häufig verwendete Operatoren in der Biologie (in Klammern der Anforderungsbereich)	**Beschreibung der erwarteten Leistung**
Nennen Sie ... Bezeichnen Sie ... Beschriften Sie ... (I)	Kenntnisse (Fachbegriffe, Daten, Fakten, Modelle) und Aussagen in komprimierter Form unkommentiert darstellen
Beobachten Sie ... (I–II)	mithilfe von Sinnesorganen oder Hilfsmitteln (z. B. Mikroskop) Eigenschaften und Merkmale, Beziehungen und Abfolgen von Objekten oder Prozessen ermitteln (viele Biologiedidaktiker unterscheiden dabei das Betrachten für ruhende Objekte und das Beobachten für Vorgänge)
Untersuchen Sie ... (I–II)	unter einer gegebenen Fragestellung wichtige Bestandteile oder Eigenschaften herausarbeiten, das Untersuchen beinhaltet unter Umständen zusätzlich praktische Anteile
Analysieren Sie ... (II–III)	aus einem vielfältigen Ganzen Einzelbestandteile untersuchen und dem Erkenntnis- und Darstellungsinteresse gemäß geordnet darstellen
Schätzen Sie ab ... (II)	durch begründete Überlegungen Größenordnungen physikalischer Größen angeben
Wenden Sie an ... (II)	einen bekannten Sachverhalt oder eine bekannte Methode auf etwas Neues beziehen
Beschreiben Sie ... Kennzeichnen Sie ... Legen Sie dar ... Stellen Sie (sprachlich) dar ... (I–II)	eine Struktur, einen Sachverhalt, einen Verfahrens- oder Lösungsweg mit eigenen Worten unter Verwendung der Fachsprache und in der Regel in vollständigen Sätzen wiedergeben

Häufig verwendete Operatoren in der Biologie (in Klammern der Anforderungsbereich)	Beschreibung der erwarteten Leistung
Skizzieren Sie ... (I – II)	Sachverhalte, Strukturen oder Ergebnisse auf das Wesentliche reduzieren und diese grafisch oder als Fließtext übersichtlich darstellen
Zeichnen Sie ... (I – II)	eine anschauliche und hinreichend exakte grafische Darstellung beobachtbarer oder gegebener Strukturen anfertigen
Protokollieren Sie ... (II)	Beobachtungen oder die Durchführung von Experimenten detailgenau zeichnerisch einwandfrei bzw. fachsprachlich richtig wiedergeben
Strukturieren Sie ... Ordnen Sie ... Klassifizieren Sie ... (I – III)	vorliegende Objekte (Begriffe, Dinge, Lebewesen) oder Sachverhalte nach gemeinsamen Merkmalen einteilen, kategorisieren und hierarchisieren
Dokumentieren Sie ... (I – II)	einen Sachverhalt oder eine Problemlösung in sprachlicher, bildlicher oder anderer Form festhalten
Recherchieren Sie ... Erkunden Sie ... (I – II)	selbstständiges Sammeln und Zusammentragen von Informationen
Verallgemeinern Sie ... (II – III)	aus einzelnen Objekten (Dingen, Lebewesen, Sachverhalten oder Begriffen, Versuchsergebnissen) mit bestimmten gemeinsamen Merkmalen eine allgemeingültige Aussage formulieren
Definieren Sie ... (II – III)	einen Begriff durch wesentliche gemeinsame Merkmale eindeutig bestimmen und von anderen Begriffen unterscheiden; dazu wird häufig ein Oberbegriff gesucht und artbildende Merkmale werden angegeben
Erläutern Sie ... (II)	einen Sachverhalt anschaulich darstellen und durch zusätzliche Informationen (z. B. chemische Formeln und Gleichungen, Diagramme, Skizzen) verständlich machen
Erklären Sie ... (II – III)	einen Sachverhalt oder eine Erscheinung auf zugrunde liegende Gesetzmäßigkeiten, Regeln und Beziehungen zurückführen (Modelle und grafische Darstellungen können herangezogen werden)
Vergleichen Sie ... (I – II)	Sachverhalte, Erscheinungen und biologische Objekte gegenüberstellen, um Gemeinsamkeiten, Ähnlichkeiten und Unterschiede herauszufinden
Bestimmen Sie ... (II)	biologische Systeme (Strukturen, Organismen, Lebensgemeinschaften ...) aufgrund charakteristischer Merkmale identifizieren (unter Verwendung von wissenschaftlichen Beschreibungen, Abbildungen, Bestimmungsschlüsseln)
Fassen Sie zusammen ... (I – II)	das Wesentliche fachsprachlich korrekt in konzentrierter Form herausstellen
Interpretieren Sie ... Deuten Sie ... (II – III)	eine verbale Aussage, ein Zeichensystem (z. B. Gleichung, Proportionalität, Messwerte) oder eine grafische Darstellung (z. B. ein Diagramm) in einen Erklärungszusammenhang bringen
Berechnen Sie ... (I) bis (II)	mittels Größengleichungen eine chemische oder physikalische Größe bestimmen

Häufig verwendete Operatoren in der Biologie (in Klammern der Anforderungsbereich)	Beschreibung der erwarteten Leistung
Prüfen Sie ... Überprüfen Sie ... Testen Sie ... (I – III)	Sachverhalte oder Aussagen an Fakten oder innerer Logik messen und eventuelle Widersprüche aufdecken
Bestätigen Sie ... (II – III)	die Gültigkeit einer Aussage, einer Hypothese, einer Modellvorstellung, eines Naturgesetzes durch ein Experiment verifizieren
Sagen Sie voraus ... (II – III)	begründete Vermutung auf der Grundlage von Beobachtungen, Untersuchungen, Experimenten oder Aussagen formulieren; Sachverhalte und Methoden zielgerichtet miteinander verknüpfen
Stellen Sie eine Hypothese auf ... (III)	eine Vorhersage für einen Kausalzusammenhang, den Verlauf eines Experimentes oder das Ergebnis einer empirischen Untersuchung machen
Werten Sie aus ... (II)	Daten, Einzelergebnisse oder andere Elemente in einen Zusammenhang stellen und ggf. zu einer Gesamtaussage zusammenführen
Experimentieren Sie ... (II – III)	einen biologischen Vorgang oder eine Fragestellung auswählen und kontrollierten, wiederholbaren und veränderbaren Bedingungen unterwerfen, um durch exakte Messungen oder eindeutige Beobachtungen Kausalzusammenhänge nachzuweisen und möglichst zu quantifizieren
Bewerten Sie ... (III)	Sachverhalte, Gegenstände, Methoden, Ergebnisse an erkennbaren Wertkategorien oder an bekannten Beurteilungskriterien messen
Begründen Sie ... Weisen Sie nach ... Zeigen Sie ... (I – III)	Sachverhalte auf Regeln und Gesetzmäßigkeiten bzw. kausale Beziehungen von Ursachen und Wirkung zurückführen
Beweisen Sie ... (II – III)	aufgrund von Beobachtungen, Lehrsätzen, Gesetzen oder bekannten Beziehungen nachweisen, dass eine Aussage richtig oder falsch ist
Leiten Sie her ... Leiten Sie ab ... (II – III)	auf der Grundlage wesentlicher Merkmale sachgerechte Schlüsse ziehen
Diskutieren Sie ... (III) Erörtern Sie ... Stellen Sie gegenüber ... (II oder III)	im Zusammenhang mit Sachverhalten, Aussagen oder Thesen unterschiedliche Positionen bzw. Pro-und-Kontra-Argumente (oder auch Vor-/Nachteile) einander gegenüberstellen (noch keine Bewertung vornehmen)
Beziehen Sie Position ... Setzen Sie sich kritisch mit ... auseinander ... Nehmen Sie Stellung ... (II – III)	zu einem Gegenstand oder Sachverhalt, der an sich nicht eindeutig ist, nach kritischer Prüfung und sorgfältigem Abwägen und unter Nutzung von Fach- und Methodenwissen ein begründetes Urteil abgeben (subjektive Wertung)

Gefahrenhinweise

S Schülerexperimente,
bei denen keine Gefahrstoffe genutzt werden.

S Schülerexperimente,
bei denen Gefahrstoffe verwendet werden oder entstehen. Sie erkennen diese an den Piktogrammen (↗ unten).

Gefahrstoffsymbole

T
giftig
giftige Stoffe (T, T+)
krebserzeugende Stoffe (T, Xn)
Erhebliche Gesundheitsschäden durch Einatmen, Verschlucken oder Aufnahme durch die Haut, keine Schülerexperimente

Xn
gesundheitsschädlich
gesundheitsschädliche Stoffe (Xn, Xi)
Gesundheitsschäden durch Einatmen, Verschlucken oder Aufnahme durch die Haut

Xi
reizend
reizende Stoffe (Xn, Xi)
Reizwirkung auf die Haut, die Atmungsorgane und die Augen

E
explosionsgefährlich
explosionsgefährliche Stoffe
Explosion unter bestimmten Bedingungen möglich, keine Schülerexperimente

C
ätzend
ätzende Stoffe
Hautgewebe und Geräte werden nach Kontakt zerstört.

F
entzündlich
leicht- u. hochentzündliche Stoffe (F bzw. F+)
Entzünden sich selbst an heißen Gegenständen, mit Wasser entstehen leichtentzündliche Gase

O
brandfördernd
brandfördernde Stoffe
Andere brennbare Stoffe werden entzündet, ausgebrochene Brände gefördert.

N
umweltgefährlich
umweltgefährliche Stoffe
Sind sehr giftig, giftig oder schädlich für Wasserorganismen, Pflanzen, Tiere und Bodenorganismen; schädliche Wirkung auf die Umwelt

Bildquellenverzeichnis

Tierbildarchiv Angermayer, Holzkirchen: 81/1, 87/1, 161/1; BackArts GmbH: 47/1; Bayer AG, 119/1; Bibliographisches Institut & F. A. Brockhaus, Mannheim: 46/1, 57/1, 65/3, 67/1, 70/1, 71/1, 72/1, 77/1, 80/1, 88/1, 89/1, 96/1, 102/1, 111/6a, 112/1, 121/2, 133/1; Comstock Images/Fotosearch:130/1,131/1; Corel Photos Inc.:39/1, 65/2, 69/2, 69/3, 73/1, 127/1, 141/6; Duden Paetec GmbH: 20/1, 47/2, NS2/3; Eumetsat: 133/2; Agentur FOCUS Foto- und Presseagentur GmbH, Hamburg: 20/2, 124/1; iStockphoto: 5/1, 16/1, 24/1, 26/1, 27/1, 35/1, 48/1, 65/1, 95/1, 123/1, 128/1, 141/1, 141/3, 141/7, 143/2, 153/1; Michael Lüth, Freiburg: 105/1; mauritius images/CuboImages: 12/1, 51/1, 51/2, 87/2, 135/2, 141/2, 156/1; Naturfotografie Frank Hecker: 68/2, 82/1, 111/4a; Z. Neuls, Berlin: 124/2a, 124/2b; Neumann Verlag, Leipzig Radebaul: 96/2; panthermedia/W. Martin: 141/5, U1/1; Pathalogisches Institut der Semmelweis Universität, Budapest: 145/2; Photo Disc Inc.: 8/1, 38/1, 141/1, 141/4, NS1/2, NS2/1; picture-alliance/dpa: 10/1, 46/2, 68/3, 69/1, 73/2, 85/1, 139/1, NS1/1; Francisco Welter-Schultes/Planetposter editions: 109/1; Prof. Dr. W. Probst , Oberteuringen: 60/1, 105/2, 105/3, 105/4, 109/2, 110/1, 111/2a, 111/2b, 111/3a, 111/3b, 111/4b, 111/5a, 111/5b, 111/6b, 112/2; S. Ruhmke, Berlin: 155/1, NS2/2; Salomea, Berlin: 61/1; B. Scharffenberg, B., Birkenstein: 75/1; P. Schuchardt, P., Bovenden: 84/1, 121/1; G. Schulz, Berlin: 141/8; Siemens AG/München: 25/2; Dr. Volker Sommer, London: 93/1, 93/2; H. Theuerkauf, Gotha: 15/1; ullstein – AP: 79/1; H. Volster, Wismar: 159/1; Dr. Kerstin Warnke:147/2; Prof. A. Windelband, Potsdam: 68/1

Was bedeutet eigentlich ...

Sagen Sie Voraus

Formulieren Sie auf der Grundlage von Fakten, Erkenntnissen, Gesetzen und Modellen eine Aussage über ein wahrscheinlich auftretendes Ereignis, einen Zustand oder eine Entwicklung. Berücksichtigen Sie dabei die konkreten Bedingungen.

Interpretieren Sie

Finden Sie grundlegende Zusammenhänge, um Aussagen, Beobachtungsergebnissen, Messwerten oder grafischen Darstellungen eine auf die Natur oder Gesellschaft bezogene inhaltliche Bedeutung zu geben. Legen Sie diese Zusammenhänge sprachlich geordnet dar.

Experimentieren Sie

Untersuchen Sie ein Phänomen der Natur unter ausgewählten, kontrollierten und veränderbaren Bedingungen und werten Sie die Beobachtungsergebnisse aus. Dabei muss sich das Experiment unter gleichen Bedingungen wiederholen lassen.

Beobachten Sie

Ermitteln Sie mithilfe von Sinnesorganen oder Hilfsmitteln (z. B. Mikroskop, Indikatorpapier) Eigenschaften und Merkmale, Beziehungen und Abfolgen von Objekten oder Prozessen.

Leiten Sie ab

Formulieren Sie auf der Grundlage eines allgemeinen Sachverhaltes, Gesetzes oder Modells konkrete Aussagen zu einem Beispiel.

Bewerten Sie

Geben Sie zu einem Gegenstand oder Sachverhalt ein begründetes Urteil ab. Nutzen Sie für die kritische Prüfung Ihr Fach- und Methodenwissen.